プレジャーボートだからこそ、航海術を楽しもう。

ヨットやボートなど、プレジャーボートに乗って何をしますか？ どうやって遊びますか？

プレジャーボートの遊びの一環として、ナビゲーション（航海術）を楽しんでみてはいかがでしょうか。

広い海の上で自艇の位置を知る。どの方角へ進めばいいかを知る。どのくらいで到着するかを知る。正しいナビゲーションは、安全面からも欠くことのできない技術ですが、ちょっとゲーム的な要素もあり、プレジャーボートを操る際の楽しみの一つにもなるのです。

大型船とは異なり、プレジャーボートでのナビゲーションは、狭く、揺れの激しいなかで行うことになります。舵を持ちながらの作業も必要になるかもしれません。航路を外れ、沿岸部へ近づくことも多くなるでしょう。しかも、多くの漁船とは異なり、知らない海域まで足を伸ばすことも多くなります。むしろ、未知の海を走る喜びというものもあるでしょう。

となると、これまで長い間培われてきた大型船などで用いられるナビゲーション技術とは、多少異なったテクニックが必要になるかもしれません。

本書では、特にプレジャーボートで用いるナビゲーションテクニックについて、解説していきます。

大型船の航海士からすると、邪道と思われるやり方もあるかもしれません。しかし、与えられた環境のなかで、手早く行えるシンプルな作業を目指すことが、ミスを減らし安全につながると思うのです。

ナビゲーション虎の巻

［目次］

［ガイダンス］ ナビゲーション作業のあらましです。目次に対応する項目を挙げてみました。

クルージングの準備

クルージングの第一歩は、航海計画を立てることから始まります。

（1）目的地を決める
（2）目的地までの、おおまかなルートを決める
（3）変針点を決め、海図にコースラインを引き、スケジュールを立てる

こうして航海計画を立てたら、出発の前にGPSにウエイポイント（WPT）を登録するなど、準備をします。もちろんGPSは買ったばかりの状態で使うのではなく、正しく初期設定しなければいけません。

航海計画を立案するためには、下記のような知識が必要です。

（1）海図を読み解く
（2）海図作業を行う
（3）海上交通ルール
（4）気象、海象（海流、潮流）についての情報収集

※すでにクルージングを楽しんでいる方は、最初から読んでいく必要はありません。興味のある項目、必要性を感じている項目から読み進めてください。

いざ航海へ

実際のクルージングでは、常に自分のいる位置を知ることが大切です。今ではGPSを使うのが一般的ですが、それでも……

(1) 推測航法
(2) 地文航法

という、伝統的なナビゲーションは必要です。出入港時は当然ですが、沿岸でも外洋でも、GPSがなくても安全に航海できるだけの知識と技術をつけることはシーマンの基本です。

こうした基本技術を身につけた上で、GPSを上手に使っていくことが安全な航海につながります。そのためには、GPSをしっかりと理解しておくことも大切です。

(1) GPSの特性
(2) 種類
(3) 使い方

状況に合わせたGPSの使い方を知り、さらに確実なナビゲーションを目指しましょう。

［目次］

第 1 章
ナビゲーションの基本

GPSは万能なのか？

広い海上で、今、自分はどこにいるのか？ 目的地はどの方向にあるのか？ 目的地に行くためにはどのように動けばいいのか？ これらをはっきりさせ、戦略的に船を運用する技術がナビゲーション（航海術）です。

現在、ナビゲーションといえば、GPS（Global Positioning System：全地球測位システム）なしには語れません。GPS受信機を使えば、人工衛星からの電波を受信して、地球上どこにいても正確な位置が、24時間いつでも分かるのです。

GPS受信機は小型で軽量、価格も手ごろで、プレジャーボートに広く普及しています。

ところがGPSによってナビゲーションがあまりにも手軽になり、昔ながらの、海図を使ったナビゲーションが行われる機会が極端に減ってきたのも事実です。

本書では、GPSの正しい使い方とともに、従来からある紙製の海図を使ったナビゲーションの基本も含め、航海するときに必要なことを解説していきます。

電波航法

GPSのように、電波を使って自艇の位置を知る方法を広義に「電波航法」と呼んでいます。

GPS時代到来

今、GPS全盛ですが、その前にも地上波を使ったロラン（LORAN）やデッカ（DECCA）といったシステムがありました。これらは地上局から発射される電波を受信するもので、遠くまで飛ばすために、周波数の低い電波が使用されていました。これは海面や電離層で反射するため、測位精度はあまり高くはありませんでした。

おまけに、地上局の数は限られているので、カバーエリアも狭くなります。日本沿岸はロランでほぼカバーされていましたが、それでは南太平洋へ……となると、まったく役に立ちません。

そこで、人工衛星を用いたNNSS（Navy Navigation Satellite System）

ができました。ロランやデッカと同じ電波航法ではありますが、人工衛星を使うので衛星航法ともいいます。サテライト(衛星)・ナビゲーション(航法)を略してサテナビと呼ばれました。

現在の主流であるGPSも、人工衛星を用いたサテナビには違いありません。NNSSに比べてGPSが優れているのは、受信側の測位プロセスが単純だということです。おかげで、受信機は小型軽量で、コストも抑えられます。その上、24時間、地球上のどこででも、きわめて正確な位置を測定することができるのです。

かくして、GPS全盛の時代が来たわけです。

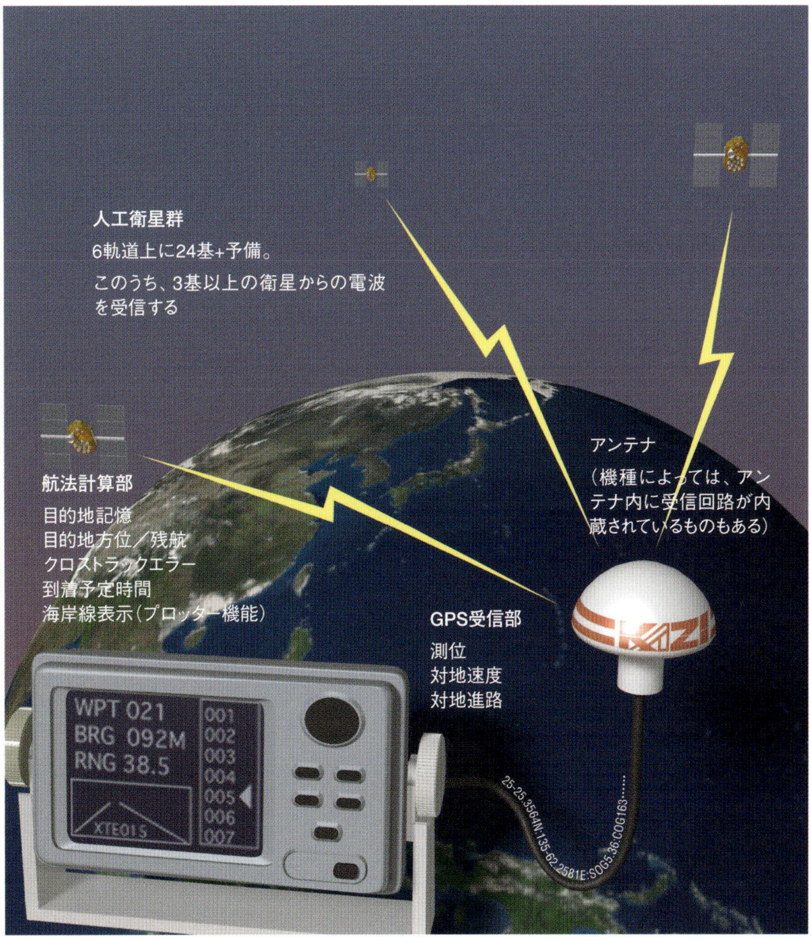

GPSのナビゲーション機能

多くのメーカーから、さまざまなタイプのGPS受信機が発売されています。

GPS受信機は、

(1)測位(位置の測定)機能

(2)航法計算機能

という二つの処理を行う計算機が一つに合体したものと考えられます。

GPSそのものは、現在地点を測位するためのもので、ここからは「現在位置の緯度と経度」、「進行速度」、「進行方向」といったデータが示されるだけです。

航法計算機能、つまり目的地を設定し、GPSで求めた測位データから目的地までの距離と方位、所要時間などを計算するといったプロセスは、GPSとはまた別の機能と考えてもいいでしょう。

(1)測位機能、(2)航法計算機能、という二つの機能が合体して、便利な航法支援装置になっているのです。

登場初期に比べると、GPSによる測位機能は大きく進化しています。同時に、航法計算機能もどんどんレベルアップしてきました。大きな画面に海岸線を表示し、自艇の航跡をプロットするプロッター機能が装備された機種もありますが、これはGPSの進化というより、航法計算機としての進化といえるものです。

プロッターは万能か?

GPS受信機に搭載されたプロッター機能は大変便利です。なにしろ、スイッチを入れるだけで、これまで走ってきた航跡が分かるのですから。

しかし、GPSプロッターに表示される海岸線情報は、ほとんどが簡易なものになっており、灯台などの航路標識、航路や水深、細かな浅瀬など、割愛されているものも多くなっています。データの更新もなかなかできず、日々変化を続けているといってもいい日本の海岸線をどのくらい正しく表示しているかも定かではありません。多くのGPSプロッターに表示される海岸線情報は、正規の海図にはかなわないというのが現状です。

また、GPSプロッターは船に取り付けて使うのが普通で、海図のように「家に持って帰る」ということができません。

航海計画を練るのは、家に帰ってゆっくりと……となると、やはり海図が必要になります。そこではGPS以前からある古典的なナビゲーションの方法や技術が必要になります。こうして、海図を使ったナビゲーションそのものを楽しむことで、趣味としてのプレジャーボーティングに奥行きを持たせることもできるのではないでしょうか。

もちろん、便利なGPSを使わない手はありません。本書での最終目的は、「GPSと海図の融合」です。

推測航法

さて、GPSがなければどうするか？

海には道路はありません。そんな中で、自艇の位置を判断し、目的地までの正しいコースを求めなければなりません。

そのために用いるもっとも基本的な航法が「推測航法」です。文字通り、自艇の進行方向と移動距離から現在位置を推測するものです。目印となる陸地が見えないときに使われます。

出発地点からの進行方向と移動距離から、現在位置を推測するのが、推測航法だ

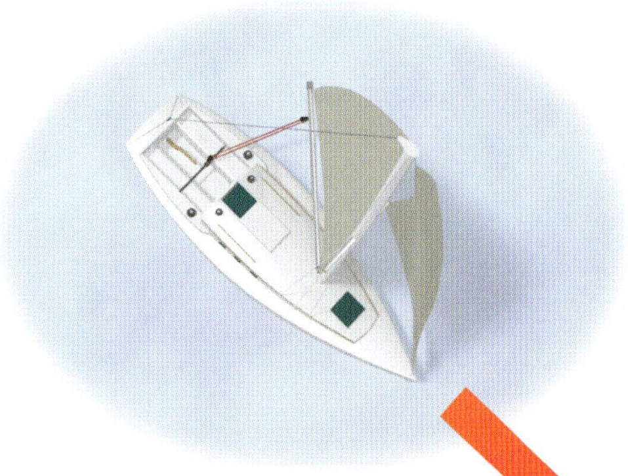

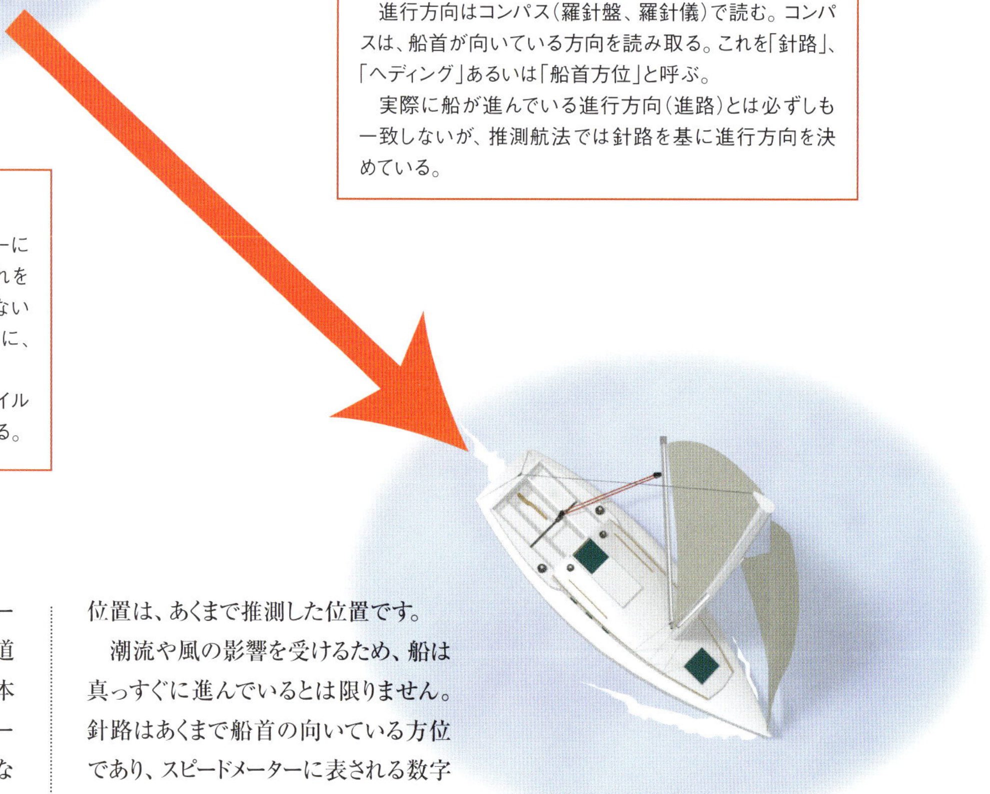

針路

進行方向はコンパス（羅針盤、羅針儀）で読む。コンパスは、船首が向いている方向を読み取る。これを「針路」、「ヘディング」あるいは「船首方位」と呼ぶ。

実際に船が進んでいる進行方向（進路）とは必ずしも一致しないが、推測航法では針路を基に進行方向を決めている。

航程（ログ）

移動距離（航程）は、スピードメーターに表示される積算距離から求める。これを「ログ」と呼ぶ。積算距離が付いていない場合は、ボートスピード（船速）の平均に、航走時間を掛ける。

出発地点から、何度の方向に何マイル進んだか？ ここから現在位置を推測する。

コンパス（羅針儀）とスピードメーター（ログ）が、推測航法で用いる基本の道具となります。推測航法は航法の基本でもあるわけですから、コンパスとスピードメーターは、航海の基本として必要な装備であるといえるのです。

ただし、推測航法で求められる現在位置は、あくまで推測した位置です。

潮流や風の影響を受けるため、船は真っすぐに進んでいるとは限りません。針路はあくまで船首の向いている方位であり、スピードメーターに表される数字は対水速度（水面に対する船速）でしかないのです。

GPSは万能なのか？

地文航法

自動車と異なり、船は止まっていても風や潮で流されてしまいます。

針路と航程から得られる推測位置は、あくまで、ここにいるであろうという「推測された位置」であり、なんらかの方法で現在位置を確定しなくてはなりません。

現在位置を確定する方法の一つが地文《ちもん》航法です。

地文航法では、陸地の固定された目標物から自艇の現在位置を確定します。

位置の線

ベアリングコンパスで、陸上の灯台や海上の浮標など、位置が確定している物標の方位を測る。自艇はこの線上にいることが分かる。これが「位置の線」だ。

これは、あくまでも位置の“線”であって“点”ではない。この線上のどこにいるのかはまだ分からない。

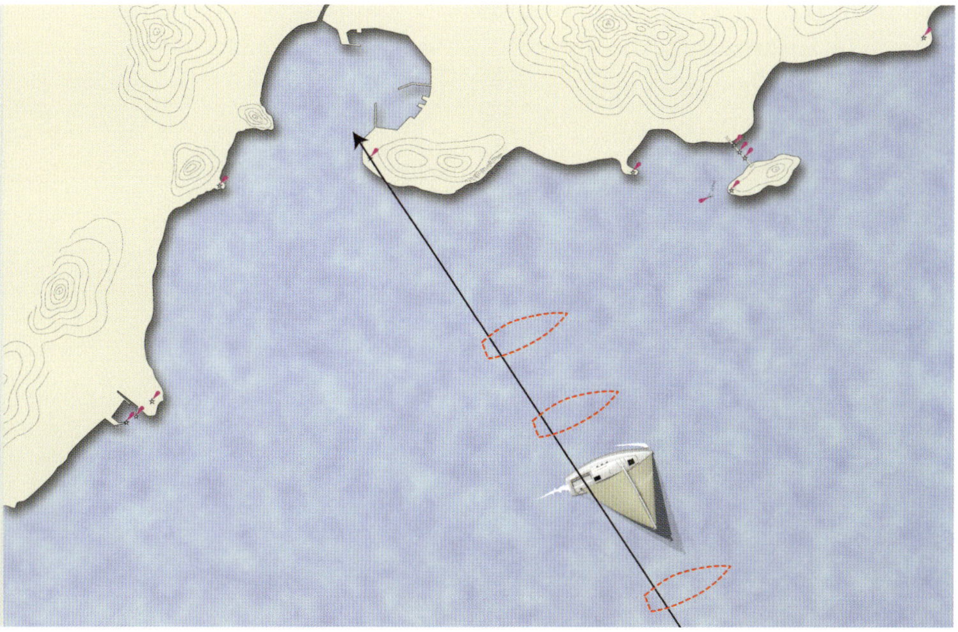

クロスベアリング

複数の「位置の線」を組み合わせると、自艇の現在位置を確定することができる。

2本の位置の線が交差した点が現在位置となるわけだが、実際には揺れる船上では計測誤差が出る。そこで、3本の位置の線から確定位置（フィクス・ポジション）を出すことになる。これが地文航法の基本だ。

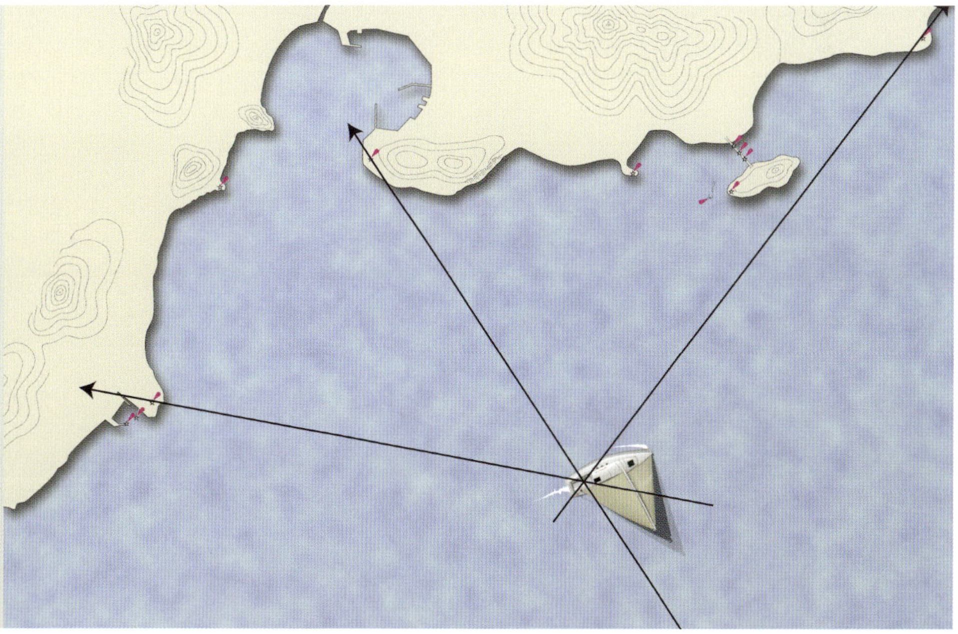

陸地が見えなければ、地文航法で現在位置を確定することはできません。

陸地が見えない間は推測航法で走り、陸地が見えてきて灯台の位置などが確定できたら地文航法で現在位置を確認。再び陸地が見えなくなったら推測航法で……という方法で、GPSがなくても沿岸航海は可能になるのです。

日本の海岸線には、多数の航路標識が設置されており、その意味では地文航法天国ともいえます。

地文航法を楽しむ……そんな感覚でナビゲーションすること自体を趣味として、それをヨットやボートの楽しみ方の一つと考えてみてはどうでしょうか。

天文航法

陸地が見えない大洋上を何日間にもわたって航海する場合、地文航法は当然できません。推測航法で走り続けるにも、誤差が大きくなりすぎます。

この場合、太陽や星といった天体を使って自艇の位置（船位）を特定することになります。大航海時代から発達してきた方法で、これを天文航法といいます。

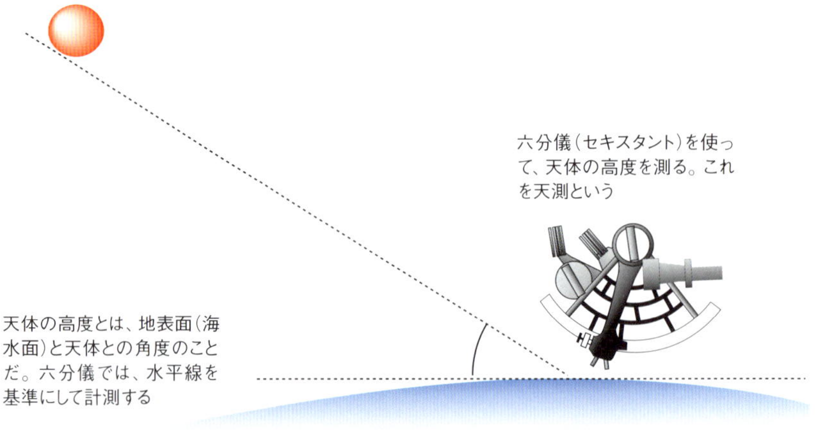
六分儀（セキスタント）を使って、天体の高度を測る。これを天測という
天体の高度とは、地表面（海水面）と天体との角度のことだ。六分儀では、水平線を基準にして計測する

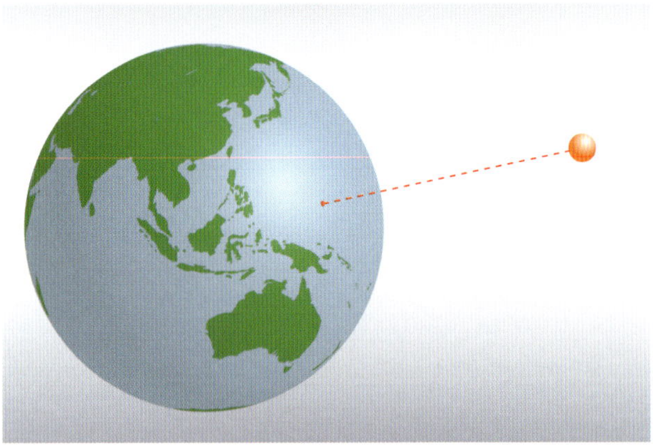

何年何月何日、何時何分何秒に、その天体がどこにあるかというのは正確に分かっている。ということは、その天体が真上に見える場所は地球上に1カ所しかない

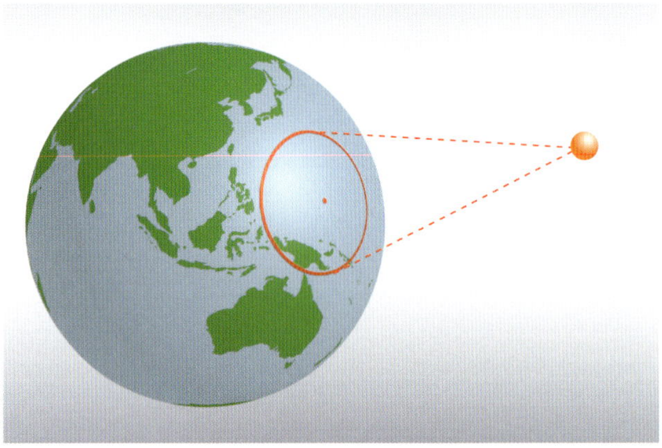

その天体の真下に位置するという偶然は少ない。実際は、ある角度の高さに見えるわけで、ある角度に見えるということは、自艇はその円上にいることになる

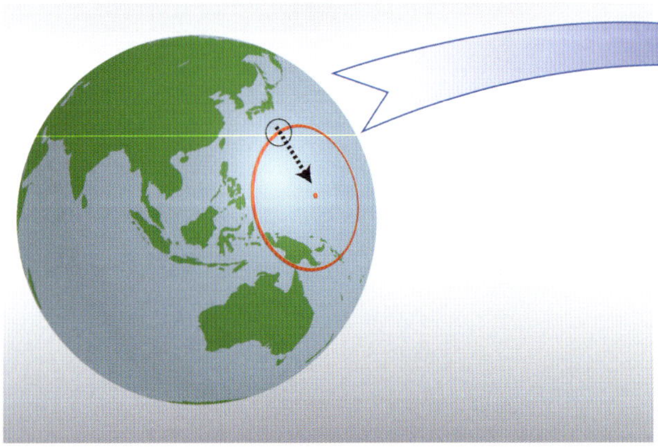

この円はとても大きいので、その一部は直線と見なせる。つまり、船はその天体の位置する方位に直角な位置の線上にいることになる

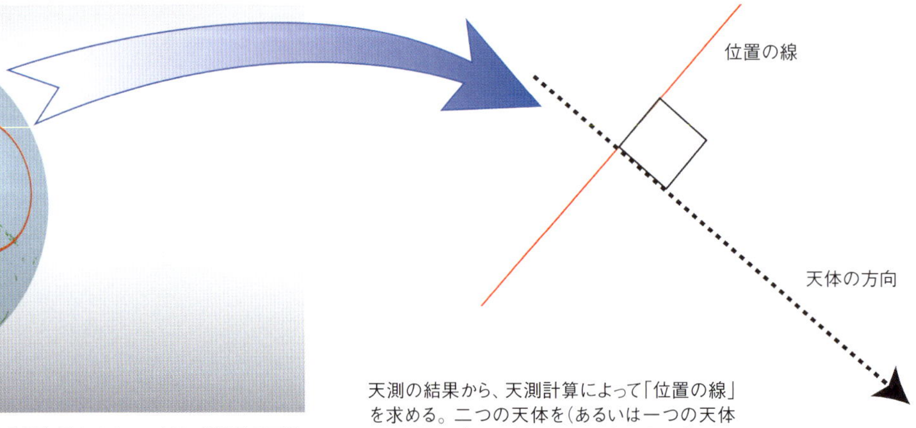
位置の線
天体の方向

天測の結果から、天測計算によって「位置の線」を求める。二つの天体を（あるいは一つの天体を、時間をずらして）観測して2本以上の位置の線を求め、その交わる点が船位となる

天測計算は、推測位置を基に行います。位置の線という概念も地文航法のそれと同じです。もちろん、天体と水平線が見えなければ天測はできないわけで、その間は推測航法で進むことになりますし、陸地が見えてきたら、地文航法によって、より簡単で正確に船位を測定することができます。

つまり、推測航法、地文航法、天文航法、それらすべてを駆使して、航海を進めていくことになります。

GPSが登場するずっと以前――正確な時計さえなかった時代から、人類は知恵を働かせて大洋を渡る技術を培ってきました。羅針儀やセキスタントといった人類の英知を、今、趣味の航海で用いることはとても興味深いことだとは思いませんか。

パイロテージ

目指す港に近づくにつれて、船と陸地との相対的な位置関係はどんどん変化していきます。にもかかわらず船は進み、港に接近し続け、最終アプローチとなります。

特に小型のヨットやモーターボートでは、ナビゲーター本人が舵を持っており、最終的なアプローチの際にいちいち「クロスベアリングで船位を出す」なんていう悠長なことはしていられないかもしれません。キャビン内に設置したGPSのプロッター画面を見に行く暇すらないかもしれません。

本書では、こうした入港に際しての最終アプローチで用いられるナビゲーションを、パイロテージと呼ぶことにします。

パイロテージでは、いちいち地上の目標物の方位を測って作図して……という暇はない。
その分、航路標識も多く設けられているので、これらを有効に利用し、ちょっと違う手法で正しいコースを確認することになる。

灯台を狙ったヘディングに変化がなければ、船は流されることなく位置の線上にいることになる。位置の線が目指す航路そのものであり、その位置の線上にいれば、浅瀬に乗り上げることはない——ということも意味している。

位置の線から左にずれればヘディングの数字は大きくなり、右に流されれば数字は小さくなる。

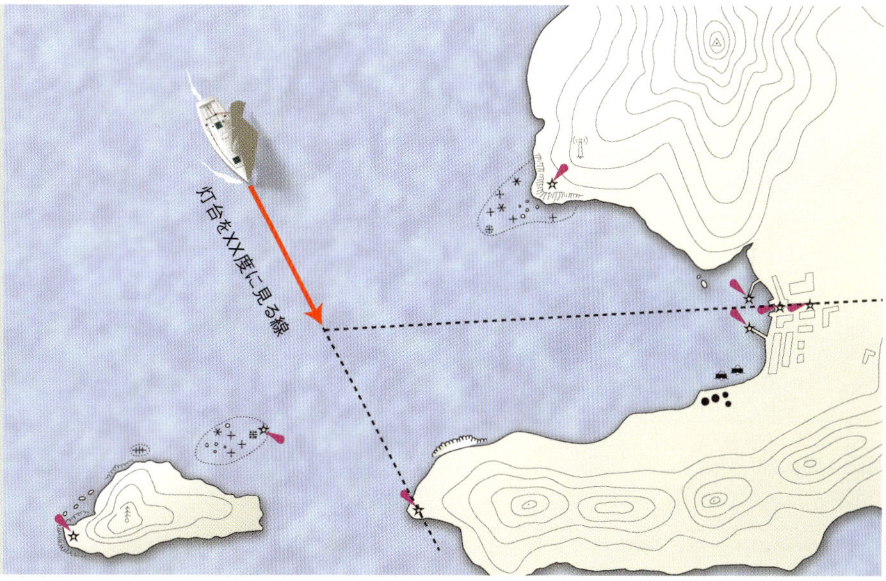

二つの灯台や物標を見通す線（見通し線）は、もっとも確実な位置の線だ。二つの灯台が重ならなくなったら、コースからずれたことを意味する。ほかにも、暗礁などの所在を示すため、異なる色で表す灯台などもある。

こうした航路標識を利用し、事前の準備をしっかりしておけば、海図上での作図作業なしに、もちろんGPSプロッターもなしで、精密なナビゲーションを行うことができるのだ。

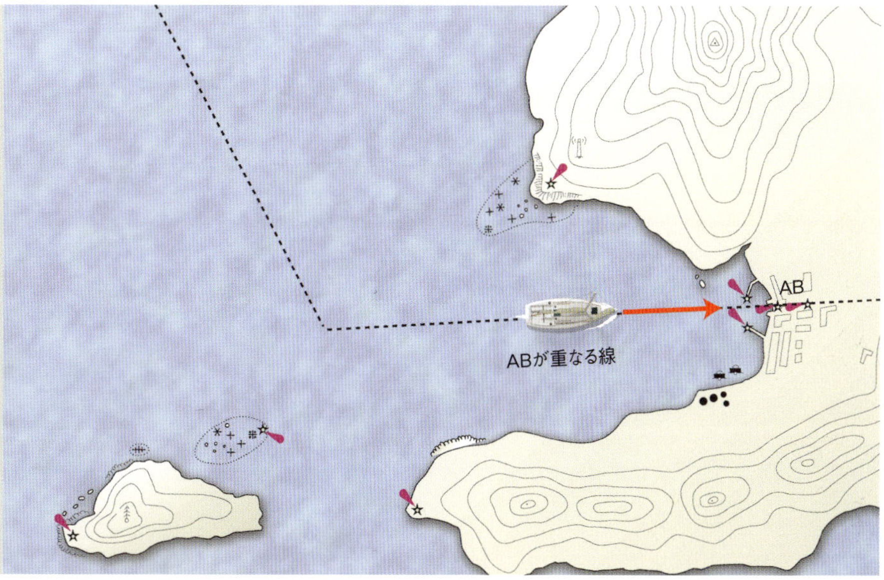

こうして、より確実に、しかし手早く、進入コースを確認しながら進むためのテクニックがパイロテージです。

幸いなことに、日本の港の周囲には、このための航路標識が十分に整備されており、ある意味ではGPSよりも確実なナビゲーション方法であるともいえます。

このように、ナビゲーション術はとても奥深いものです。GPS時代の今では、電波航法だけでも航海はできてしまうのですが、古来から伝わる航海術には、マニア心をくすぐるさまざまな要素が詰まっているのです。そんな奥深い知識や技術は、航海の安全にもつながるでしょう。

地球のカタチと地図の基本

地表の諸物体を平面上に表現した図が「地図」であり、
海上の様子を平面上に表した図が「海図」ということになります。
実際には、海上というよりも、陸地との境界線が問題になるのですが……。

緯度と経度

地球上での特定の位置は、緯度《いど》と経度《けいど》の座標によって表します。

陸地なら、さまざまな不動の目標物があるので、それを基準にした住所や地名によって現在地が分かりますが、目印のない海上では、もっぱら緯度と経度で特定の地点を表すことになります。

緯度

地球の自転軸（地軸）をもとに、地球の中心を通り、自転軸と垂直な平面を赤道面といいます。赤道面とのなす角度が緯度（latitude：略してlat.）になります。

赤道面が、地球の表面と交わる線を赤道といい、赤道が緯度0度。そこから北を北緯とし、北極は北緯90度

になります。赤道から南を南緯とし、南極は南緯90度になります。

同じ緯度の地点を線で結んだものが、緯線《いせん》です。もちろん地上に緯線が引かれているわけではなく、架空の線です。緯線は、赤道と平行に東西に延びる線になります。

経度

経度は、自転軸を中心とした角度を座標としたものです。

南極と北極を繋いだ線を子午線（meridian）といい、特にイギリスのグリニッジ天文台を通過する子午線を本初子午線（prime meridian）といい特別に扱います。

経度（longitude：略してlong.）は、本初子午線との角度で表されます。本初子午線を0度とし、東回りに東経、西回りに西経となり、東経／西経180度が日付変更線になります。

子午線は同じ経度の地点を線でつないだものともいえ、これを緯線に対して経線とも呼びます。

緯度は赤道面という物理的にはっき

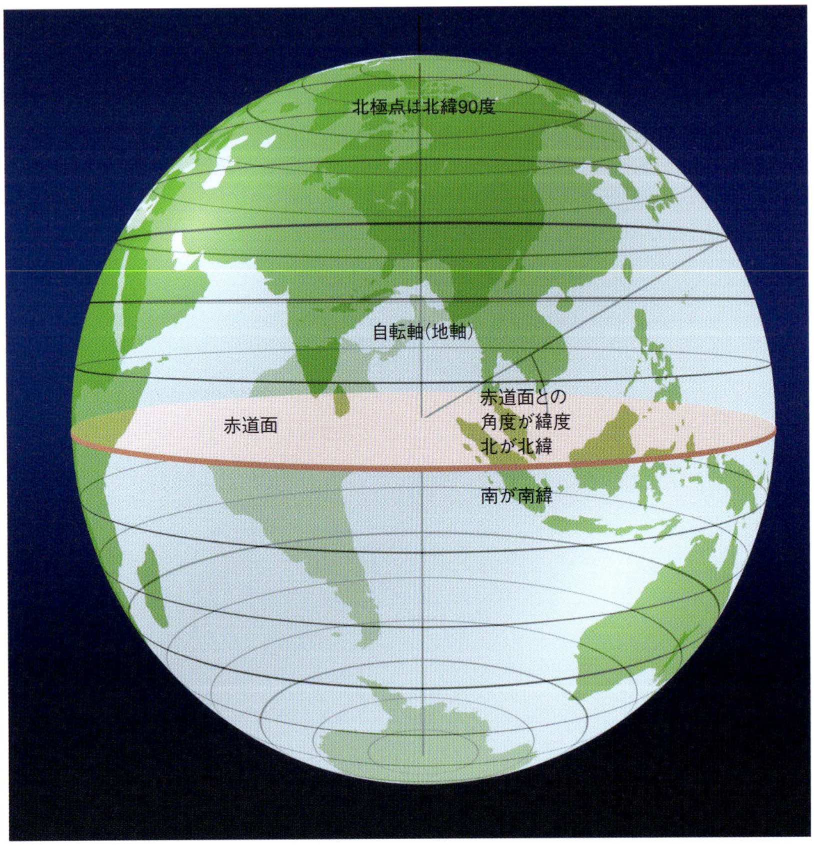

緯度と経度は、地球の自転軸を基準に設定されている。地球の中心点を通り、自転軸に垂直な面が赤道面。赤道面からの角度が緯度となる

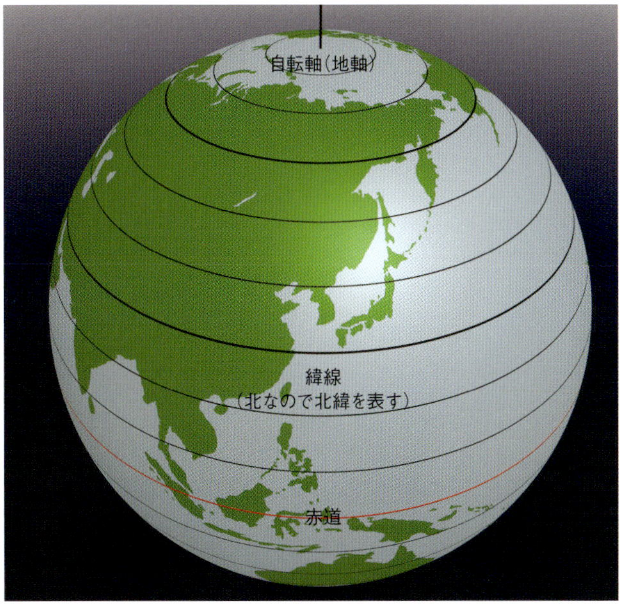

同じ緯度の点を繋いだものが緯線だ。緯線は、地球を横割りにした形状となる。赤道付近から南北両極まで、等間隔になっているのがミソ

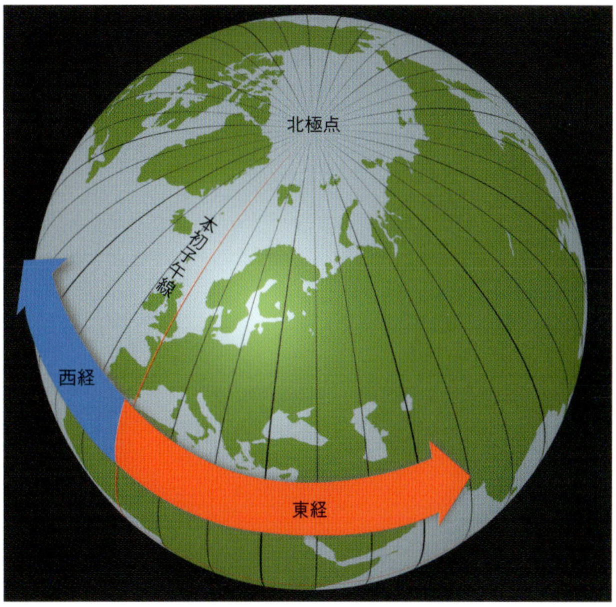

同じ経度の地点を繋いだものが経線で、これを子午線ともいう。緯線が横割りなら、経線は地球を縦割りにした形になる。英国のグリニッジ天文台を通る経線が基準となる本初子午線で、経度は０度になる

りした地点を基準としていますが、経度の基準となるグリニッジ天文台とは、天文航海術研究のために1675年にロンドン郊外に設立されたものです。1884年にこの地を経度の原点と定めたのですが、その後、ロンドンの発展にともない天体観測がしにくくなり移転したとのことです。現在は、本初子午線の標柱がおかれているだけとなっており、実際の天文観測は行われていません。

この地を原点にすることで、その裏側である日付変更線は、主に太平洋のど真ん中を通ることになります。陸上で、ある地点を越えると、とたんに日付が変わってしまうようでは生活に支障がでることから、日付変更線が海の上にあることによって都合がよくなっています。

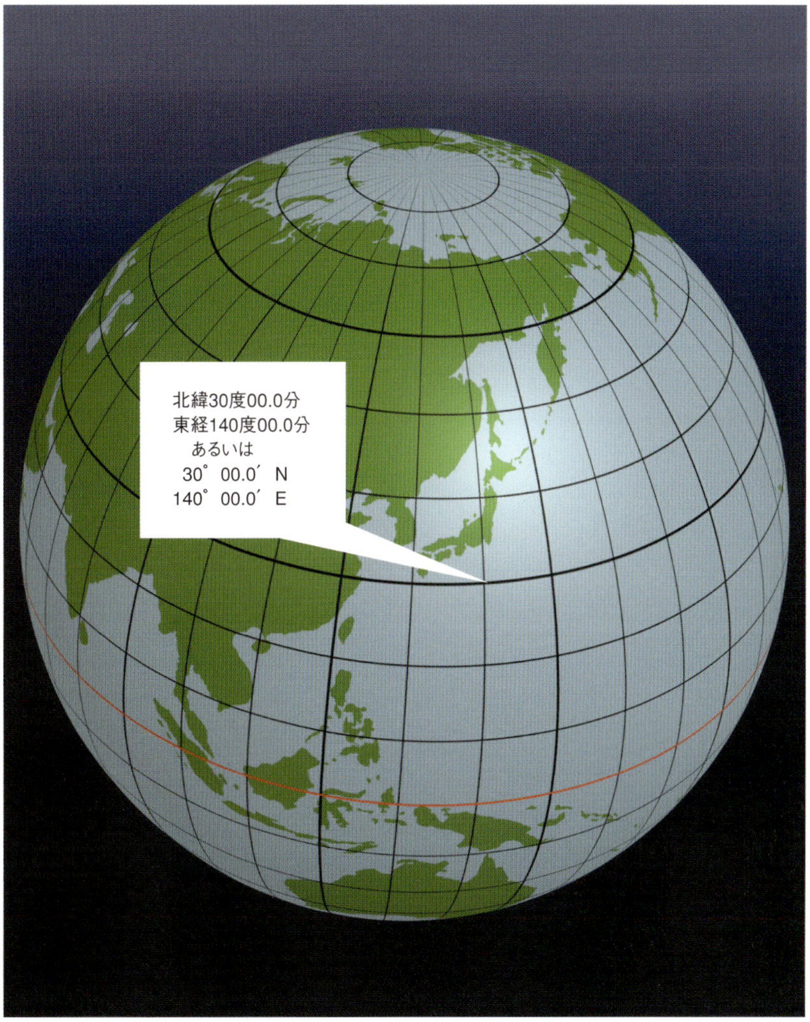

地球上の特定の地点は、緯度と経度の座標によって表すことができます。

北緯　35度16.3分
東経　135度22.4分
あるいは、
35°16.3′N
135°22.4′E
と表記します。

地球は丸い

あたりまえのことですが、地球は丸い球体です。人類がこの事実に気づくまでに、かなりの時間がかかったようですが……。

地球を平面に表したものが、地図、あるいは海図です。

丸い地球を平面に表すのは思った以上に難しいことで、できれば地球儀を使ってナビゲーションをしたいところですが、そうもいきません。

そこで、地球を平面で表すために、さまざまな手法(投影法、投影図法)が考えられてきました。

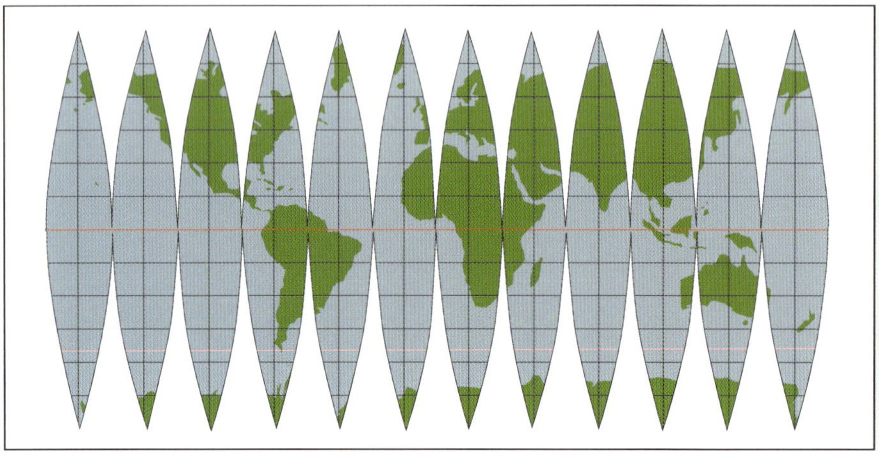

球体である地球の表面をなんとか切り開いて展開してみると、まずはこのような形が考えられる。

狭い範囲で考えればさほど問題ないようにも思えるが、広い範囲を表そうと思うと、途切れ途切れになってしまう。これでは、海図として使うには極めて不便だ。

長さを正しく表そうと思えば角度が狂ってしまい、面積を正しく表すには形がゆがんでしまったりと、あちらを立てればこちらが立たず。したがって用途によって適した投影法を選ぶ必要があります。

数ある投影法の中から、一般的な海図にはメルカトル図法という投影法が用いられています。

メルカトル図法とは、どういうものでしょうか。ここでもう一度、地球儀上の緯線と経線をよく見てみましょう。経線の間隔は赤道部で最も広く、極で1点に収束します。これを平行に描く図法を円筒図法といいます。本来、狭くなっていく経線の間隔を平行に描くわけですから、同じ長さのものが緯度が高くなるにつれて、より長く表示されてしまうことになります。

これだけでは形が横長に歪んでしまいます。そこで、緯度の間隔も同じ比率で大きく表示したもの……それがメルカトル図法です。

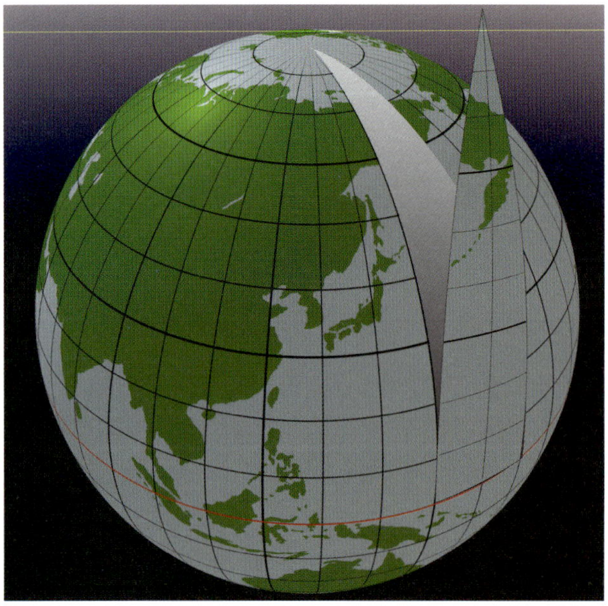

経線間の間隔は赤道で最も広く、緯度が高くなるにつれて次第に狭まり、極で1点に収束している

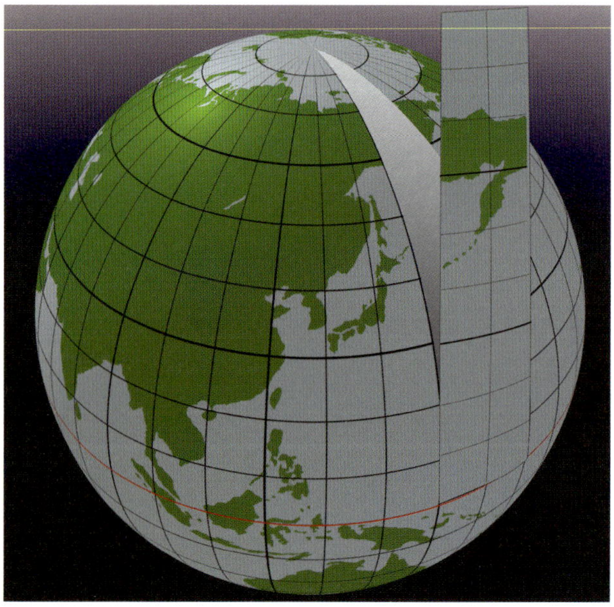

極で1点に収束するはずの経線をむりやり平行に描くことで、平らな紙面に連続して描くことができるようになる

地球のカタチと地図の基本

正距円筒図法

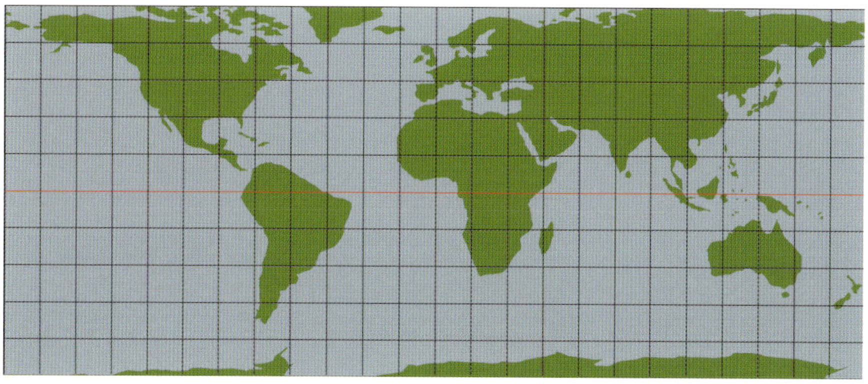

そのまま描いたのがこの正距円筒図法と呼ばれるもの。

本来、緯度が高くなるにつれてその間隔が狭くなる経線を平行に描いているにもかかわらず、元々その間隔が変わらない緯線はそのまま等間隔で描かれるので、縦横の比率が違ってしまう。

これは、同じ正方形の土地が、赤道付近では正方形に、高緯度にいくにつれて横長の長方形に描かれてしまうことを意味する。

メルカトル図法

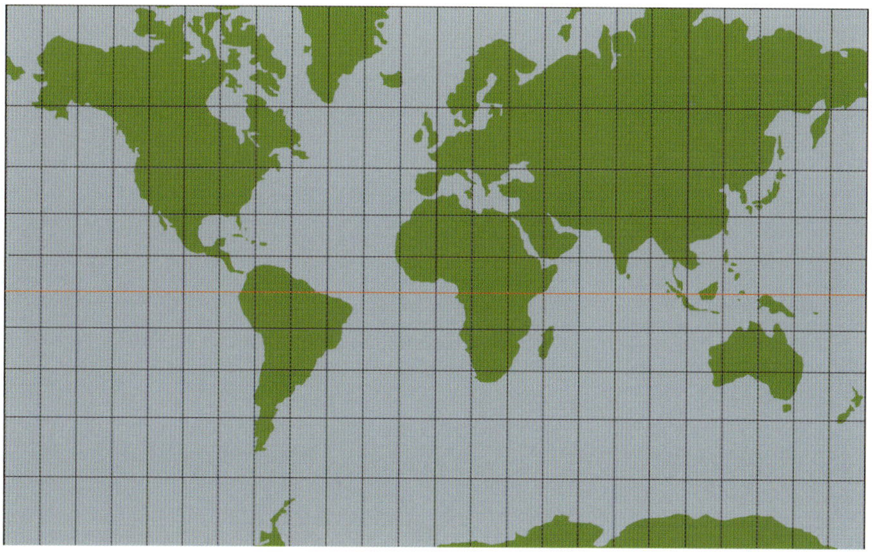

緯線の間隔も経線と同じ比率で引き延ばしたのがメルカトル図法だ。

大きな面積で見ると緯度が高くなるにつれ、より大きく表示される(縮尺が大きくなる)が、狭い面積で見ると赤道付近で正方形をした土地は、高緯度地方でも正方形に表される。

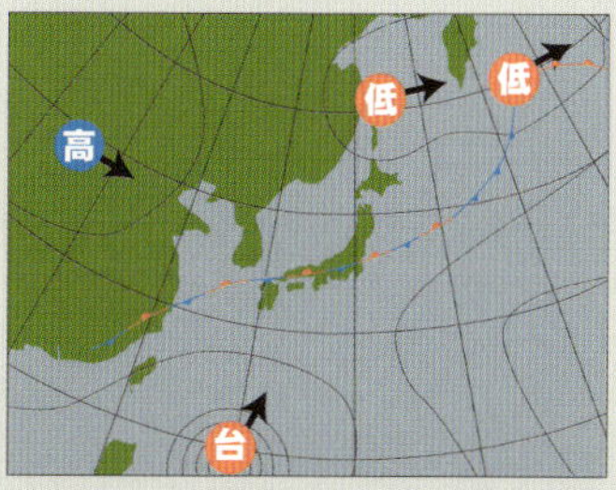

天気図では、等圧線の形や間隔が重要な要素となるので、緯度が違っても形や距離、面積があまり変化しないよう、ステレオ図法などが用いられている。緯線と経線が直交しているので「角度も正しく表示されている」とも言えるが、緯線が曲線になってしまうので、海図で用いるには適さない。

メルカトル図法のポイントは、その間隔が高緯度になるにしたがって狭くなっていく経線を平行に、かたや本来は等間隔であるはずの緯線は緯度が高くなるにつれて間延びして描き表しているというところです。ここから、漸長《ぜんちょう》図法ともいいます。

メルカトル図法では、緯度が高くなるほど面積は大きく表示されます。縦横比は均等に拡大されていきますが、本来「点」であるはずの北極点、南極点が赤道と同じ長さの線になってしまうので、緯度が高くなるとひずみは限界を超えてしまいます。実用になるのは、北緯／南緯75度くらいまでといわれています。

メルカトル図法は、オランダの地理学者、ゲラルドゥス・メルカトル(Gerardus Mercator)によって考案されたもので、1569年にメルカトル図法による世界地図が造られました。日本では、ちょうど織田信長が台頭してきた時代です。一方、先に挙げたグリニッジ天文台が設立された1675年は江戸時代、徳川綱吉が5代将軍に就任する直前のことで、1672年には河村瑞軒という海運業者が西回り、東回りの日本沿岸航路を開いています。

航海術の歴史は古いのです。

距離を表す

海の上では、緯度1分を1マイルと決めています。角度の60分が1度ですから、緯度1度は60マイルということになります。

これまで見てきたように、経線の間隔は赤道で最も広く、緯度が高くなるにつれて狭くなり、極では1点に収束します。つまり、経度の1分が地上でなす距離は、赤道上で最も長く、緯度が高くなるにつれて短くなり、極ではその距離がゼロになってしまいます。これでは、距離の単位としては成り立ちません。

一方、緯度の1分が地上でなす距離は、赤道付近でも極地方でも変わりません。これなら距離の単位として通用することになります。

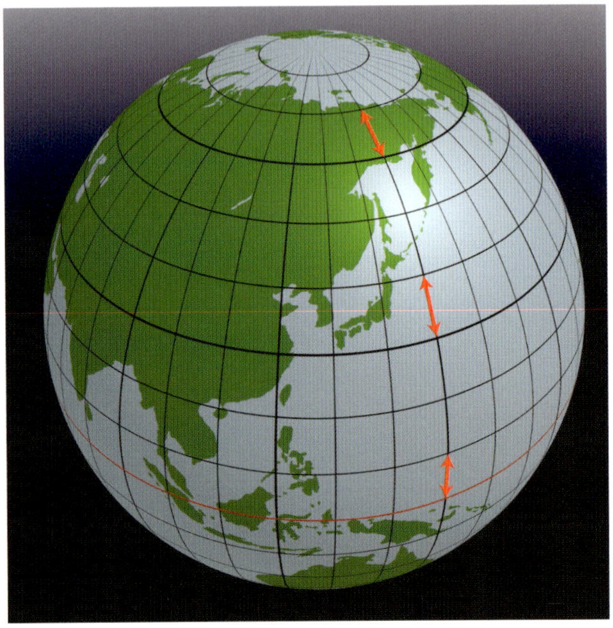

1マイルは緯度1分が地表になす距離になる。図の緯線は10度間隔、つまり600マイルを表す。緯線の間隔は、赤道付近でも高緯度にいっても変わらないというところがミソ

経度1分は、緯度が違えばその長さが変わる。赤道では緯度と同じく、経度10度は600マイルになるが、北緯30度では約520マイル。北緯60度では300マイルと短くなっていく

前ページで「メルカトル図法では、緯度が高くなるほど縮尺が大きくなる」と書きました。縮尺が大きいということは、同じ長さが、より長く表示されるということです。

これは海図の縁に記された緯度尺の目盛りも同時に縮尺が大きくなるということでもあります。緯度1分を1マイルとしたことで、緯度尺を使えば距離を測ることができることになり、とても都合がいいのです。

通常の沿岸航海で使用するような比較的縮尺の大きな海図では、海図上の上端でも下端でもその違いはわずかですが、より広いエリアをカバーする小縮尺の海図を用いる場合は、すぐ横の、または測る距離の中程の緯度尺を使う必要があります。

海図上の距離は、緯度尺で測る

緯度1分が1マイル。1度は60マイルになる。

距離を表し、計算に用いる場合、1マイルの下は10進数でなければ都合が悪い。となると、緯度／経度もXX度XX分XX秒ではなく、XX度XX.XX分で表すことになる。このため、ほとんどの海図では緯度、経度の目盛りも「分」の下は10分の1（あるいは5分の1）刻みで記されている。

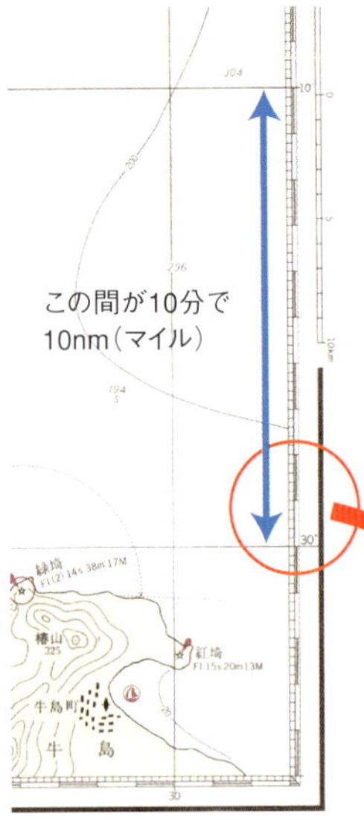

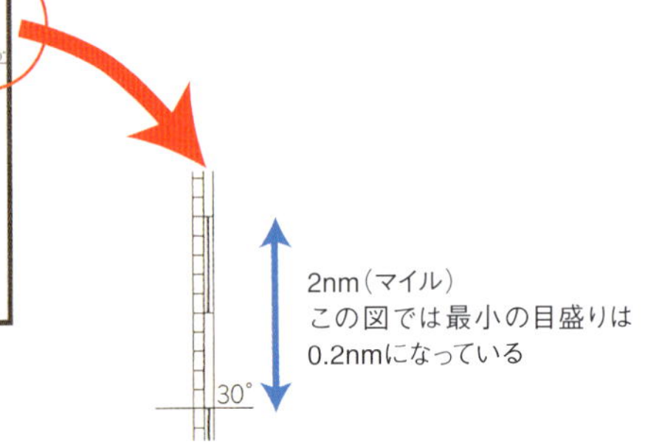

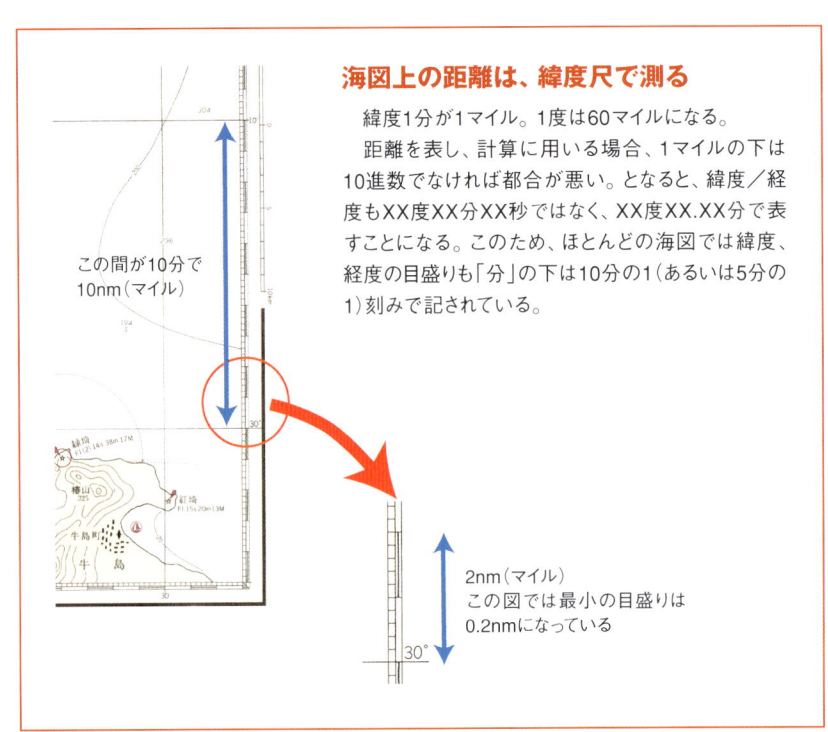

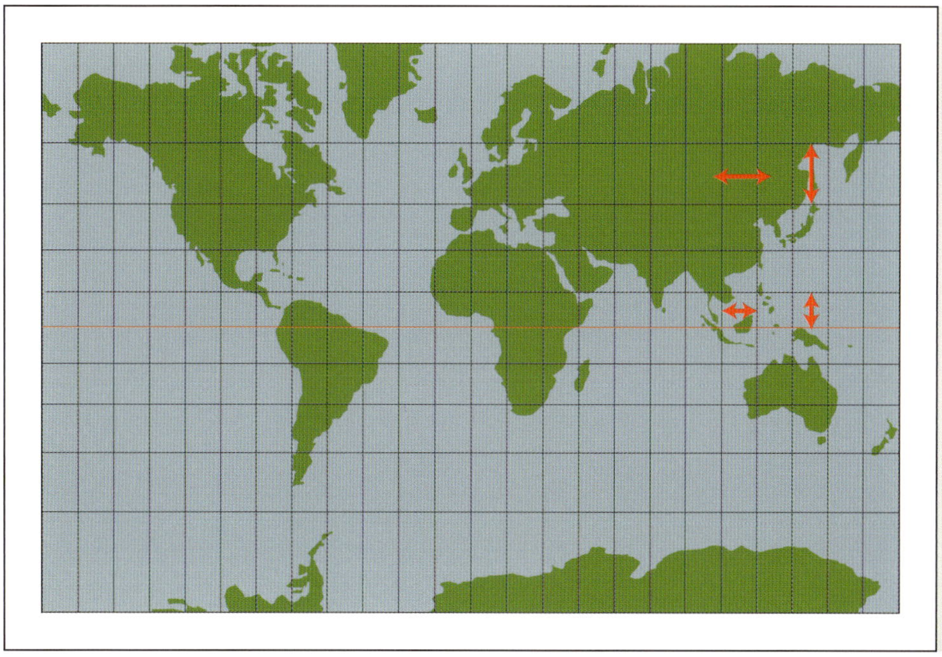

左図では緯線を15度間隔で記し、これが900マイルにあたる。高緯度にいくにしたがって間隔が開いていくが、同じ900マイルを表している。

長い距離を測る時は、その地点の中間あたりの緯度尺を使って測る必要がある。

このように、メルカトル図法では緯度が変わると縮尺も違ってくる。

そこで、海図には縮尺として「1:200.000（Lat 30°）」などと書いてあったりする。これは、緯度30度の地点で20万分の1であることを意味する。

実際には、沿岸航海で使う大縮尺の海図内ではさしたる違いはないので、「距離は緯度尺で測る」と覚えておこう。

何度もいうように、地球は球体です。その表面の距離を表すのはなかなか難しいことなのですが、緯度の1分を距離として表すことで話を簡単にしています。

正確にいうと、緯度1分が地表でなす距離を1シーマイル（sea mile）と呼びます。ここまでは、地球が完全な球体であるという前提で話を進めてきましたが、実際には、地球は完全な球体ではありません。自転の影響で、上下に潰れた楕円体となっています。つまり、地球の中心から地表までの距離は、赤道上よりも極地方の方が短くなります。ということは、緯度の1分が地表でなす距離も赤道付近よりも極地方の方が短くなるはずです。つまり1シーマイルの距離は場所によって僅かながら異なるのです。

これではなにかと都合が悪いので、平均値を求め、これをノーティカルマイル（nautical mile）、あるいは海里（かいり）と呼ぶことにしました。

1ノーティカルマイルは1.852km。陸上で使われるマイルは約1.6kmとなっており、まったく異なる単位なので注意が必要ですが、海の上で単に「マイル」というと、このノーティカルマイル（海里）のことを指します。

1シーマイル≒1.852km
1ノーティカルマイル＝1海里＝1.852km
1ランドマイル（statute mile）＝1.609km

船の上で「マイル」といえば、ノーティカルマイルのことを指す。略号nm、あるいは「分」の意味から「′」。本書では「M」とした。

1時間に1マイル走る速度を1ノット（knot）と呼ぶ。

球体の表面の長さという、やっかいなものを単純にするために、緯度の1分という単位が便利であるということをふまえて、一つ問題です。赤道の長さは何kmでしょうか？

地球一周は360度。1度は60分つまり60マイルですから、赤道の長さは、

360×60＝21,600マイル、ということになります。

1マイルは1.852kmでしたから、

21,600×1.852＝40,003.2（km）と計算できます。

実際には、赤道面の半径は6,378kmといいますから、ここから赤道の長さを求めると、

6,378×2×3.14＝40,054（km）

極半径はこれより21kmほど短く6,357kmとなっていて、ここから両極を通る外周（子午線）の長さは、

6,357×2×3.14＝39,922（km）

と、赤道長よりもかなり短くなっています。

方位と地磁気

ナビゲーションの3要素は、「位置」、「距離」、「方位」の三つです。
ここでは、方位について考えてみましょう。

方位

方位とは「ある方向を基準の方向との関係で表したもの」（広辞苑）であり、一般的には北を基準とし、東西南北の四方点と、その中間にあたる北東、南東などの四隅点を加えた八主要点で表します。

八主要点の中間は、近い四方点→四隅点の順に並べて「東北東（とうほくとう）」、「南南西（なんなんせい）」などと呼び、合わせて16方位に呼び分けるのが基本です。

船上ではこれを英語で表す場合も多く、漁船などの日本船舶でも日本語訛りが入った船乗り言葉として用いられたりしています。

基本となる16方位を下図にまとめてみましたのでご覧ください。

16方位からさらに32方位とし、この場合は最も近い八主要点→四方点の順で表し「NE/E（ノースイースト・バイ・イースト）」、「E/N（イースト・バイ・ノース）」などという呼び方をすることもあり、この32等分した角度を「1点」（one point）として表すこともあります。この場合の1点は、11度15分（＝11.25度）になります。

また、象限式《しょうげんしき》といって、北と南をそれぞれ0度として、北西を「N45°W」（北から45度西側の意）、南東を「S45°E」（南から45度東側の意）と表現する場合もあります。これだと、反方位を知るのに便利で、かつては『小型船用簡易港湾案内』でもそのような表記が見られましたが、プレジャーボート上ではほとんど使われません。

風の吹いてくる方向（風向）や、潮の流れていく方向（流向）は、こうした16方位で表される場合が多くなります。

一方、船の針路や目標までの方位角は、これでは大ざっぱすぎるので、細かく角度で表します。北を基準としてこれを0度とし、右回りに東は90度、南は180度、西は270度となります。

いずれも北が基準ということですから、方位とは、「北極と南極をつないだ線（子午線）となす角度」と言い表すこともできます。

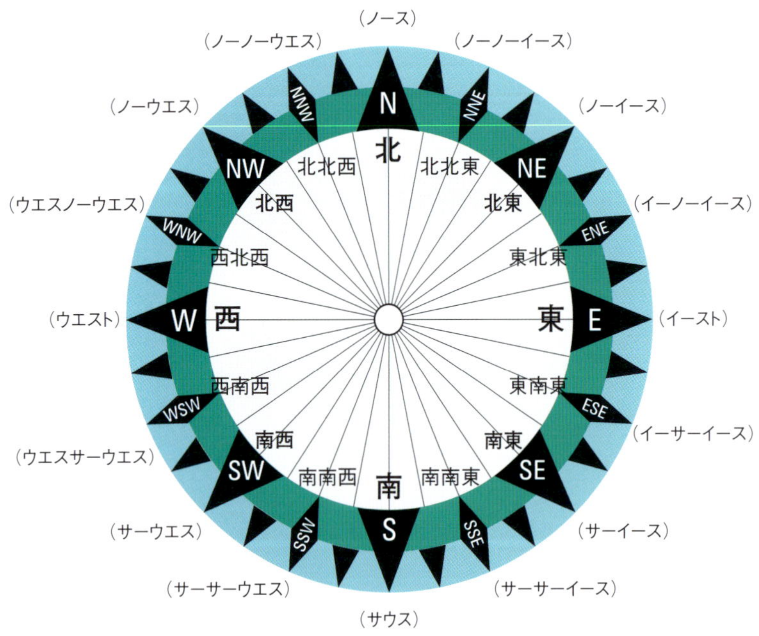

方位は16方位に分けて呼び分ける。西南や東北といった地名も見受けられるが、方位を表すときには、南西（なんせい）、北東（ほくとう）と、南か北が先になる。幸いなことに英語の場合でも並びは日本語と同じ。読みは、やや日本語訛りが入った船乗り英語が一般的

真方位と磁針方位

子午線は地球の自転軸（地軸）を元に表されたものです。が、仮想の線であって、実際に海上に子午線が描かれているわけではありません。

それでは、どうやって子午線（自転軸の方向）を知ればいいのでしょうか。

一般商船をはじめとする船舶では、「ジャイロコンパス」（gyro compass）が用いられています。ジャイロコンパスは、ジャイロスコープの特性を応用して方位を示す装置です。

ジャイロスコープとは高速で回転する回転体で、その回転軸は一定方向

磁気コンパス

を保持し続けるという特性を持っています。回転するコマが倒れないのはそのためです。地球ゴマのように、3軸で自由に動くケースの中にコマを入れると、ケースをどのような向きに向けてもその回転軸は同じ方向にとどまり続けます。この回転軸が北を指すように、指北装置を付けたものがジャイロコンパスです。

ジャイロスコープそのものは“宇宙空間に対して回転軸の向きを一定に保つ”という性質があり、となると逆に、宇宙空間に対して回転している地球の自転軸の方向を知ることができるというわけです。

ジャイロコンパスは、かなり複雑な装置のようですが、その歴史は古く、1908年にドイツの科学者、ヘルマン・アンシュッツケンプフェ氏によって発明されたものです。

しかし、ジャイロコンパスは常に回転運動をさせ続けなければならないため、電力を必要とします。また筐体《きょうたい》も大きくなってしまい、小型のプレジャーボートで使用するには実用的ではありませんでした。

そこで、プレジャーボートでは、より小さく安価な「磁気コンパス」(magnetic compass)が使われるのが一般的です。

磁石の針を自由に動くように設置すると、N極は北を、S極は南を指します。地球自体が巨大な磁石となっており、北極地方はS極、南極地方はN極の磁場を持つため、磁針のN極、S極と互いに引き合うからです。

この原理を元に、目盛りを付けた磁石部(コンパスカード)を液体とともに容器に入れて密閉し、自由に動くようにしたものが磁気コンパスです。

磁気コンパスの歴史は非常に古く、11世紀末には、すでに中国の船に装備されていたといわれています。

それ以前は星や太陽の方向から方位を判断していたわけで、どんな天候でも正しく方位を知ることができる磁気コンパスの発明が、後の大航海時代に導いたといってもいいでしょう。

ところが、自転軸を元にした北極(真北《しんほく》:true north)と、磁石が指す北極(磁北《じほく》:magnetic north)とは一致しません。海図は自転軸を元に描かれているわけですから、子午線の方向と磁気コンパスが指す北とは、ずれてしまいます。

一方、先に挙げたジャイロコンパスの指北装置は、地球の自転軸を元に北を示すわけですから、正しく子午線の方向が分かることになります。

両者の違いをはっきりと区別するために、自転軸を元にした方位——すなわちジャイロコンパスで示される方位を「真方位」、磁気コンパスの指す磁北を元にした方位を「磁針方位」として呼び分けています。

真方位と磁針方位、この二つの違いをしっかり理解しておく必要があります。

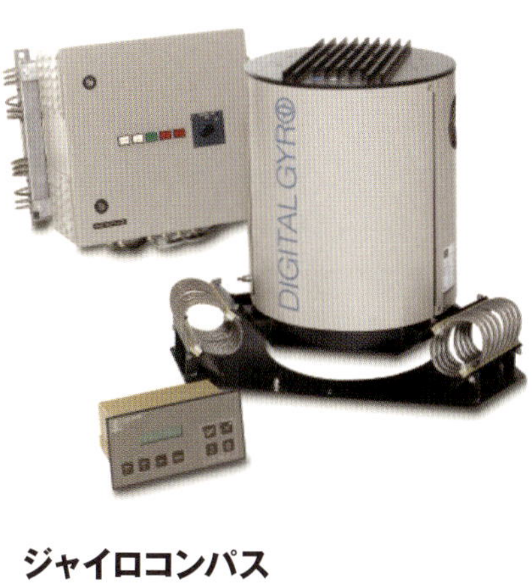

ジャイロコンパス

正しい北(真北)を示すことができるが、電動で装置自体が大きいため、プレジャーボートで使用されることはまれだ。しかし最新のものは小型になってきているし、なにより周りの磁気の影響を受けずに正確な方位を示すことができ、また設置場所も選ばないため、今後はプレジャーボートにも普及していくだろう

コンパスローズ

海図には、方位を表す「コンパスローズ(compass rose)」が描かれています。

昔はバラの花のような飾りがあったので、そのように呼ばれるようですが、今の海図に記されたコンパスローズには飾りはありません。

現在のコンパスローズはシンプルな二重の円からなっており、外側に記された目盛りが真方位、内側が磁針方位です。真方位は海図上の子午線とピッタリ合っていますが、磁針方位は若干ずれているのが分かります。

コンパスローズ

海図に描かれたコンパスローズは、外側が真方位、内側が磁針方位となっている。真方位は子午線とピッタリ合っているが、磁針方位は偏差の分だけずれている

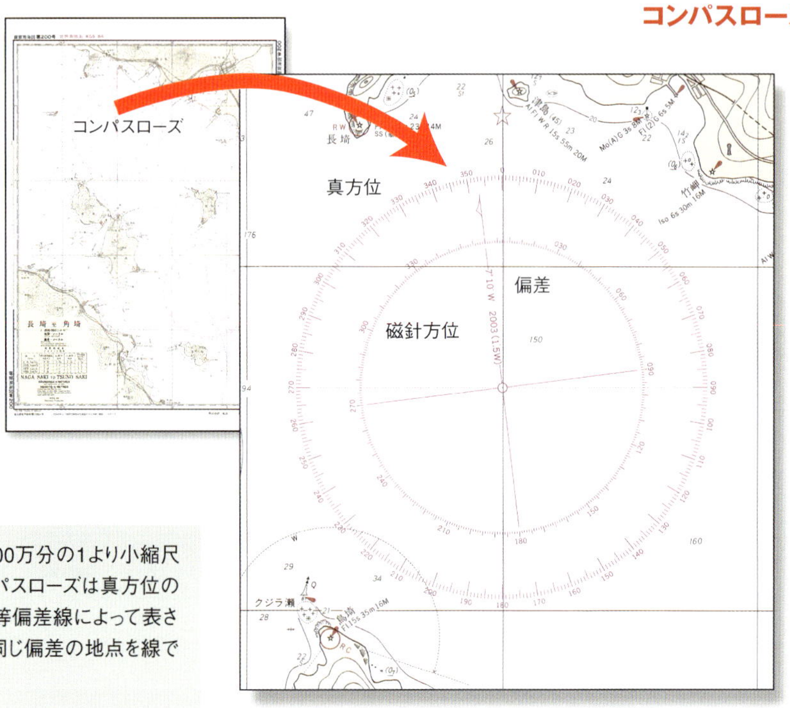

偏差は場所によって異なる。したがって100万分の1より小縮尺の(より広い範囲を表す)海図では、コンパスローズは真方位のみが記され、場所によって異なる偏差は等偏差線によって表される。これは等高線や等圧線のように、同じ偏差の地点を線で結んだものだ

偏差

真方位と磁針方位との差を「偏差《へんさ》」(variation)と呼んでいます。

コンパスローズをもう一度見てみましょう。イラストは練習用海図のものですが、磁針方位の部分に、「7°10′W 2003(1′.5W)」と書いてあります。真方位と磁針方位との差(偏差)が7度10分で、西にずれているという意味です。

針路が7度もずれたまま一晩走れば目的地から5マイル近くそれてしまう計算になるので、航海の上では無視できません。磁気コンパスを使う場合は、必ず磁針方位の目盛りを使わなくてはなりません。

偏差は場所によって異なります。この海図の付近では7度西偏しているのであって、別の場所では異なります。極に近くなるほど偏差は大きくなり、場所によっては20度を超えることもあります。

また、偏差は経年変化もします。

コンパスローズに記された「7°10′W 2003(1′.5W)」とは、「2003年の偏差が7度10分西偏しており、以後毎年1.5分ずつ西偏していく」ということを意味します。

船の上では、その測定精度からして1度未満は無視してもいい数字でしょうから、10年程度の経年変化は大した影響はないといえます。

しかし、このまま西偏を続けていくと、数千年で北極と南極が逆転してしまうのでは？ と心配になります。

そもそも地球の中心部(核)では流動体が回転しているようで、これが巨大な発電機のような働きをして磁場を生じさせていると考えられています。磁極は自転軸(真北)の周りをぐるりと回るような動きをするようで、長い年月をかけて偏差は西偏から東偏に変わるなどして元に戻るため、偏差がどんどん大きくなって南北が逆転することはありません。

もっとも、数十万年というスケールで見ると南北の逆転は起きていたようで、この場合は南北両極がその磁場を維持したままぐるりと回るのではなく、磁場がしだいに弱まった末に逆向きの磁場が大きくなっていくという過程を経るようです。現在はしだいに磁場が弱まっている最中だそうです。

自差

磁気コンパス自体の誤差を「自差《じさ》」(deviation)と呼んでいます。

とはいえ、磁気コンパスそのものは磁力を用いて磁北を指すという単純な構造なので、狂いようがありません。磁気コンパスの周りに磁気を帯びた物や、磁石を引きつける物があると、影響を受けて自差が生じるのです。

全体が鉄でできた大型船の場合は、船自体が磁石を引きつけることになり、コンパスの自差も大きくなります。

プレジャーボートの多くはFRP(強化プラスチック)でできており、鋼船と比べると影響は受けにくくなりますが、コンパスの取り付け場所によってはエンジンや電気機器、あるいはその配線などの影響を受けます。スピーカーなどは強力な磁石ですから、影響は非常に大きくなるでしょう。

このように自差はコンパスそのものの誤差ではなく、周りの環境によるものです。本来の磁北と船の中の何かが引き合ってしまうために起きるものですから、船首の方位(ヘディング)によって誤差の量も変化してしまいます。

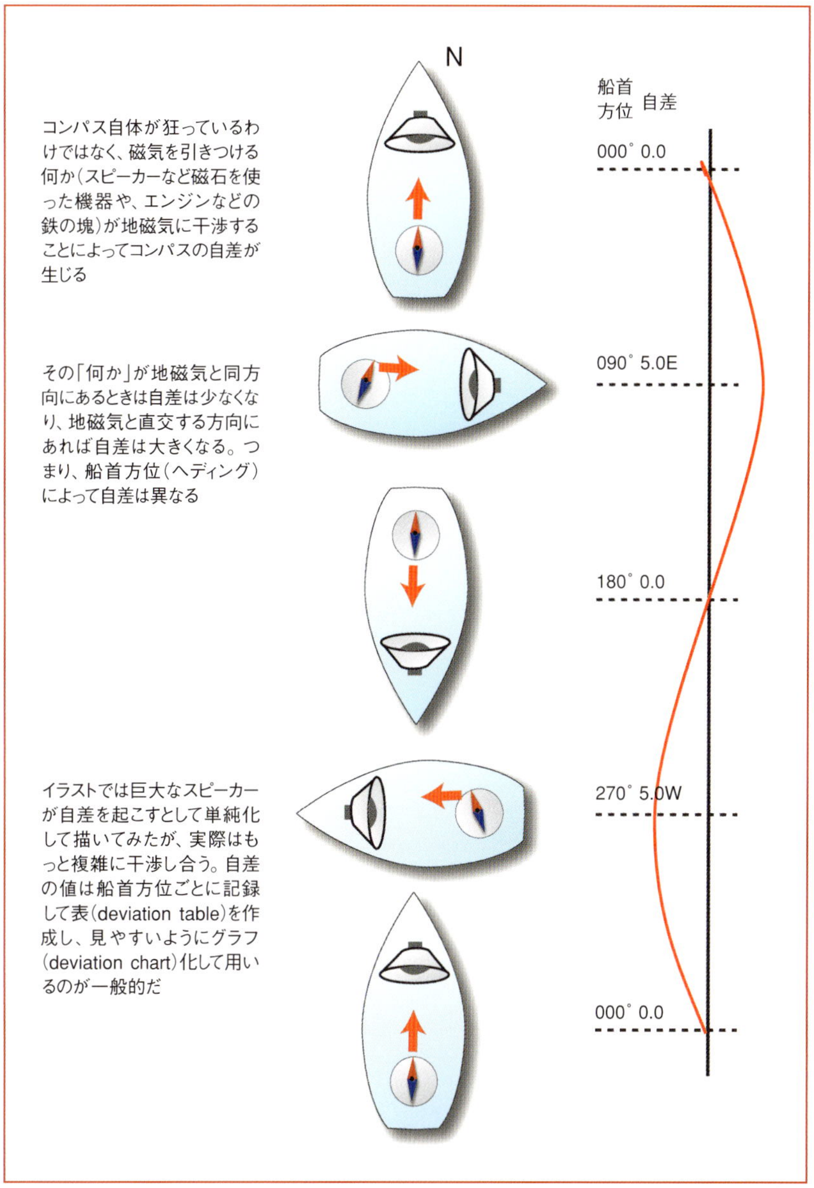

N
船首方位
自差
000° 0.0
090° 5.0E
180° 0.0
270° 5.0W
000° 0.0
コンパス自体が狂っているわけではなく、磁気を引きつける何か(スピーカーなど磁石を使った機器や、エンジンなどの鉄の塊)が地磁気に干渉することによってコンパスの自差が生じる
その「何か」が地磁気と同方向にあるときは自差は少なくなり、地磁気と直交する方向にあれば自差は大きくなる。つまり、船首方位(ヘディング)によって自差は異なる
イラストでは巨大なスピーカーが自差を起こすとして単純化して描いてみたが、実際はもっと複雑に干渉し合う。自差の値は船首方位ごとに記録して表(deviation table)を作成し、見やすいようにグラフ(deviation chart)化して用いるのが一般的だ

自差をチェックするには、磁気に影響されないジャイロコンパスを用いてその差を調べるのが一番ではありますが、プレジャーボートではそうもいきません。

あらかじめ分かっている見通し線の方位を測って差を調べるという方法になりますが、これで船首方位ごとに360度のテーブルを作るのはかなり手間がかかります。

こうして分かった自差を元に磁気コンパスの読みを真方位に換算するときには、偏差と自差の両方を考えに入れなければならないことになり、これをコンパスエラー(羅針違差)と呼んでいます。偏差と自差のプラスとマイナスが逆になったり、360度をまたいだりすると、計算はかなりややこしいものになります。

実際には、FRP製のプレジャーボートの自差はさほど大きくなく、あまり細かく考えずに運用されているのが実情といえるかもしれません。

コンパスの取り付け方によっては大きな自差が出ることもありますが、正しいナビゲーションを行っていれば、自艇のステアリングコンパスの自差が許容値を超えているか否かはすぐに気が付くと思います。

この場合は、まずはコンパスの取り付け位置を工夫しましょう。といっても、見やすい位置になければ意味がないので、コンパスに影響を与えているであろう機器の取り付け方を工夫した方がいいかもしれません。

工夫すれば、FRP船のコンパスの自差は許容範囲内に収まるはずです。

とはいえ、小型船舶操縦士の試験では海図問題として自差を見越した設問も多いようですから、受験に際しては、しっかり頭に入れておく必要があります。ここでは、「コンパスの自差は船首方位によって異なる」ということを覚えておくくらいで十分です。

磁気コンパスの種類

磁気コンパスにも、用途によってさまざまなものがあります。それぞれの違いを見ていきましょう。

ステアリングコンパス

船首の方位を知るため、船に備え付けられているのがステアリングコンパス(操舵コンパス)です。

その中でも、キャビンハウス後端の壁(バルクヘッド)に取り付けるものをバルクヘッドコンパスと呼び、鉛直面に取り付ける仕様となっています。

ティラー仕様のヨットの場合、バルクヘッドコンパスが見やすいのですが、真後ろから見ないと正確に読み取れないので、左右両舷に取り付ける必要があります。

対して、水平面に取り付けるタイプのコンパスをデッキマウントと呼びます。

コンパスカードを入れた容器は船の動揺に対処するため球形をしていますが、デッキに大きな穴を開けて下半球をデッキ下に落とし込むように取り付けるタイプをフラッシュマウント、大きな穴を開けずに、水平面に置くようにして取り付けるものをサーフェスマウントと呼びます。

デッキマウントタイプのコンパスは、デッキのみならず、ヨットならステアリングホイールが付く台座(ペデスタル)上や、モーターボートならステアリングの前のダッシュボード上に備え付ける場合もあります。

また、鉛直面、水平面、どちらにも取り付けられるブラケットタイプもあり、デッキ上のみならずナビゲーションスペースやバース(寝台)の枕元に取り付けたりすることもあります。

いずれも、船首方位を確認するのが目的なので、正しく前後方向に合わせて取り付ける必要があることは言うまでもありません。

ステアリングコンパスのなかでも鉛直面に取り付けるのがバルクヘッドコンパス。キャビンハウス後端などに取り付ける。手前に見える目印のピンをラバーズラインと呼び、この機種は手前の目盛りを読むタイプになる

水平面に取り付けるデッキマウントタイプのコンパスには、下半球を埋め込むフラッシュマウントタイプと、水平面に乗せる形になるサーフェスマウントタイプとに分けられる

サーフェスマウントタイプは、その分出っ張るので、デッキ上というよりは、ステアリングペデスタル上に取り付けることが多い。写真は、奥にラバーズラインが付いていて、奥の目盛りを読むタイプ

ブラケットマウントタイプは、かさばるが、水平面、鉛直面どちらにも取り付け可能だ。キャビンの中に取り付ければ、デッキに出なくても船首方位が分かって、ナビゲーションには便利

ハンドベアリングコンパス

目標までの方位を測るのが、ハンドベアリングコンパス。いろんな種類があるが、「地文航法」には欠かせない道具なので、じっくり選びたい

ハンドベアリングコンパスは陸上や海上の目標までの方位を測るためのコンパスです。

さまざまな機種が発売されています

が、基本的には手で持って目標を狙います。

腕を伸ばして計測するもの、目に近づけて測るもの、トリガーを引くとコンパスカードがロックされるもの、望遠鏡機能が付いているもの、あるいは望遠鏡にベアリングコンパスの機能が付いたものなど、さまざまです。

フラックスゲートコンパス

フラックスゲート(fluxgate)コンパスは電動のコンパスですが、ジャイロコンパスが高速で回転する力を利用しているのに対し、フラックスゲートコンパスは電磁石の原理を用いたもので、マグネットコンパス同様、磁針方位を表します。

マグネットコンパスとの一番の違いは、方位を電気的に出力できること。そのため、他の航海計器(風向・風速計、スピードメーター、GPS)などと連動させることで、真風位や潮流の流向、流速を知ることができます。

また、偏差を入力してやれば磁針方位から真方位に変換して出力することもでき、自差を自動的に修正する機能が付いたものもあります。

消費電力も少なく、これからの小型プレジャーボート用の電動コンパスとしては、ジャイロコンパスよりも有用といえるかもしれません。

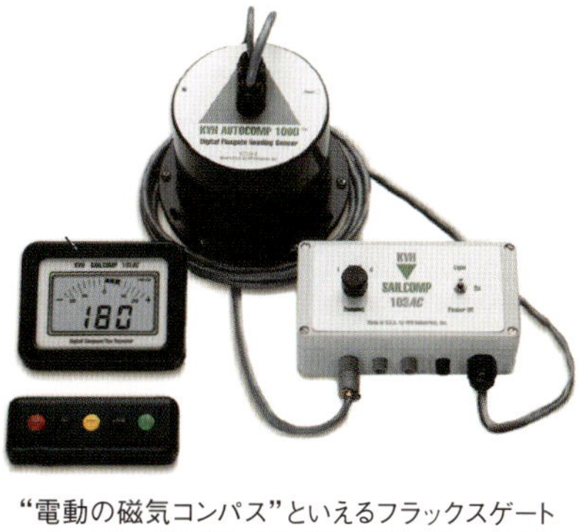

“電動の磁気コンパス”といえるフラックスゲートコンパスの心臓部と表示部。船首方位をデジタルデータとしてアウトプットし、風向・風速計やGPSと組み合わせて使われることが多い

前読み？ 後ろ読み？

一般的にコンパスというと、磁石の針が北を指すというイメージがありますが、船に搭載されたマグネットコンパスでは、目盛りの付いたコンパスカードの下に磁針が付いていて、コンパスカード自体が回転します。

正確にいうと、コンパスカード自体は地磁気に引かれてその場にとどまり、コンパスの容器が船とともに回転し、船首尾線に沿って設けられたラバーズライン(lubber's line)で目盛りを読む、ということになります。

ラバーズラインが手前に付いているか奥に付いているか、つまりコンパスカードの後ろの目盛り(縁部分)を読むか、前の目盛り(平面部)を読むかで舵を切るときの感覚が若干変わります。理屈で覚えるのは大変ですが、実際にはわずかながら船は絶えずその針路を変えながら走っており、この動きとコンパスの動きを追っていればすぐに慣れるでしょう。必要なら、わざと舵を切ってみてください。そのときのコンパスの動きと舵を切る方向を体に覚え込ませましょう。

照明

夜でも目盛りが見えるよう、多くのコンパスには照明がついています。つまり磁気コンパスでも電源がなければ夜は使えないということになります。

この照明は、明るければいいというものでもありません。コンパスの照明に幻惑されて、コンパス以外のものが見えなくなってしまうからです。

やっと目盛りが読める程度の明るさ、あるいは赤いシェードがかかったものもあります。

夜になってから照明がつかないことに気が付いても遅いので、明るいうちにチェックしておきたいものです。

南半球では

コンパスは地球の地磁気を使って方位を測ります。地球は丸いので、磁石は北を指すといってもわずかに下方向にも引っ張られています。

通常のコンパスは北半球でちょうど釣り合いがとれるように設定されているので、そのまま南半球に行くと、コンパスカードが時折何かに引っかかるような動きをすることがあります。

そのままでもなんとか使うことはできるのですが、南半球用に調整されたものも販売されているようです。

ジャイロコンパスの将来性

現在は、価格やサイズ的な利点から、ほとんどのプレジャーボートは磁気コンパスを使っています。

しかし、ジャイロコンパスも次第に小型化されてきています。

指北装置の違いから、スペリー型、アンシュッツ型などがあり、また回転式のみならず、ガスを使った流体式のものや、コイル状の光ファイバーを用いた可動部のないものなど、次々に新しい技術を用いたジャイロコンパスが登場しています。

近くの磁気の影響を受けずに真北を指すという利点は捨てがたく、今後はプレジャーボートの世界にも次第に普及していくかもしれません。

それでも、電気を使わない磁気コンパスの利点は、特に海の上では絶対的なもので、磁気コンパスが船の上から消えることはないでしょう。

これまでプレジャーボートでは磁針方位だけを考えていればよかったのですが、GPS受信機は設定次第では真方位を表示できるため、プレジャーボートの上でも磁針方位と真方位が混在する状況になりつつあり、その扱いにはより注意が必要になっています。

ラムライン（航程線）は最短距離か？

方位とは、子午線（経線）となす角度である。……ということを解説してきました。
となると、海図上で方位を表すためには、
緯線と経線が直交しているメルカトル図法が便利であるということも容易に想像できます。
さてそこから、ここではもう一歩踏み込んで、地球上の2地点間の最短距離について考えてみましょう。

最短距離とは？

丸い地球の表面を平らな海図に表すことの難しさについて、これまでにも説明しました。そして、主として海図ではメルカトル図法が用いられていることも述べました。ここで、地球上の2点間の距離について、あらためて考えてみましょう。地球が球体であるために、ちょっとヤヤコシイ話になりますので、イラストでご説明しましょう。なお、球体といっても、ほんのわずかながら上下方向につぶれているのですが、分かりやすくするために、「地球は完全な球体である」という前提で話を進めていきます。

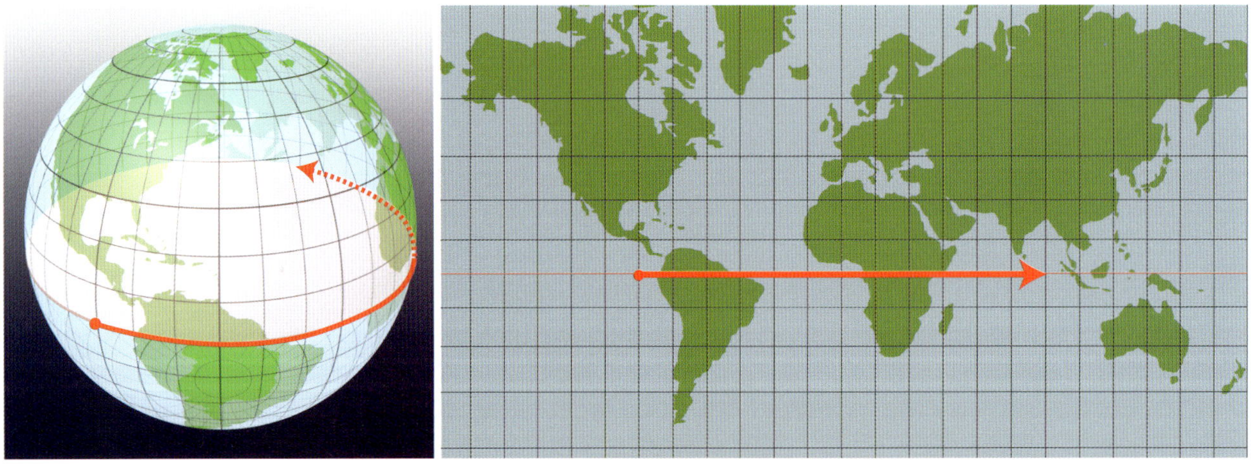

赤道上のある地点と、そのまったく裏側の地点の最短距離を考えてみる。まず考えられるのは、赤道に沿って東に向けて真っすぐ走るルート。この場合“地球の反対側まで”であるから、西回りのルートでも同じ最短距離になる

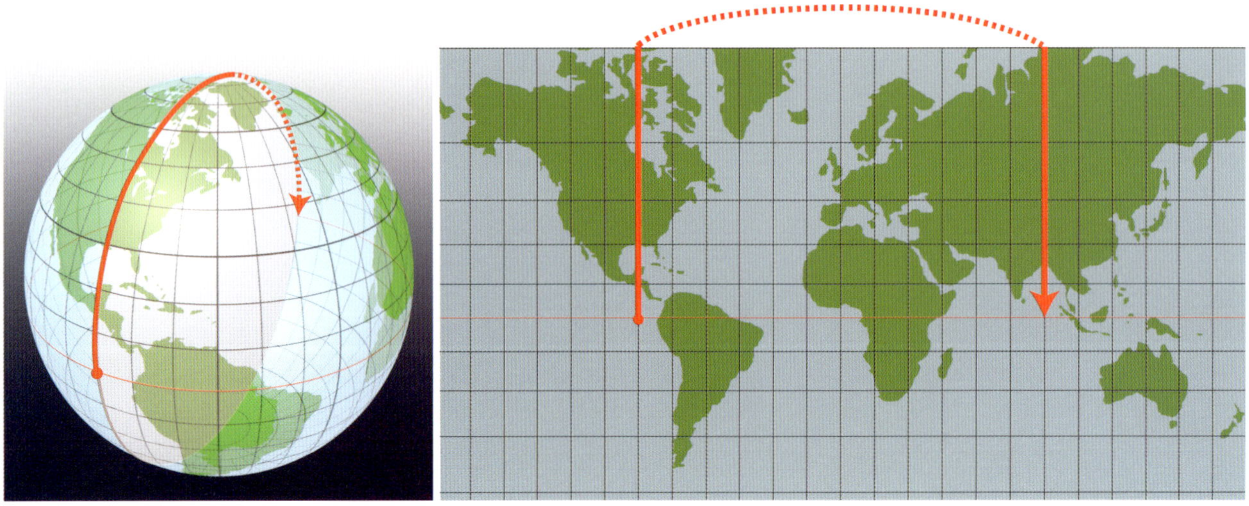

あるいは北上し、北極点を経て南下するというルートを通っても同じ距離になる。もちろん、南極回りのコースでも同じ。この場合、メルカトル図法で描かれた海図上で見ると、このように不連続な線となってしまう

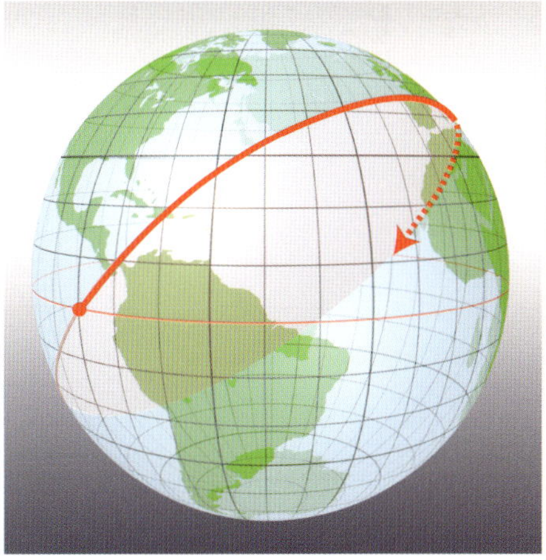

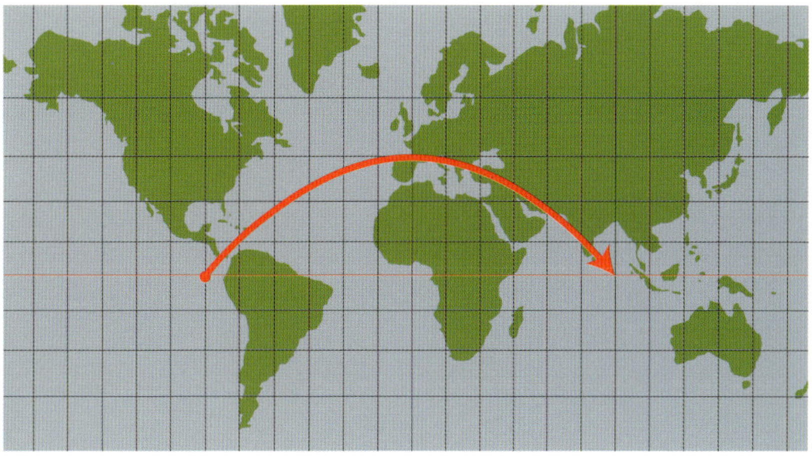

さらには、斜め45度のコースを通っても距離は同じ。つまりその2点間を通り、地球を真っ二つに割った大円の縁を通ればいい、ということになる。もちろん、45度でなくても、30度でも10度でも同様だ

このように地球の真裏に行くには、とにかく真っすぐ走り続けさえすれば、どのコースを通っても距離は同じ（最短距離）であることが分かります。

“真っすぐ走る”と簡単に表現しましたが、ここがポイントです。

立体的に見たイラストでは、確かにどれも“真っすぐ”走っていますが、船の上から見た場合、果たしてそうなのでしょうか？

前回、方位について解説しました。方位とは、子午線となす角度でした。北を0度として時計回りに表します。

赤道に沿って走った場合、あるいは南北両極を通って子午線に沿って走った場合、進行方向の方位（子午線との角度）は常に変わりませんから、確かに真っすぐ走っていることになります。もちろん、極コースを通った場合は、北極までは針路は北へ、北極を過ぎてからは針路は南になりますが。赤道コースの場合は、ずっと東、あるいはずっと西に向かって走り続ければ地球の裏側にたどりつけます。

しかし、斜め45度コースをとった場合はどうでしょう。

船首方位、つまり子午線となす角度は刻々と変化していきます。スタート時点での船首方位は45度。そこから、次第に子午線との角度は増し、コースの中間である北緯45度地点では針路は90度になり、さらにフィニッシュ地点では135度になります。

進行方向の方位が刻々と変わっていくわけですから、船の上では決して「真っすぐに走っている」とは感じないでしょう。しかし、地球儀上で見れば“真っすぐ”に見えますし、これでも最短距離を走っていることになるのです。

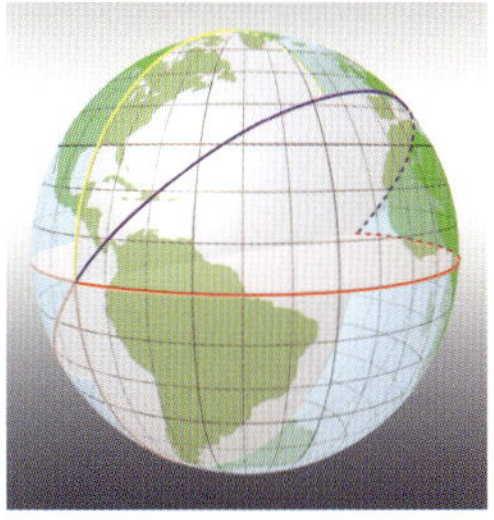

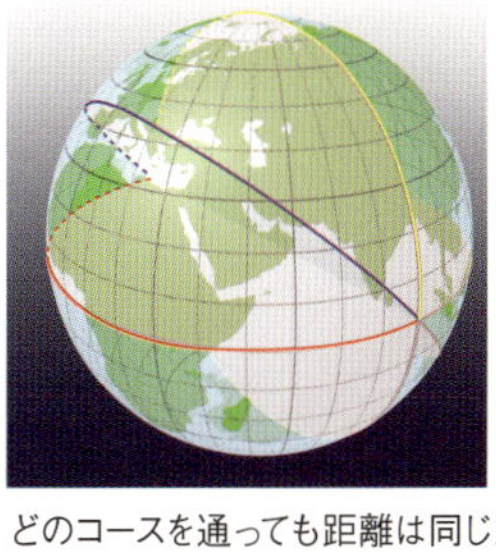

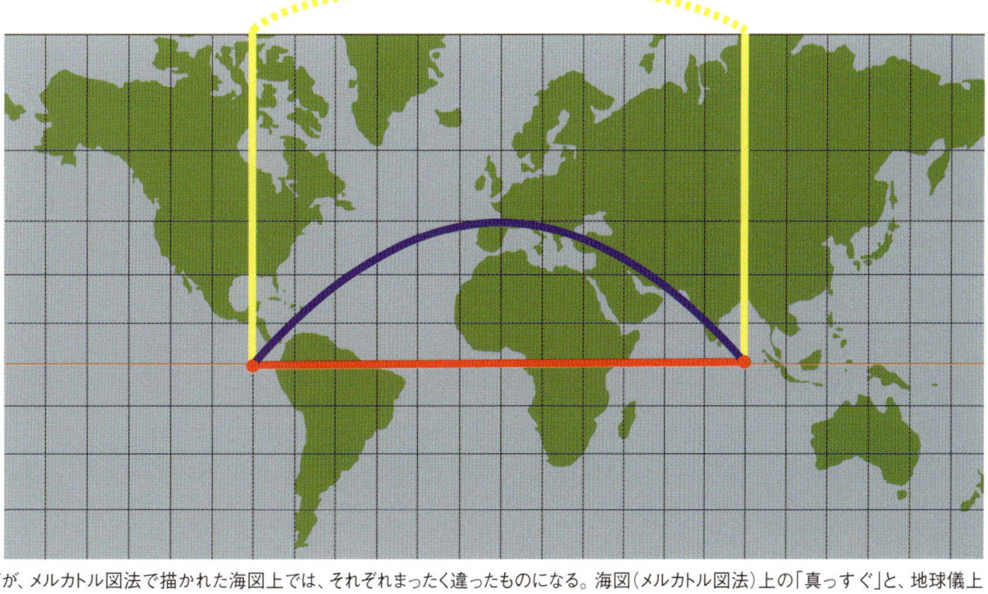

どのコースを通っても距離は同じだが、メルカトル図法で描かれた海図上では、それぞれまったく違ったものになる。海図（メルカトル図法）上の「真っすぐ」と、地球儀上の「真っすぐ」という概念はちょっと異なる、ということに注意

大圏航路

前ページの例から、地球上の最短距離は、“その2地点間を通り、地球を真っ二つに割った大円《だいえん》の縁に沿ったコース”であると表現できることが分かります。

前ページの例は“赤道上の真裏にあたる2地点”というやや特殊な例なのですが、それでは、横浜からサンフランシスコまででではどうなるでしょうか。

横浜とサンフランシスコは、ほぼ同緯度にあります。メルカトル図法で描かれた海図上で見れば、東に向かって走り続ければ到着することが分かります。

しかし、最短距離となると話が違ってきます。前ページの例と同様、地球上の最短距離は“その2地点間を通り地球を真っ二つに割った大円の縁に沿ったコース”になります。

真っ二つに割った“大円”ということから、これを大圏《たいけん》コース（大圏航路）と呼びます。

前ページの例では、赤道面も子午線面も“地球を真っ二つに割った大円”になるわけで、どこを通っても最短距離だったのですが、横浜～サンフランシスコでは、緯線に沿って地球を割っても“真っ二つ”にはなりません。“真っ二つ面（大円）”は、地球の中心を通る、斜めに傾いた一つしか存在しません。これが大圏コースであり、2地点間の最短コースとなります。

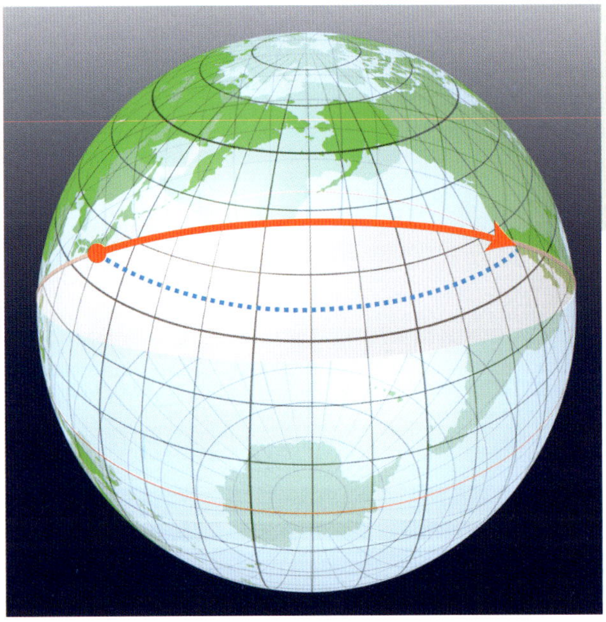

横浜からほぼ同緯度にあるサンフランシスコまでのコースを考えてみる。単純化するために、両地点が同緯度にあるとすると、横浜から真東にどこまでも走る青点線のコースをたどれば到着するわけだが、最短距離は、もっと北を通るコース（赤線）になる

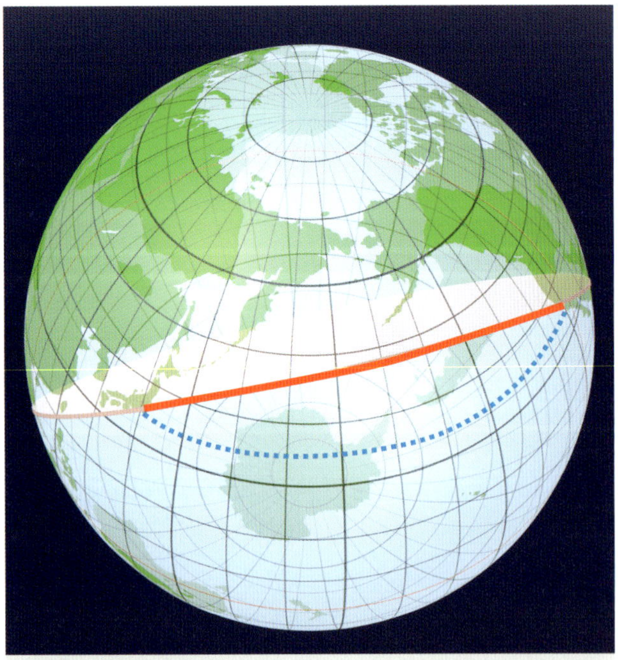

この角度から見ると、もっと分かりやすい。真東に（同じ緯度を維持して）走り続ける青点線のコースは、かなり遠回りしているのが分かる

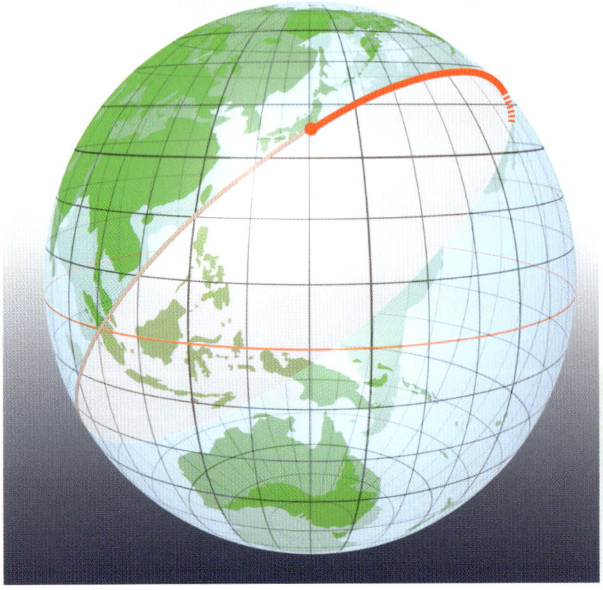

2地点間の最短距離は、両地点を含み断面が地球の中心を通る大円上であり、これを大圏コースという。前ページの45度コース同様、船首方位は変わっていくので、走る船上からは、真っすぐ走っているようには感じないだろう

ラムライン(航程線)は最短距離か？

ラムライン(航程線)

海上ではコンパスによって方位を知り、それを目安にして“真っすぐ”走ります。2地点間の最短距離が大圏コースになるというのは理解いただけたと思いますが、大圏コースでは船首方位を徐々に変化させながら走る必要があります。これは、コンパスを頼りに走る船の上から見ると、真っすぐ走っていることにはなりません。

最短距離の大圏コースに対して、船首方位を一定に保って走るコースをラムライン(rhumb line：航程線)と呼びます。ラムラインは最短距離ではありませんが、コンパスを使って走る船にとって、真っすぐ走るための実用的なコースです。この例でのラムライン(横浜〜サンフランシスコ)は、緯線に沿って真東に真っすぐ走ることになります。

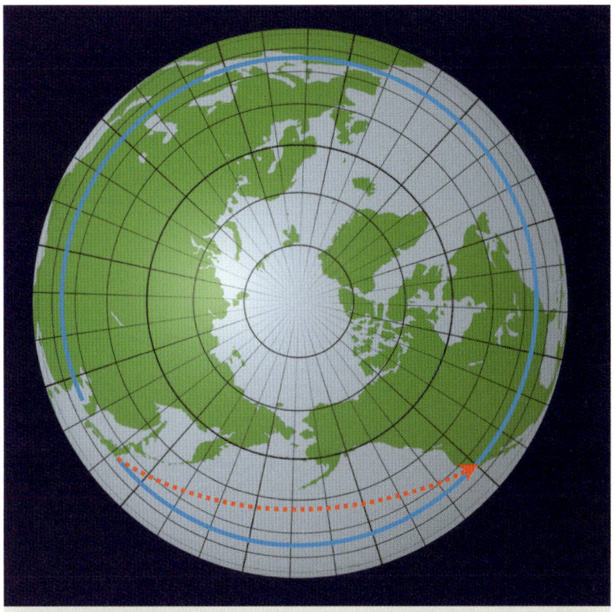

赤線の大圏コースに対して、青線がラムライン(航程線)。方位を一定に保って真っすぐ走るコースだ。“真っすぐ走る”とはいっても、北極を中心とした大きな円を回ることになる。宇宙から見るとちっとも“真っすぐ”ではないが、船上では方位が一定なので“真っすぐ”に感じるはずだ

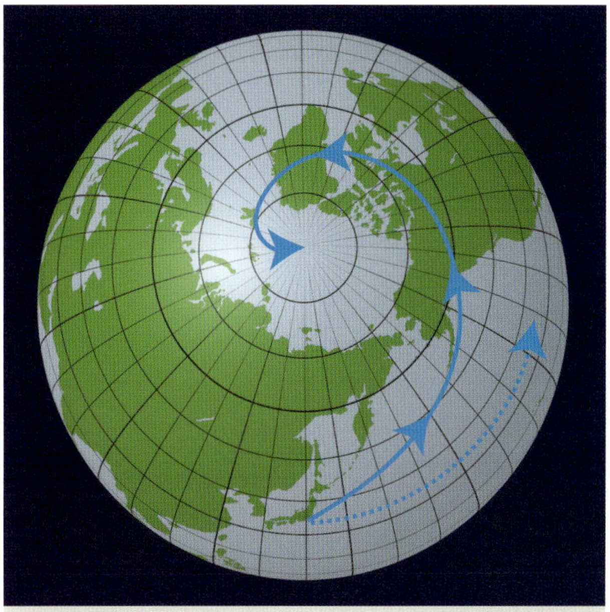

左の例は真東に走るという特別なケースだが、真東(あるいは真西)以外の方位を維持してラムラインを走り続けると、いずれも北極点(あるいは南極点)に到達する。ここでも、極を中心とした曲線を描いているが、船の上からは一定の方位を維持して真っすぐ走っているように感じるはずだ

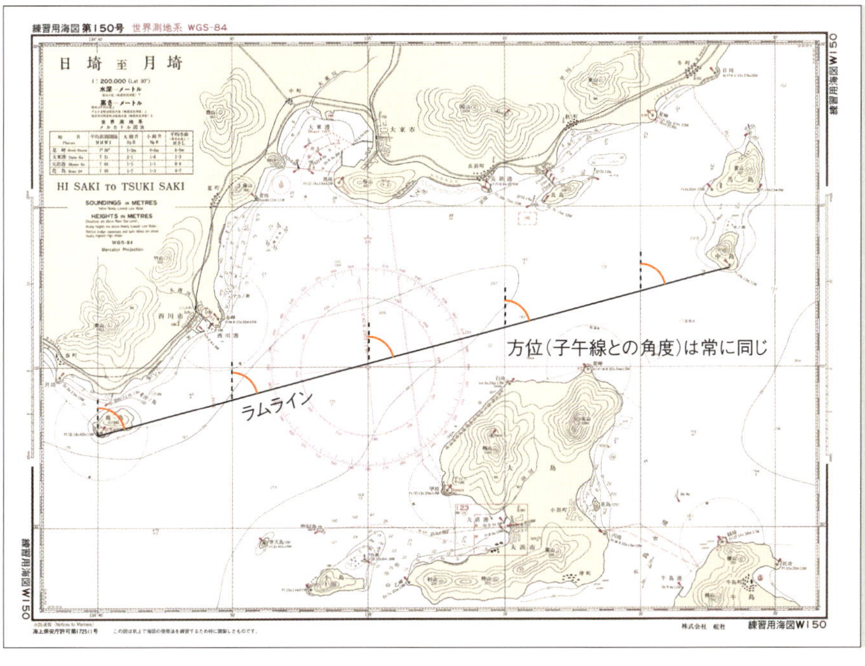

地球儀で見ると曲線を描くラムラインだが、メルカトル図法で書かれた海図上では2地点間を直線でつなぐとラムラインになる。一方、大圏コースは、赤道上、あるいは同経度上にある2地点を除いて海図上では直線にはならない

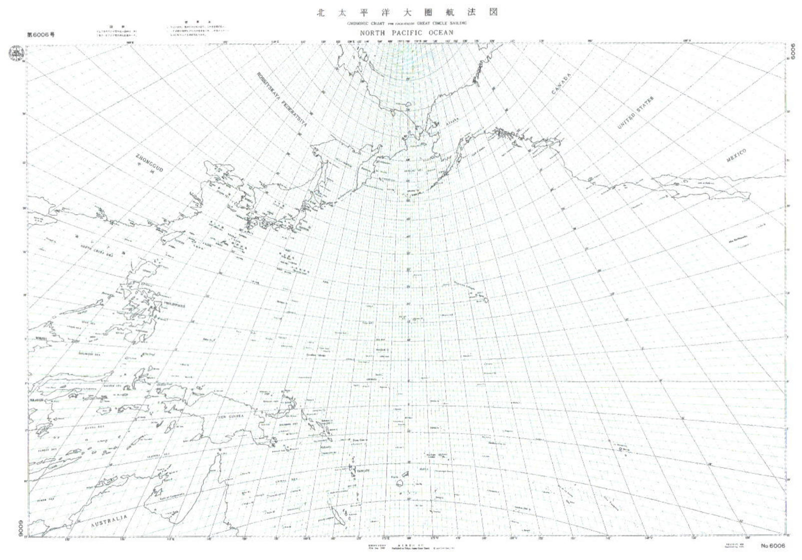

大圏航法図。大圏コースを知るには、この特殊な海図が必要になる(海上保安庁図誌利用第200034号)

これまで見てきたように、2地点間の最短距離は大圏コースなのですが、沿岸航海のように短距離の場合は、大圏コースとラムラインとの距離差は無視できるほどしかありません。

船はラムライン上を走る方が楽ですから、ラムラインを基に航海計画を立て、ラムラインで走ることになります。

2地点間を直線で結ぶとラムラインになるというところがメルカトル図法の長所であり、海図にメルカトル図法が用いられている理由でもあります。

とはいえ、大洋横断などの長距離航海になると、大圏コースとラムラインとの距離差は無視できません。この場合、大圏航法図(上図)という特殊な海図が用意されています。大圏航法図はメルカトル図法ではなく心射《しんしゃ》図法で描かれており、任意の2地点間を直線で結ぶと大圏コースとなります。

レグ(航程)

ラムラインは最短コースではありませんが、実際の航海では潮流や風の振れ、強弱などを考え、多少遠回りでも沖寄りのコースをとる「沖出し」や、逆に岸にピッタリ寄せて走る「岸べた」といったコースを通ることもあります。

特にヨットの場合、風向によってはラムラインから外れて走らざるを得ないことも多く、また夜間は灯台などの目標を元に走るわけで、多少遠回りでも安全であったり、結果として近道になる場合もあります。

この場合、ラムラインといえば沖出しや岸べたといった遠回りのコースではなく、その2地点間の最短コースであるという意味で使われる場合もあります。……というよりも、沿岸航海では大圏コースを考えることはないので、ラムラインといえば最短コースの意味に使われることが多いかもしれません。

しかし、本来ラムラインとは、“同じ針路を維持して走るコース”という意味なのです。

また、長距離航海で大圏コースをとる場合でも、船は大きな弧を描いて走ることはできません。そこで、大圏コースを通る場合でも実際には各地点を結ぶ多角形のコースを通ることになります。東経何度の地点で北緯何度まで北上する、というような計画を立ててレグ(航程)をいくつかに分け、それぞれのレグでは同じ針路を保つラムラインを通ります。

あるいは沿岸航海でも、岬を回り込む場合などでは、変針点と変針点をラムラインで結び、いくつかのレグに分けて航海計画を立てます。この場合も、各レグが曲線になることはありません。何度もいいますが、船は大きなカーブを正しく描いて走ることが困難なのです。

このように、ラムラインは、船が走る上で基本となる概念です。そして、そのラムラインが簡単に分かるところが、メルカトル図法の利点なのです。

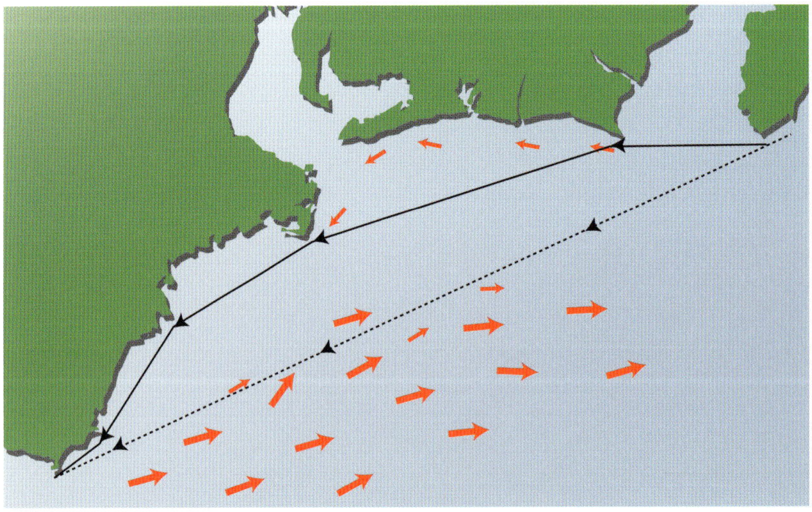

潮の影響などを考えて岸寄りを通る「岸べたコース」を選ぶ場合がある。あるいは、逆に「沖出しコース」を選択する場合もある。ラムラインは正確には最短コースではないが、こうした沖出し、岸べたコースに対してラムラインを最短距離として扱うことも多い

ラムライン（航程線）は最短距離か？

メルカトル図法は、方位が正しい？

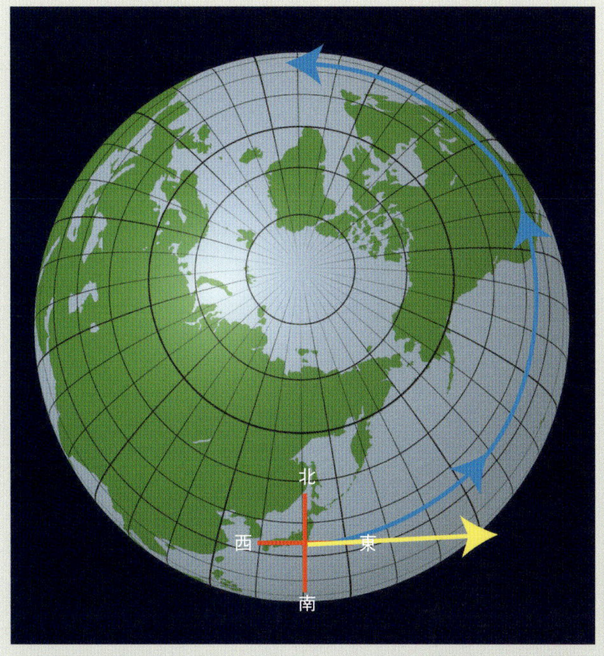

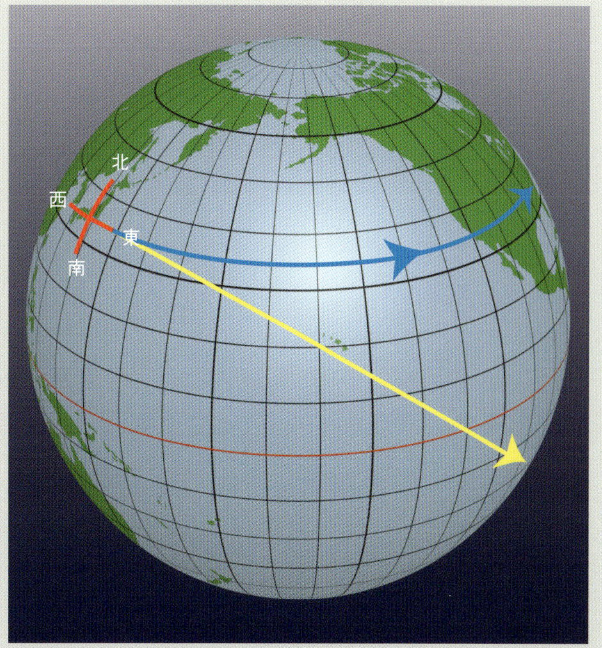

本文では“東に向かって走り続ければ”などと気軽に書きましたが、横浜の真東の方角をずっとたどると図の黄矢印の方向になります。
これは、ハワイの南を通って赤道を越え南米アルゼンチンを指します。横浜の真東の方角にはアルゼンチンがあるということになるわけですが、メルカトル図法では米国西海岸が真東にあるかのように描かれます。

……となると“メルカトル図法は方位が正しく描かれる”と簡単に説明してしまうと、ちょっと混乱してしまうかもしれません。横浜の北東（45度）の方位をラムラインに沿ってずっとたどっていくと北極にたどりつくわけで、しかし北極は当然ながら北東ではなく北の方角にあるわけですから。「メルカトル図法ではラムラインが直線で表される」が最も分かりやすい説明になります。

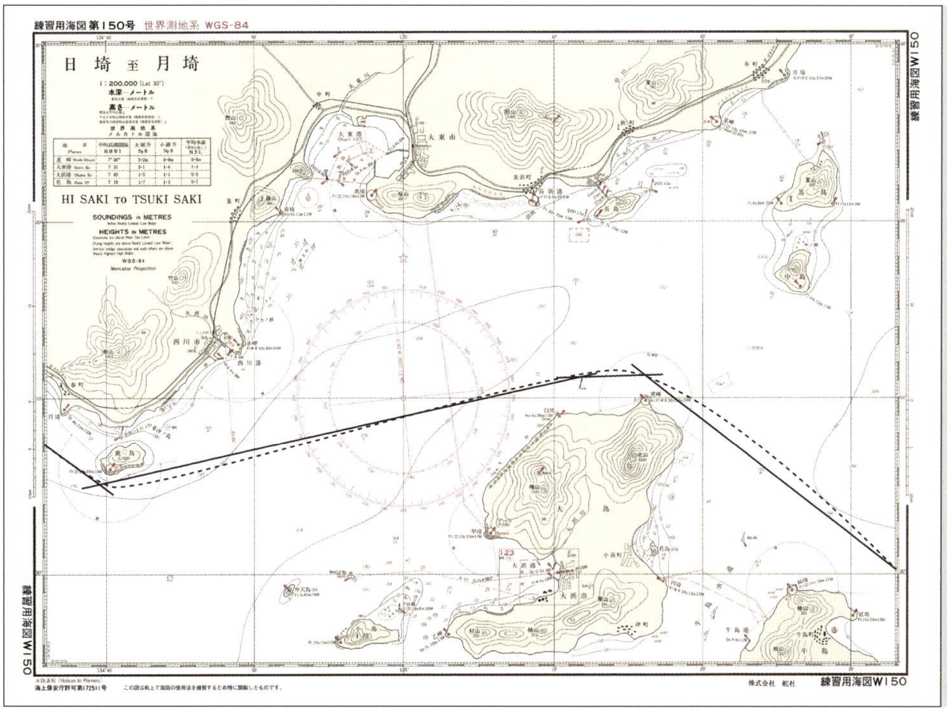

航海は、各変針点をラムラインでつないだいくつかのレグ（航程）からなる。各レグは曲線になることはなく、あくまでも直線（ラムライン）になる

こうして見てくると、地球が丸いということを真面目に考えるとなんだかとても難しくなり、位置を求めるにしても距離を知るにしても、そして方位を表すにも、メルカトル図法の持つ特徴が海図にピッタリであることが分かると思います。

第 2 章
海図と水路図誌

水路図誌のいろいろ

さて、いよいよ海図について解説していきましょう。
陸上の地形や諸物体を平面上に表したものが地図ならば、海上の物標、海岸線、水深などを表したものが海図です。
実際には海岸線が重要な要素となりますが、それ以外にも、船舶の航行に必要な多くの情報が海図に記されているのです。

海図と水路書誌、種類と購入方法

海図にもさまざまな種類がありますが、海図以外にも航海に用いる資料として水路書誌というものもあり、それらすべてを含めて水路図誌といいます。

水路図誌は、海上保安庁から刊行されています。また、その他の航海用資料として、プレジャーボート用のものが特殊法人である(財)日本水路協会から発行されています。

どちらも、日本水路協会の海図サービスセンター(東京・羽田、TEL: 03-5708-7070)や、全国にある水路図誌販売所で購入できます。また、インターネットでも、日本水路協会のウェブサイトから購入することができます。

では、水路図誌には、どのようなものがあるのか見ていきましょう。

水路図誌の種類

水路図誌には次のようなものがあります。

水路書誌

海図以外の水路図誌を水路書誌と呼びます。図ではなく、書籍になっているものです。海図の説明に入る前に、水路書誌から説明していきましょう。

水路書誌は、水路誌と、その他の特殊書誌に大別されます。

水路誌

水路誌は、航海に必要な情報を書籍にしたものです。海図だけでは分からないこと、たとえば海上の諸現象や港湾施設など、航海や停泊するためのガイドとなる本です。

『本州南・東岸水路誌』で9,975円。5年ごとの改版と、毎年発行される追補によって内容の最新維持が図られています。

日本語版はもちろん英語版も用意されており、それぞれ5冊で日本の沿岸をすべて網羅しています。日本語版は、内容を収録したCD-ROM付きになっています。

その内容は基本的に一般商船向けで、プレジャーボートに必要な情報とはちょっとずれている場合もあり、プレジャーボート用の港湾情報については、後に述べる『プレジャーボート・小型船用港湾案内』の方が活躍してくれるかもしれません。

海外では、プレジャーボート用のクルージングガイドや泊地ガイドなどが出版されていることも多いのですが、日本国内ではあまり見ません。海外で出版された英語版の日本沿岸クルージングガイドはあるようですが。

ヨット雑誌に掲載されるクルージングガイドなども、航海には有用なのでファイルしておくのもいいと思います。

航路誌

航路を決定する場合、単に最短距離を走ればいいというものでもありません。気象や潮流などを考えると、多少遠回りでも、より楽に安全に、あるいは結果的により早く、目的地に着くことができる航路もあります。

過去の航海実績から選定した航路を記載したのが、この『航路誌』です。『大洋航路誌』と『近海航路誌』の2誌に分かれています。

こちらも基本的には一般商船用の情報になりますが、プレジャーボート用の航路誌も、洋書にはなりますがいろいろ発行されています。長距離の大洋航海を目指すなら、これらの書籍を参考にして、安全で効率の良い航路を選ぶ必要があります。

灯台表

灯台を含む航路標識の位置や特徴が子細に掲載されています。

日本国内のすべての航路標識が第1巻に、国外（シベリア東岸からインド西岸、オーストラリアの一部を含む太平洋西部）の情報は第2巻、第3巻に収録されています。

こちらも最新維持を図るため、第1巻は追加表が毎月発行され、2年に1回改版されます（第1巻 9,870円）。

日本沿岸すべてを1巻に収めてあるので分厚く、通常のプレジャーボートの行動範囲からすると必要なのはほんの一部分になってしまいます。また、各航路標識の灯質などは海図にも記載されていますから、『灯台表』なんぞ見たことがない、必要ない、という方も多いかと思いますが、ここには航路標識の色、形など、海図にはない情報も網羅され、特に昼間、灯台を見分けるのに役に立ちます。また、緯度・経度も記されているので、GPSにウェイポイントを打ち込む際にも便利です。

潮汐表

潮汐とは、潮の満ち干（干満）のことです。係留や錨泊にあたって、潮の満ち干は重要です。特に足の遅いプレジャーボートの場合、狭い水道を通過する際には流速にも十分に注意する必要があります。『潮汐表』には、それらの予報値が記されています。

こちらも日本国内が第1巻に、太平洋およびインド洋が第2巻に収められ、毎年刊行されています（平成19年版で4,305円）。

簡易の潮汐情報はヨット雑誌の巻末にも載っていたりしますし、釣具店などでも求められます。

天測暦

天文航法のための資料となる、太陽、月、その他主要な惑星、恒星の位置などが記載された書籍で、毎年発行されています。

簡易版として『天測略暦』もあり、『天体位置表』、『天測計算表』などと合わせて船位を求めます。

水路図誌目録

水路図誌を選択、購入する際のカタログのようなものです。日本語版と英語版があり、毎年刊行されています。1,470円。

また、すべての水路図誌は前述の水路協会のウェブサイト上でも検索できるようになっていて、大変便利に使えます。

海図の購入時は、ここでじっくり選んで、必要な部分をすべて購入するようにしましょう。

水路通報

水路図誌は、航行の安全に絶対的な意味を持つ刊行物です。記載内容に間違いがあっては事故を誘発することになります。誤記などはもちろんですが、港湾工事などで実際の地形そのものが変わってしまうこともあり、その都度改補する必要があります。そのほ

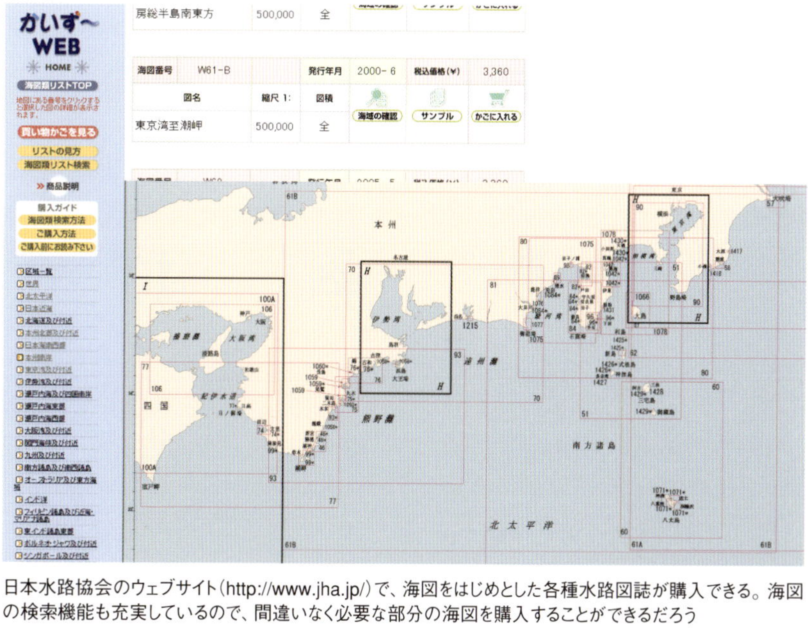

日本水路協会のウェブサイト（http://www.jha.jp/）で、海図をはじめとした各種水路図誌が購入できる。海図の検索機能も充実しているので、間違いなく必要な部分の海図を購入することができるだろう

か、船舶交通の安全のために必要な情報が「水路通報」という形で提供されています。

「水路通報」は毎週提供されています。印刷物のほか、インターネットを通じてPDF形式でダウンロードすることもできます。（http://www1.kaiho.mlit.go.jp/TUHO/tuho_db/tuhosearch.html）。

何しろ毎週のことですから、水路通報を元にして手元の海図を改訂するのは大変な作業です。一般商船では航海士の仕事として、欠かさず行われていますが、一般プレジャーボートユーザーにとってそうもいかないとは思います。しかし、それほど海図情報が重要なものであり、また日本の海岸線がいかに変化しているかということは理解してください。

日本水路協会発行のもの

海上保安庁から刊行される正式な水路書誌とは別に、（財）日本水路協会からは数々の参考資料が発行されています。あくまでも参考資料として用いるべしというものですが、プレジャーボートの航海には有用なものも多くあります。

プレジャーボート・小型船用港湾案内

小さな漁港を含む、日本沿岸の港湾情報を収録したガイドブックです。

たとえば、「本州南岸1」1冊で東京湾から大王埼（三重県）にいたるまでをカバーしており、プレジャーボートにはたいへん有用です。行動範囲内のものは、ぜひとも手元に置いておきたい1冊です（B5判、多色印刷、3,990円）。

ただし、海上保安庁刊行の正規の水路図誌とは異なり、内容の更新が適時行われるわけではありません。また、重要な部分での誤植も確認されているため、付属の正誤表を転記することをお忘れなく。

ヨット・モータボート用参考図

プレジャーボート用の海図です。サイズがB3判と小型で、紙質も丈夫になっています。日本全国を網羅しているわけではありませんが、主要な地域はカバーしています（1,050～1,470円）。

これは、海図を使った航海術の入門版といってもいいかもしれません。筆者はもっぱら最後に述べる正規の海図を使用していますが。

PC用航海参考図（PEC）

CD-ROMに収められた電子海図で、海上保安庁刊行の電子海図（ENC、後述）とは異なり、正規の航海用の資料とはならないため「参考図」となっています。

価格はCD-ROM1枚12,600円で、本州南岸～瀬戸内海～九州北岸を6枚に分けてカバーしています。

実際には、GPSのプロッター画面に表示する海岸線情報は、各GPSメーカーが出している海岸線カードを用いるのが主流になっているのが現状です。

航海用電子参考図（ERC）

ICカードに収められた電子海図です。ERC表示装置がないと使えません。記録媒体自体が製造中止となっているため、平成20年3月31日をもって販売中止になりました。

海上交通情報図

瀬戸内海の一部の交通の激しい海域での大型船舶向けの情報が記載されているものです。

電子潮見表

パソコンで使う潮汐表です。Windows 98, 2000, XP対応で、1枚（5,250円）で日本全国をカバーします。ただし、1年分（2009年版は2009/1/1～12/31まで）となります。

パソコンやPDA（携帯情報端末）で使う潮汐表は、ほかにもインターネットで検索すれば、無料のものも含めていくつか手に入ります。いずれも「航海には使わないように」との注意書きがあると思いますが、実用上支障のない範囲で活用しましょう。

海・陸情報図

堅苦しい名称ですが、沿岸部での海浜レジャー用の地図です。地図感覚の海図……とでも表現したらいいでしょうか。海図と異なり、陸上の情報も多く、カートップの小型ボートで各地へ遠征する人などには重宝かもしれません。

関東周辺を三つに分け、また大阪湾も新たに加わりました。B1判（A4判縦半サイズに折り込み）で、価格は3,150円です。

日本周辺海底地形立体図

日本周辺の海底地形を立体的に表したものです。外縁寸法は横が約297mm，縦が430mmで、航海用というよりも、額装して壁にかけたりするといいかもしれません。価格は1,050円。

その他

潮流メッシュ推算データ、瀬戸内海・九州・南西諸島沿岸潮汐表など、そのほかにも航海や釣り、ヨットレースに役立つようなデータが販売されています。いずれも「正式な航海には使わないように」とのただし書き付きですが、情報は多い方がいいので、雑誌のクルージング記事やインターネット上で個人が発信している情報を含め、それぞれ内容について吟味しつつ、上手に利用しましょう。

水路図誌のいろいろ

海図

海図とは、海の地図です。大きく分けると航海用海図と特殊図、海の基本図に分けられます。特殊図の種類から説明していきましょう。

特殊図

航海用海図の補助的なもので、以下のようなものが海上保安庁から刊行されています。

大圏航法図

大洋航海における最短距離となる大圏航路を表す海図です。

ラムラインと大圏航路との違いはすでに解説しました。通常の航海用海図では、2地点を結ぶ直線はラムラインになりますが、この「大圏航法図」上では、2地点を結ぶ直線が、そのまま大圏航路になります。

長距離航海の計画を立てる際に利用されるもので、北太平洋、インド洋、南太平洋の3図が刊行されています。

パイロット・チャート

小縮尺の海図に、その海域の気象概況や卓越風などが記されたもので、北太平洋をカバーしたものが各月ごとに12枚に分かれて刊行されています。

プレジャーボートでも、長距離航海でのルートや時期を決定する際には重要な資料となります。

水路図誌

- 水路書誌
  - 水路誌
  - 特殊書誌
    - 航路誌
    - 距離表
    - 灯台表
    - 潮汐表
    - 天測暦
    - 天測略暦
    - 天体位置表
    - 天測計算表
    - 水路通報
    - 水路図誌目録
    - 水路図誌使用の手引
- 海図
  - 航海用海図
    - 港泊図
    - 海岸図
    - 航海図
    - 航洋図
    - 総図
    - 国際海図
    - 英語版海図
    - 航海用電子海図
  - 特殊図
    - 大圏航法図
    - パイロット・チャート
    - 海流図、潮流図
    - 位置記入用図
    - 漁具定置箇所一覧図
    - 海図図式
    - 天測位置決定用図
    - 磁気図
  - 海の基本図

水路協会発行の参考資料

- プレジャーボート・小型船用港湾案内
- ヨット・モータボート用参考図
- その他

各GPSメーカーや海外デジタル海図メーカーの発行する海岸線カード

その他の地図、海図

海流図、潮流図

海上保安庁では、諸機関による調査結果をとりまとめ、海流の状況を海洋速報として発行しています。これはインターネット上でも見ることができます(http://www1.kaiho.mlit.go.jp/KANKYO/KAIYO/qboc/)。

潮流の激しい国内の主要海域について、潮流図も刊行されています。

特に、日本の南岸を流れる黒潮は規模も大きく、流れも速く、また蛇行するなど予想が難しいため、クルージングやヨットレース時にも大いに注目すべきデータとなっています。

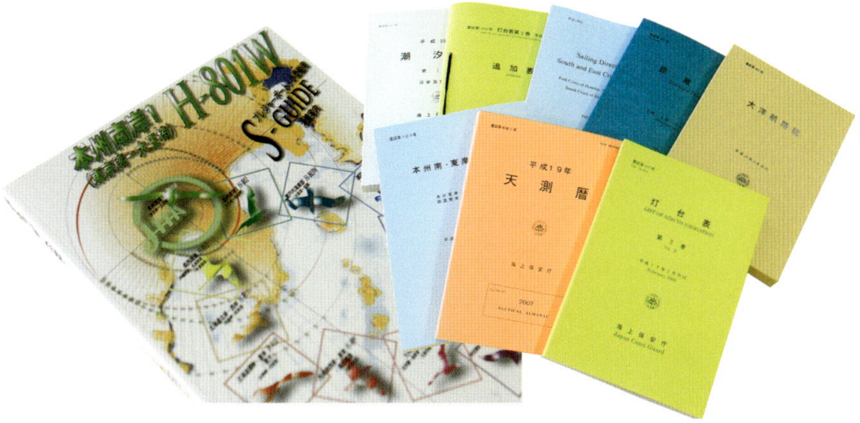

位置記入用図

大洋航行中は陸地から遠く離れた海を走り続けるため、ナビゲーション上、海岸線も水深もあまり意味を持ちません。それでも推測位置を求めたり、そこから天文航法によって位置をフィックスするためには、海図上での作図が必要になります。

位置記入用図は、緯線と経線が引かれただけの白地図です。1/120万、1/50万の二つの縮尺で緯度ごとに、それぞれ14図、18図に分かれて刊行されています。子午線の間隔はどこでも一緒ですから、使う海域に合わせて経度の数字を書き込んで使います。

別に「天測位置決定用図」というものもありますが、この位置記入用図上でも天測位置の決定はできます。

漁具定置箇所一覧図

実際に日本の沿岸を走ってみると、定置網や養殖生《い》け簀《す》が点在していることに驚かれると思います。航路標識の整備に関して、世界でも有数のインフラが整っているといえる日本では、沿岸を走るプレジャーボートにとって最も大きな障害となるのは、浅瀬や離れ岩ではなく、こうした漁具といえるかもしれません。

「漁具定置箇所一覧図」は、こうした漁具の設置された場所を示した図です。区域によって17図が刊行されています。

非常に有用な海図なのですが、縮尺が小さいため、あまり詳しいことは分かりません。5年ごとの改版となっているので、図に載っていない漁具があるということを前提に航海する必要があります。

海図図式

海図に記された図式をまとめたものです。A4判、32ページ、2,940円。

海図図式については、この後詳しく説明しますが、すべてを暗記する必要はなく、この冊子を用意し、必要な時に調べるという形になると思います。そういう意味でも、ぜひとも手元に置いておきたい1冊です。

その他

その他の特殊図として、磁針偏差や伏角などを表した「磁気図」や「世界総図」、「太平洋全図」などがあります。

海の基本図

海底地形や地質構造などを表したものが「海の基本図」です。

海洋開発、地震・火山噴火の予知、自然災害の防止などのための基礎資料となるものです。

航海用海図

ここまで長々と説明してきましたが、本書の主役がこの「航海用海図」です。通常「海図(チャート)」というと、この航海用海図を指します。

安全に効率良く航海できるように、沿岸地形、水深などはもちろん、航路標識など航行、停泊に必要な情報が克明に記されています。

価格は、全紙が1枚3,360円。1/2サイズのものは2,625円で、海上保安庁から刊行され、毎週発行される「水路通報」によって情報の最新維持が図られています。

海図は、海図番号と図名でそれぞれ区別され、縮尺によって次のように分類されます。

港泊図

縮尺1/5万以上の大縮尺海図で、港や泊地への出入りや停泊、錨泊時に必要な情報が詳しく描かれています。

当然、海図1枚に含まれる範囲(エリア)は狭くなりますが、特にプレジャーボートは一般商船よりも沿岸部に近づくことが多く、また地元漁船のような経験に基づく情報もないので、重要な港湾情報としてぜひとも用意したい海図です。

たとえば、関東水域なら海図番号92「三崎港至湘南港」が縮尺1/3万5,000で、ここに1/7,500の湘南港、三崎港北部、小田和湾が分図として載っています。

ちょっと遠出するような時は、予定外の港に避難するような事態になる場合もあります。この場合、それらすべての可能性のある「港泊図」を用意するのは難しいかもしれません。そこで、先に挙げた『プレジャーボート・小型船用港湾案内』が役に立ちます。目的に合わせて使い分けましょう。

海岸図

縮尺1/5万～1/30万の海図で、たとえば関東水域なら、海図番号(以下No.)1078が縮尺1/10万で、三浦半島南西岸から伊豆半島東岸、下田までカバーします。

さらに広いエリアをカバーするNo.80「野島埼至御前埼」が1/20万です。

一般的なプレジャーボートの沿岸航海で、最も多用する縮尺の海図といえるでしょう。

航海図

「海岸図」をつないでいけば、日本の沿岸はすべてカバーされます。右のイラストでいえば、No.80～70～93という具合です。

しかし、たとえば紀伊半島の先端、潮岬から伊豆半島の先端をかわして相模湾へ至るというようなコースラインを引きたい場合、海岸図をつなぎ合わせてもうまくいきません。

潮岬から伊豆半島先端までのコースが何度なのかを知りたい場合には、より縮尺の小さな航海図(1/30万～1/100万)が必要になります。

この例では、No.61-B「東京湾至潮岬」(1/50万)という小縮尺の海図があれば、海図上で両地点を直線で結ぶことができます。

こうしてみると、小縮尺の海図が1枚

縮尺が大きい？ 小さい？

「縮尺」とは、縮める度合いのこと？ いえ、これだと縮尺が大きいということは、より縮めていることになりますが、実際は逆です。大縮尺になるほど同じ大きさのものが、より大きく表されます。地図の縁に記された距離を測るための尺（縮めた尺）が大きく表示される、ということです。

海図の場合、緯度目盛りで距離を測ります。大縮尺の海図では、同じ1分＝1マイルが、より長く描かれるということです。これは狭い範囲をより詳しく描くことができるということであり、逆に小縮尺の海図では、より広い範囲を表すことができます。

これまでにも触れてきたように、海図に使われるメルカトル図法では、緯度が高くなるほど縮尺が大きくなります。そこで縮尺は緯度何度（基準緯度）における値であるかが示してあります。

基準緯度は、その図の中央であるとは限りません。隣り合わせとなる海図をつきあわせた時にずれないよう、基準緯度が図の中にない場合もあります。

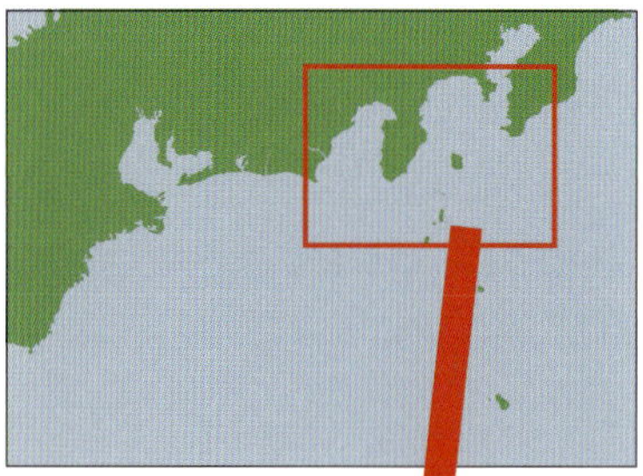

縮尺小
より広い範囲が描かれる

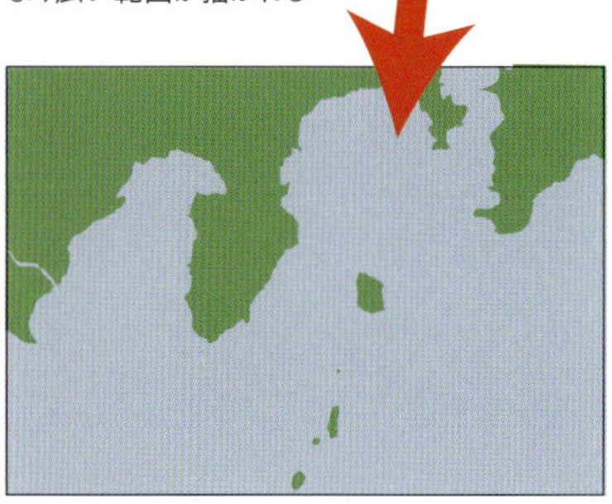

縮尺大
狭い範囲を詳しく描く

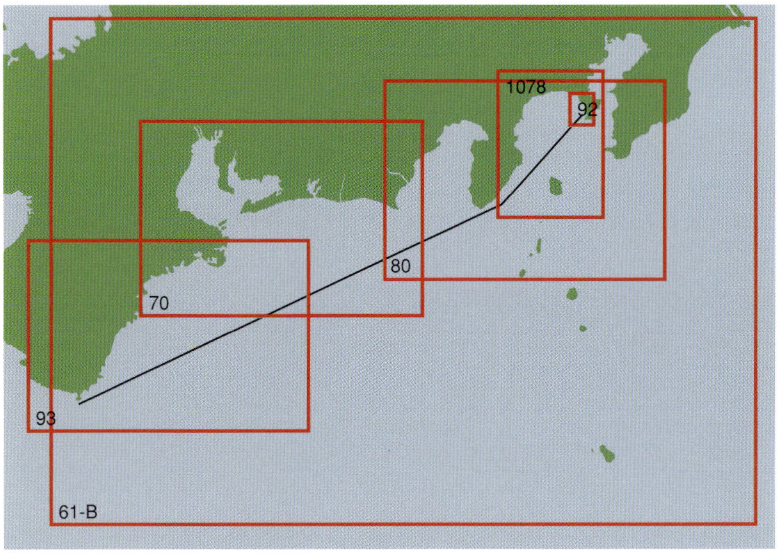

海岸図であるNo.80、70、93というようにつないでいけば日本の沿岸はすべてカバーできるが、長い距離のラムラインを引くには、さらに小縮尺の航海図（イラストではNo.61-B）が必要になる。港泊図（イラストはNo.92）はもっとも大縮尺で表示範囲は狭くなるが、その分詳しく描かれる

あれば事足りると思われるかもしれませんが、小縮尺の海図には、小さな湾内の水深などの記述はなくなっています。「中途半端なデータを入れるよりも、いっそまったく記入しない」ということになっています。

行動範囲の海図は、さまざまな縮尺のものを揃える必要があります。

航洋図

さらに大きな範囲を表す海図で、縮尺は1/100万～1/400万のものが「航洋図」です。

たとえば縮尺1/200万のNo.1072では、東京湾から鹿児島～奄美大島の一部までカバーします。

総図

縮尺1/400万以下の小縮尺の海図です。

No.850「日本至ハワイ諸島」は1/880万。こうなると、プレジャーボートにとっては夢を買うようなものでしょうか。航海計画を練る場合はパイロット・チャートがありますし……。

航海用電子海図（ENC）

国際海事機構（IMO）が定めた電子海図表示システム（ECDIS）で使うデジタル海図です。先に挙げたPECがあくまでも「参考図」であったのに対し、ENCはECDISで使用することによって、紙海図に代わる法定備品として認められるものです。

かつてはCD-ROMで販売されていたのですが、現在はデータが暗号化され、セル単位で1年ごとのライセンス制での販売となっています。

ベクター形式のデータになっているため、更新がその部分だけ適時行えるという大きなメリットがありますが、先に説明したようにプレジャーボートで使うGPSプロッターでは、各GPSメーカーが出している海岸線カードを使うという形が主流となっています。

このあたりは、GPSナビゲーションの重要ポイントで、68ページ、125ページでも解説しています。

航路標識

日本の海岸線は非常に複雑ですが、沿岸には航海の安全のための道しるべである航路標識が多数設置されています。
灯台に代表されるこれら航路標識を識別し、位置を特定するのがナビゲーションであり、特に地文航法では基本となります。
もちろん海図には航路標識の場所が記されており、
これらを正しく知り、活用することで、プレジャーボートの沿岸航海も成り立つのです。

航路標識のいろいろ

海の道しるべである航路標識は、大きく分けると「目で見る(光波標識)」、「耳で聞く(音波標識)」、「電波を受信する(電波標識)」の3つに大別されます。

灯台に代表されるのが「光波標識」です。堅苦しい名称ですが、目で見て識別するという意味で、昼間は形や色で、夜間は照明が灯《とも》るものが多く、遠くからでも視認でき、個々を識別できるようになっています。

これに対し、音でその存在を知らしめる霧信号所は「音波標識」といい、視界不良で光波標識が役に立たない濃霧時などに威力を発揮します。通常、灯台に設置されていますが、次に挙げる「電波標識」の普及によって、その役割を終えようとしています。

音波標識に代わって視界不良時にも役に立つのが、電波標識です。灯台などから電波を発し、船舶に搭載される専用の受信機やレーダーに、その位置がクッキリと映るようになっています。今はあまり使われなくなってしまったロラン局や、より正確なGPS測位を可能にするディファレンシャルGPS局なども電波標識に入ります。

その他、航行の混雑する狭水道にある船舶通行信号所からは、さまざまな情報が無線電話や電光掲示板で示されたり、潮流の情報を電光掲示板で表示する潮流信号所などがあります。

これらすべてをまとめて、航路標識といいます。

ここでは、プレジャーボートのナビゲーションで最も多用する光波標識について、詳しく解説していきましょう。

灯台

灯台は、航路標識の代表選手といってもいいかもしれません。岬や沿岸の主要地点に設置された塔状の建造物で、それぞれの灯台には名称が付けられ、また固有の航路標識番号を持っています。

夜間は、光でその位置が確認できます。光り方には規則性があり、これを灯質といいます。灯質の違いによって、個々の灯台を識別することができます。

灯台は防波堤などにも設置され、形状が柱状のものは灯柱と呼ばれています。

いずれも、昼間はその形や色で個々を識別することになります。通常は白ですが、より目立つように黒や赤の帯を入れる場合もあります。また、港の入り口を示すものは、水源に向かって右が赤に塗られ、地元では「赤灯台」などの愛称で呼ばれていたりします。

指向灯

灯台は、それ自体の場所を示すものです。それを目安として、自艇の位置を求めることができます。

これに対して、指向灯は狭い航路などを示すための灯台で、見る角度によって灯色が変化します。

灯台は海上を走る船のためのものですから、陸地側を照らす必要はありません。どれもが360度照射しているわけではなく、その照射範囲を明弧と呼びます。

指向灯では、この明弧が灯色で分か

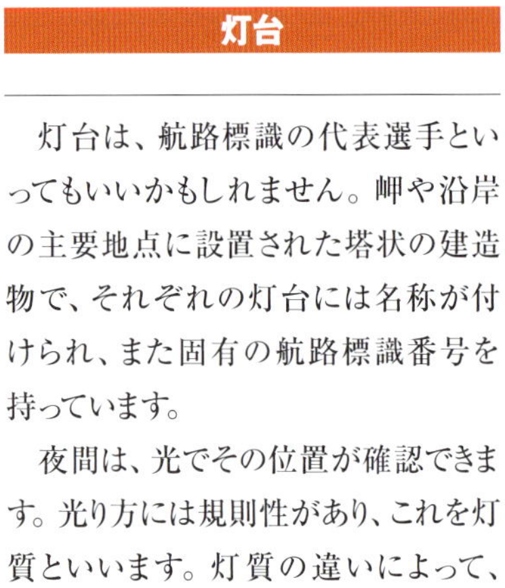

海図上の灯台の図式。★印の中心部がその位置。横に、灯質が略記されている

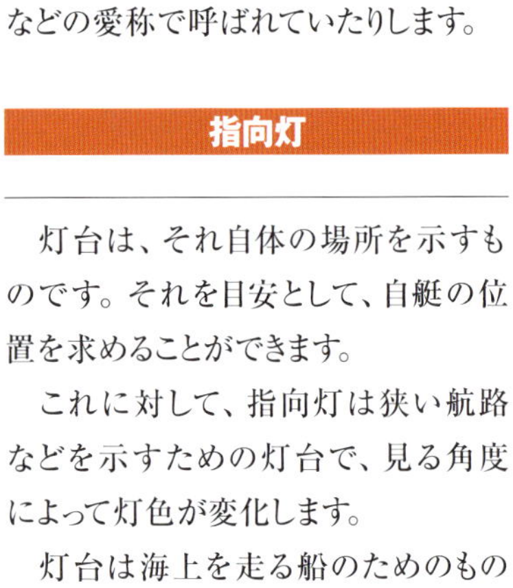

指向灯は、明弧が分弧として分かれている。安全海域にいれば白灯が見える

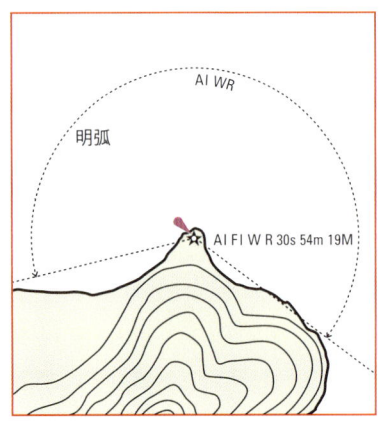

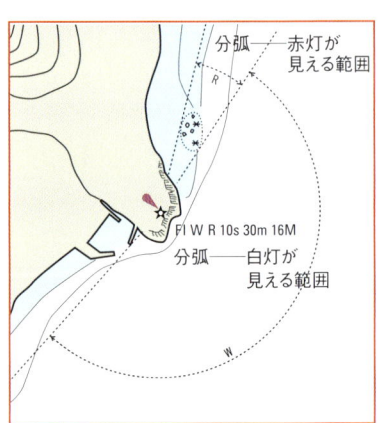

れており、それぞれを分弧と呼びます。

安全な航路にいる間は白灯、右側の危険帯に入るとそれが赤灯に見え、左側の危険帯に入ると緑灯に見えるようになっています。

導灯

二つ(あるいはそれ以上)が一組となり、重なって見える線上(位置の線)が安全な航路であることを示します。

2点を一線に見るラインはもっとも確実な位置の線であり、入港困難な港へのアプローチのために設置されています。

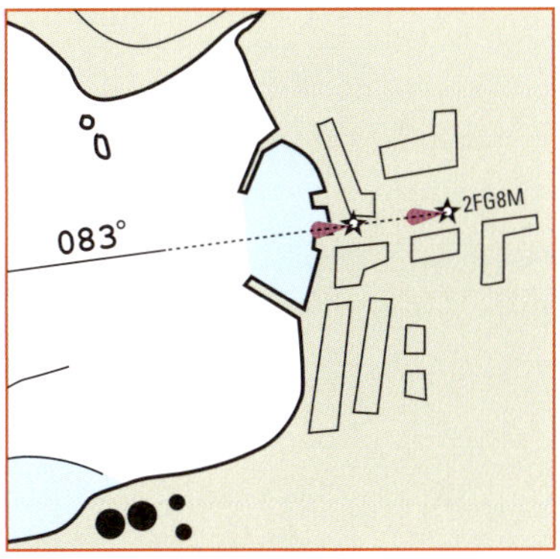

2点を一線に見るのが導灯。もっとも確実で、分かりやすい位置の線となる

照射灯

灯台はそれ自体の位置を示すもので、そこから自艇や暗礁などの場所を特定することになります。照射灯とは、危険な岩礁そのものを強力な光で照らしているものです。

主に灯台に設置されています。

灯標

灯台は陸地に建てられています。あるいは防波堤の先端などに建てられ、入港の目安になっています。

これに対して、危険な岩礁地帯などに構築された航路標識を灯標といいます。灯《あか》りがないものが立標です。

塗色や灯質にはルールがあり、これによって正しい航路が分かるようになっています。

灯浮標

海面に浮かんでいる航路標識が灯浮標です。アンカー(錨)で海底につながっているので、場所は不動です。灯火のない物は浮標と呼ばれます。

灯浮標の塗色や灯質にも規則性があり、航路が分かりやすくなっています。

光達距離

灯台の光が届く距離を光達距離と呼びます。単位はノーティカルマイル(海里、1ノーティカルマイルは1,852メートル)で、海図や灯台表では「M」という略号が使われています。

「光達距離10M」といえば、10マイル先からその灯台の灯を視認できるであろう、という意味です。

光は遠くに行くにつれ、大気中での吸収や拡散によって減衰し、やがて暗く見えなくなります。これを光学的到達距離といい、灯台の明るさそのものや大気の状態などで異なってきます。

一方、光は直線で伝わりますから、水平線を越えることはできません。これを地理学的光達距離と呼びます。地理学的光達距離は、灯台の高さ(海抜)と見る側の高さ(海面から観測者の目までの高さ)で違ってきます。灯台の高さが高いほど、あるいは見る側の高さが高いほど、地理学的光達距離は長くなります。デッキの上からでは見えなかった灯台が、マストに登れば見える場合もあるわけです。

また、点灯時間の長短によっても光度が違ってくることなども関係し、灯火がどこまで届くのか(光達距離)は、それぞれの条件によって異なってしまいます。なんらかの基準をはっきりさせないと統合性が取れなくなってしまうわけですが、現在の海図に記された光達距離は、「実効光度を用いた名目的光達距離」という基準で表されています。

堅苦しい表現になっていますが、プレジャーボートで使う際には「光達距離は条件によって異なる」と覚えておけばいいでしょう。ここに記された数字はあくまでも目安でありますが、「そろそろ見えてくるはず」という目安になれば、航海計画を立てる際にも便利です。

灯高

灯台の高さを灯高といいます。先に挙げた光達距離に関係しています。また、昼間に個々の灯台を見分ける際にも、付近の山や別の灯台との高さの相対的な違いからどの灯台かを確定する一助にもなります。

灯台表には、灯高とは別に「高さ」という項目もあります。こちらは灯塔高ともいい、地上から塔頂までの高さで、灯台という建築物の高さになります。一方、海図に記載されている灯高は、平均水面から灯台の灯りの部分までの高さです。船の上から見た場合、こちらの方が重要であるのはいうまでもありません。

海図記載の水深、山の高さ、橋桁の高さなどを示す場合の基準には、「最高水面」、「最低水面」、そして「平均水面」があります。潮の干満によって海面が上下するため、なんらかの基準を設ける必要があるわけですが、これは次項で詳しく解説します。

灯質

航路標識で灯火をもつものは、個々を識別するために固有の灯《とも》り方をするようになっています。これを灯質といいます。

灯質は白、赤、緑などの灯色と、その灯り方(リズム)によって見分けられます。

リズムは一見複雑なようですが、点灯し続けるもの、点滅するもの、その回数と周期、といった組み合わせになっており、実際にはさほど混乱することなく見分けることができるでしょう。

不動光
Fixed

一定の光度を維持して灯り続けるのが不動光です。略称は「F」。白(W:White)、緑(G:Green)、赤(R:Red)などの灯色があります。白の場合はWの文字を略す場合があり、単に「F」なら白灯が灯りっぱなし、「F R」ならば赤灯が灯りっぱなしという意味です。

緑は、一般的に「青(あお)」と言ってしまうことも多いかもしれません。港の入り口にある緑の灯柱を、地元では「あおとうだい」と称していることが少なくありません。

日本語では青と緑の使い分けは曖昧なことが多く、たとえば「青リンゴ」も実際は緑色だし、道路の青信号は最近になって本当に青っぽくなってきたような気もしますが、昔は緑でした。灯色のGは、あくまでもGreen:緑色です。

明暗光
Occulting

一定の間隔をもって点滅するもので、点灯している時間(明間)が消えている時間(暗間)より長いものを明暗光といいます。海図上では、その周期とともに「Oc 5s」(旧:Occ 5s)などと略記します。単位のsは、秒です。

1周期の間に複数回点灯するものは、Group Occultingで「Oc(2)」(旧:Gp Occ (2))と、その回数も記されます。もちろん灯色によっても識別されます。

また、明間と暗間の長さが同じものは、等明暗光といい、英語ではIsophase、略記は「Iso」になります。日本でも「アイソ」と呼ぶことが多いかもしれません。

閃光
Flashing

同じ点滅でも、明間が短いものが閃光《せんこう》です。「フラッシュ」と呼ぶことの方が多いかもしれません。

こちらも、1周期内に複数回点灯するものもあり、それぞれ、「Fl R 10s」とか「Fl (2) G 15s」(旧:Gp Fl (2) G 15s)などと略記されます。それぞれ、赤灯が10秒間隔で灯る、15秒間隔で2回ずつ緑灯が灯る、という意味です。

また、明間がやや長い(2秒)ものを長閃光(Long Flashing)と呼び、「L Fl」と略記されます。

さらに、不動光と閃光を組み合わせたものを連成不動光といい、群閃光と組み合わせたものもあります。「F Fl W 10s」(フィックス・フラッシュ、10秒)などとなります。閃光の仲間だと単純に覚えておけばいいでしょう。

急閃光
Quick

さらに点灯時間が短い(1分間に50回)ものが、急閃光。「クイック」と呼ばれることが多いかもしれません。

これも連続して閃光し続けるもののほか、1周期内に複数回急閃光を繰り返すものもあります。

互光
Alternating

異なる灯色が交互に灯るものが互光です。暗間はありません。「Al GR 10s」ならば、10秒周期で赤と緑が(5秒ずつ)交互に灯るということです。

閃光や群閃光が色違いに灯るものは閃互光となり、「Al Fl GR 10s」ならば、10秒周期で赤と緑が交互に閃光を発するということです。もちろん途中には暗間があります。

以上、複雑なようですが、いずれも、不動光、明暗光、閃光の組み合わせで考えればすっきりします。

極めて紛らわしい灯質の灯火が隣接しているということはないので、これらすべてを暗記しなくても見分けることはできるでしょう。

灯台と灯略記

灯台の位置は右の図式で示し、その灯色や周期などが横に略記される

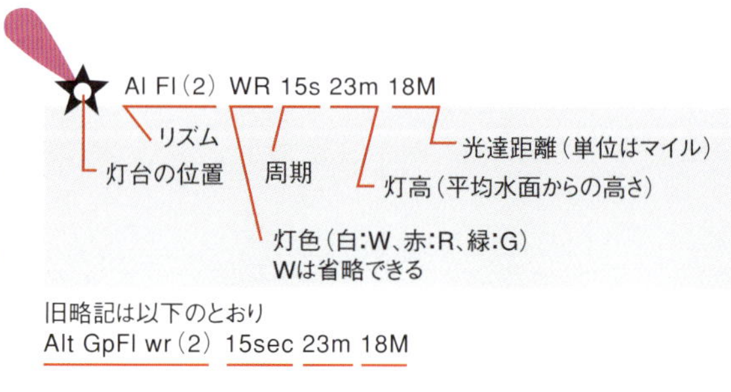
Al Fl(2) WR 15s 23m 18M
リズム
灯台の位置
周期
光達距離(単位はマイル)
灯高(平均水面からの高さ)
灯色(白:W、赤:R、緑:G)
Wは省略できる
旧略記は以下のとおり
Alt GpFl wr(2) 15sec 23m 18M

航路標識

灯質の種別	灯り方の例	海図上の略記	実際の灯り方
不動光（Fixed） ずっと灯り続けるもの。 灯色には、白、赤、緑などがある。		F W F G	白灯がずっと灯り続ける。 白灯の「W」は省略されることがある。 こちらは緑灯が灯り続けるもの。
明暗光（Occulting） 点滅するもの。中でも、明るい部分の方が長い。	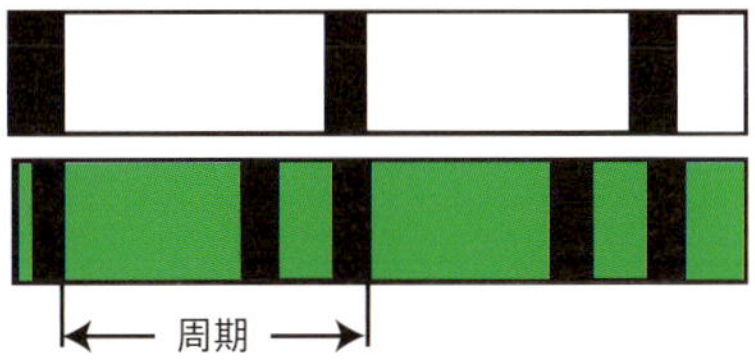	Oc W 10s Oc（2） G 10s	10秒ごとに白灯が点滅する。明間の方が長い。 10秒ごとに2回、緑灯が点滅する。明間の方が長い。
等明暗光（Isophase） 明暗光の仲間だが、明間と暗間の長さが同じもの。	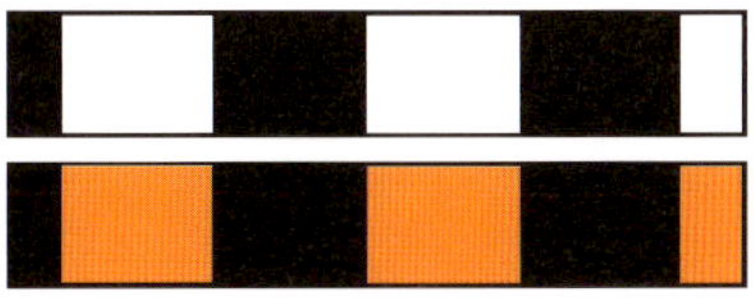	Iso W 10s Iso R 10s	10秒周期で、5秒間、白灯が点滅する。 こちらは赤灯。5秒灯って5秒消える。
閃光（Flashing） 同じ点滅でも明間が短いもの。1分間に50回未満の周期で点灯する。	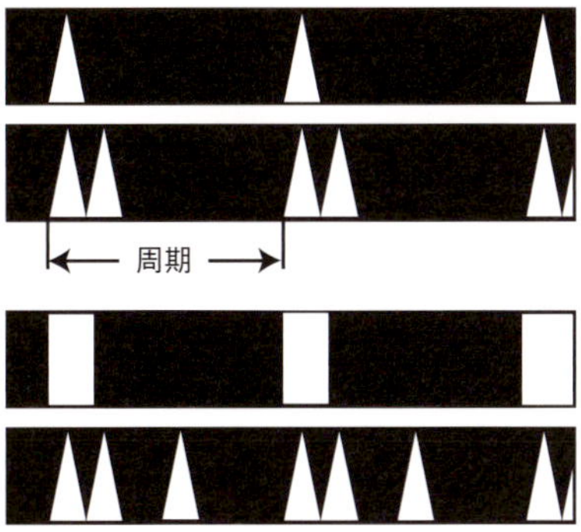	Fl W 10s Fl（2） W 10s L Fl W 10s Fl（2+1） 10s	単純な閃光。10秒周期で1回点滅する。明間は短い。 グループフラッシング。10秒周期で2回白灯が点灯する。 ロング・フラッシング。点灯時間がやや長く約2秒。それでも暗間の方が明間より長い。 複合群閃光。上記のシングル・フラッシングとグループフラッシングを組み合わせたもの。10秒間に2回と1回が点灯する。
急閃光（Quick） Flashingのさらに短いもので、1分間に50回の割合で点滅する。	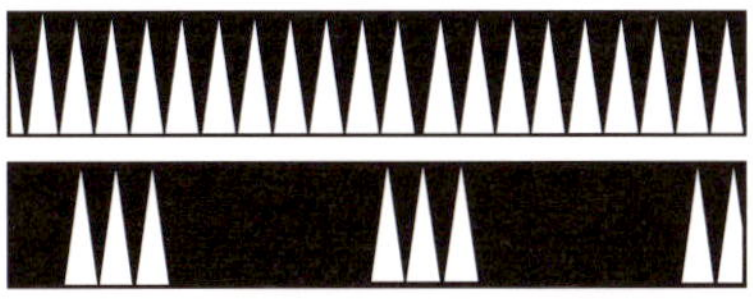	Q W Q（3）W 10s	連続急閃光。1分間に50回の閃光が繰り返される。 グループ・クイック。10秒周期で3回急閃光が点滅する。
モールス符号光（Morse code） モールス符号の光を発する。		Mo （A） W 10s	モールス符号のA（・ー）の白灯が10秒周期で繰り返される。
連成不動光 （Fixed and occulting or flushing） 上記、不動光と明暗光、あるいは閃光の組み合わせ。	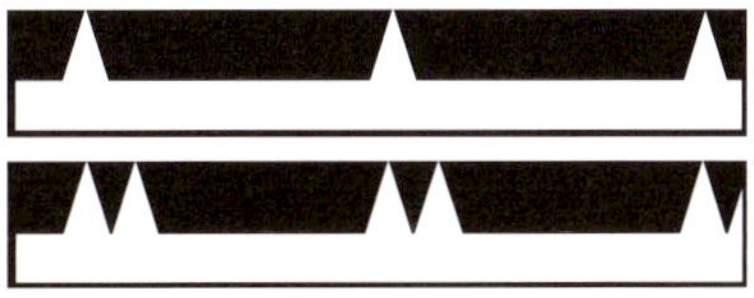	F Fl W 10s F Fl（2） 10s	白灯の不動光に加えて10秒周期でフラッシュが入る。 そのグループフラッシュのパターン。
互光（Alternating） 異なる灯色が交互に点灯する。	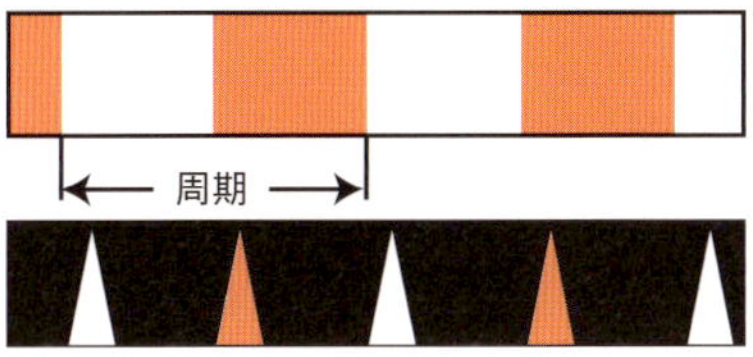	Al WR 10s Al Fl WR 10s	白灯5秒。赤灯5秒。10秒周期で両色が交互に点灯する。 白灯、赤灯が、それぞれフラッシュで10秒間に1回ずつ点滅する。

IALA海上浮標式

国際航路標識協会（International Association of Marine Aids to Navigation and Lighthouse Authorities：以下IALA）によって、標識の設置ルールが決められています。

「IALA海上浮標式」という名称で、浮標はもちろん、灯標、立標など、航路標識すべてに適用されます。

A方式とB方式

国際的に統一されたのが最近（1982年）のことでもあり、それまでの各国の慣行によって側面標識が逆になる、A方式とB方式に分かれています。つまり、統一されたといっても2つの方式があり、国際航海の際にはややこしいことになっています。

日本では米国、韓国、フィリピンなどと同じB方式が採用され、オーストラリア、ニュージーランド、中国、ロシアなどの国ではA方式が採用されています。

側面標識

側面標識とは、航路の側面を示す標識です。

右舷標識の塗色は赤、灯色も赤。ヘッドマークという標識上部に付いた頭標は円すい型になっており、横から見ると三角形に見えます。これに対して左舷標識は緑、ヘッドマークは円筒形で、これは横から見ると四角に見えます。

右舷、左舷は、港に向かって走る時（入港時）が基準となり、つまり入港時は右に赤を見て走ることになります（右コラム参照）。

「右舷に赤を見て港に帰る」ことから、「Red Right Return」とすると覚えやすくなります。ただし、これは日本を含むIALA B方式のもので、A方式の国では右が緑になります。

側面標識は、たとえば右舷標識なら、それが航路の右端であり、その左側が可航水域で、その右側には岩礁などの障害物があることを示します。もっともこれは一般船舶に対しての話で、プレジャーボートの場合は吃水も浅いのでかならずしも側面標識の外を通ると、ただちに座礁の危険があるというわけでもありません。

特に交通の激しい狭水道では、大型船はその航路の中を走る義務があり、小型のプレジャーボートは航路の外を通って大型船と離れて走ることも多くなります。

海図をしっかりチェックして、小型船に適した航路を選ぶ必要があるのです。

方位標識

航行に障害のある水域（浅瀬や岩礁地帯）を知らせる標識です。北方位標識ならば、その北側が可航水域であることを示します。暗礁などの北側に北方位標識があるわけです。これはIALA A方式とB方式で共通です。

東、西、南、北、各標識の塗色、ヘッドマークは右ページのイラストのとおり。側面標識と違って多少ややこしいのですが、暗記する必要はないと思います。海図を見ながら、それぞれの位置を把握しておけばいいわけですから。

孤立障害標識

方位標識は、ある程度の広さの障害海域を示しているのに対し、こちらは孤立した障害物の位置を示します。この標識の位置、またはその付近に障害物があるという意味ですから、近づくことすら危険ということでもあります。

塗色は黒字に赤の横帯1本以上、ヘッドマークは球形が2個上下に掲げられます。

安全水域標識

大きな航路の中央、あるいは安全な水域を示します。塗色は赤白の縦じま。ヘッドマークは球形です。

相模湾のセーラーなら、小網代沖のブイ（35ページ写真）がなじみ深いでしょう。付近の定置網から離れた所に設置されています。マーク回航の練習用にあるわけではありませんのでご注意を。

特殊標識

工事などの特別な区域や海洋観測施設などがあることを示します。もちろん、接近しないように注意を喚起しています。

塗色は黄。ヘッドマークは×形です。

水源とは

「側面標識」の項で、航路の左右を説明する際に「入港時」と書きましたが、港によっては、どちらが入港にあたるのかが分かりにくい場合もあるでしょう。正しくは「水源に向かって」という表現になります。この場合の「水源」とは、河口部に港がある状態をイメージすれば分かりやすいと思います。港の奥が水源になります。

港湾以外の航路でも水源を決めないと、浮標式に沿った航路標識の設置ができません。沿岸沿いの航路では、どちらが左舷なのか右舷なのか分からなくなってしまうからです。

そこで、「南西諸島の与那国島（最西端）を水源とする」と定められています。つまり、おおむね西行きの航路で、右舷が赤になるわけです。

それでも瀬戸内海などでは例外もあり、分かりにくい個所も少なくありません。この場合は、海図に矢印で水源の方向が示されています。

航路標識

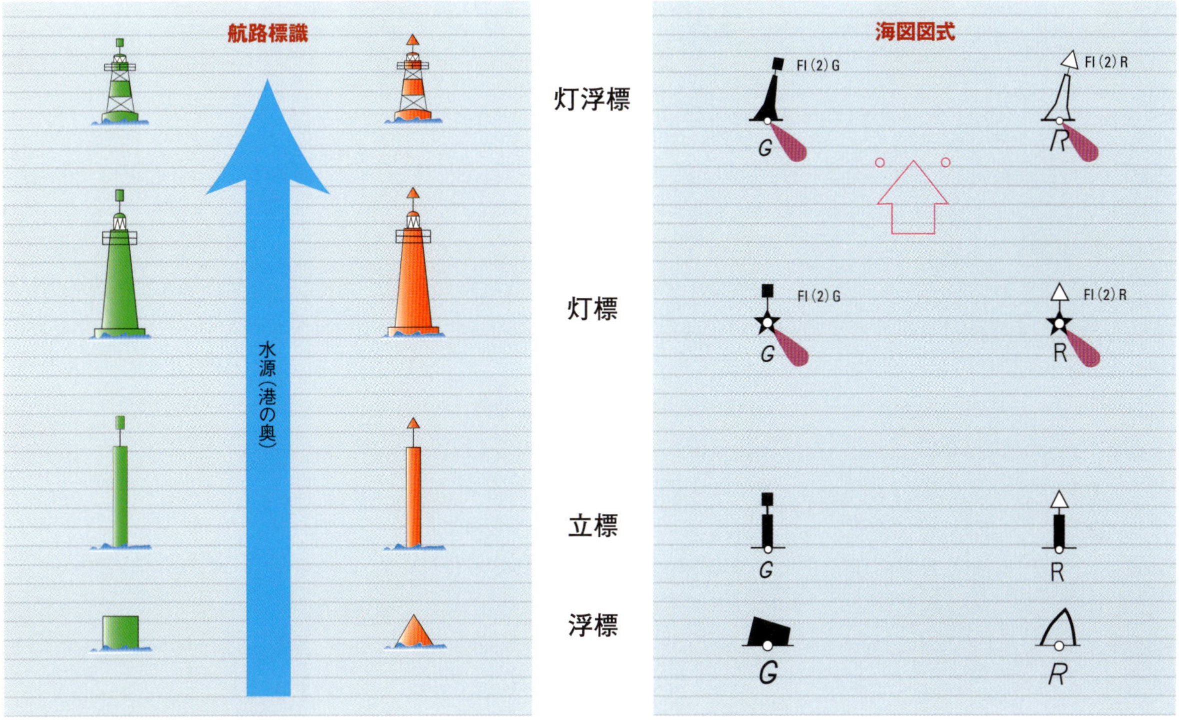
航路標識
水源（港の奥）
海図図式
灯浮標
灯標
立標
浮標
Fl (2) G
Fl (2) R
G
R

IALA海上浮標式による側面標識

日本を含むB方式の地域では、右舷に赤灯を見て港の奥（水源）に進む。各標識の塗色も右が赤、左は緑。
ヘッドマークは右が円すい型（三角に見える）、左は円筒形（四角く見える）となる。海図図式では、図内の小円がその位置になる。

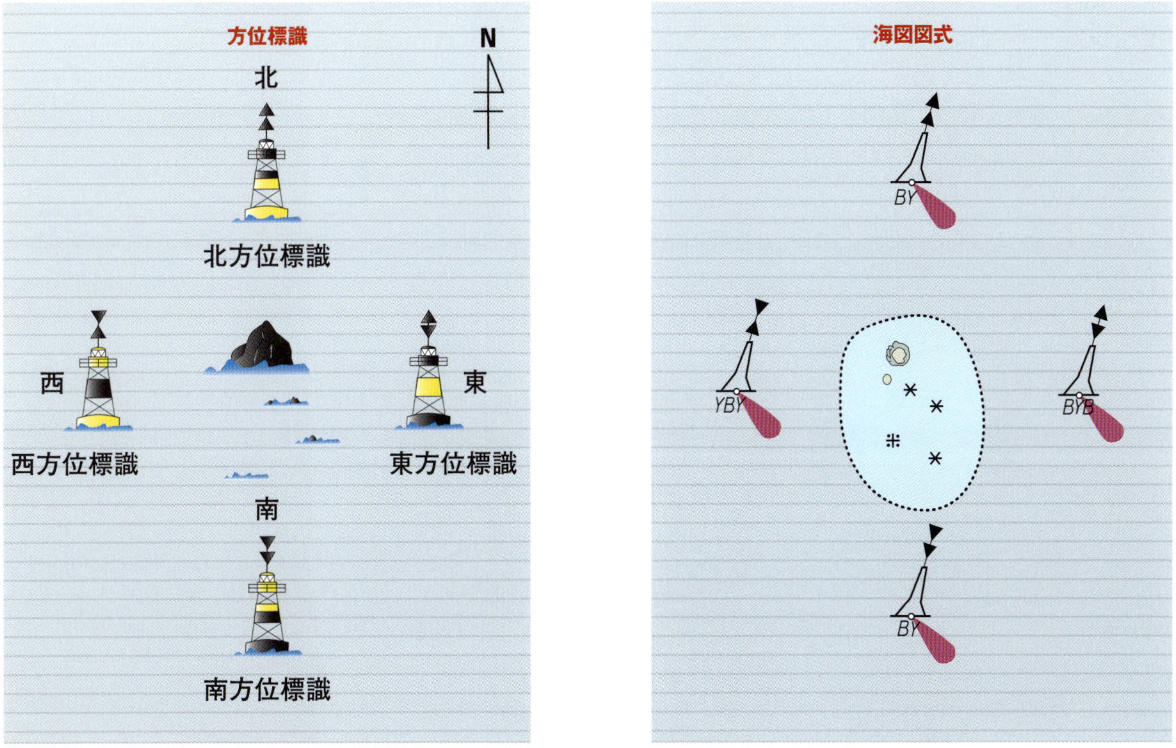
方位標識
N
北
北方位標識
西
西方位標識
東
東方位標識
南
南方位標識
海図図式
BY
YBY
BYB
BY

方位標識は対象になる場所（航行に危険な浅瀬や岩場）の北にあるものが北方位標識、南にあるものが南方位標識……となる。
つまり、北方位標識の北側が可航水域となる。

海と陸地、そしてその境界線

航路標識に続いて、海図に記されている、その他の図式について見ていきましょう。

水深と海岸線

水深は、海図に書き込まれたデータのなかでも最も重要な要素とされています。座礁を防ぐ――これが海図を利用する基本になるからです。

水深といっても、実際の海面は潮の満ち干によって上下します。船が座礁しないように、というのが最重要になるので、水深はこれ以上に潮位が下がることはめったにない状態（これを最低水面という）の数字で表しています。単位はメートル。20.9mまでは小数点以下第1位まで、21m以上、31m未満は0.5mごとに表示されます。

広い海域ではまばらに数字が書き込まれており、これがその地点の水深を示します。正確にいうと、記載された水深値の整数部の中央がその水深値の示す場所にあたります（右下図）。

同じ水深の地点を結んだものが等深線ですが、これは「海底地形を正確に表現したものではない」ということもポイントです。

陸上の地形を表す等高線や、気圧配置を表す等圧線ではその勾配が大きな要素になるので、それぞれは等間隔に（10m刻みとか20hPa刻みとか）に設定されます。対して、海図に記される等深線は等間隔には設定されていません。つまり、等深線の間隔が密になっているから急峻な地形である……というような等高線、等圧線のような判断はできないのです。等深線は海底の地形を表すというよりも、安全な航海のための利用を考慮して記載されているのです。

記載された等深線のうち、2m、5m、10m、20m、200mのものを常用等深線と呼び、その他は必要に応じて併用されています。また、小縮尺の海図では浅いものから順次省略されます。つまり、狭い範囲をより詳しく表している大縮尺の海図ほど、表現は密になっているということです。

一般に陸地は灰土色に着色され、白い海の部分と区別されます。また、海の部分でも浅水部は水色に着色され、注意をうながすようになっています。

水深の基準は最低水面でしたが、海岸線（海だけとは限らないので正式には岸線という）は、最高水面（これ以上水面が上昇することはほとんどない状態）での陸地と水面の境界を示します。これはおおむね満潮時の海岸線ということです。一方、水深は最低水面が基準ですから、水深0メートルの等深線はおおむね干潮時の海岸線ということになり、両者の間（干出部）

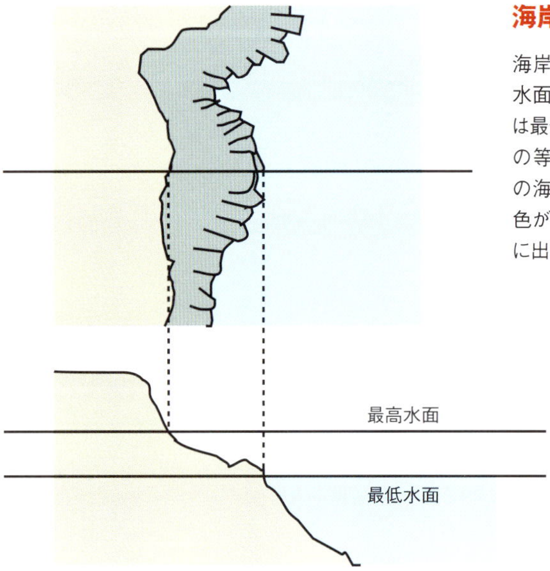

海岸線と水深

海岸線は最高水面（おおよそ満潮時の水面）での海と陸地の境目になる。水深は最低水面が基準となるため、水深ゼロの等深線（低潮線）はおおよそ干潮時の海岸線といえる。両者の間の部分は色が変えられており、この部分が干潮時に出現する干出部ということになる

水深はその部分に数字で記される。単位はメートル。メートル以下は小さな文字で記されている

記載された数字の整数部の中心部（イラスト赤丸部分）の地点が、その水深であることを示す

海岸線のいろいろ

海岸線の形状によって記述も異なる。
砂浜の北側に崖があって……などという情報から、今見えている海岸がどこなのか、自艇はどこにいるのかを把握することができる。
これら海岸線の性状は、大縮尺の港泊図では詳しく、1/50万より小縮尺の図では性状に関わりなく線で記載されている

平坦海岸

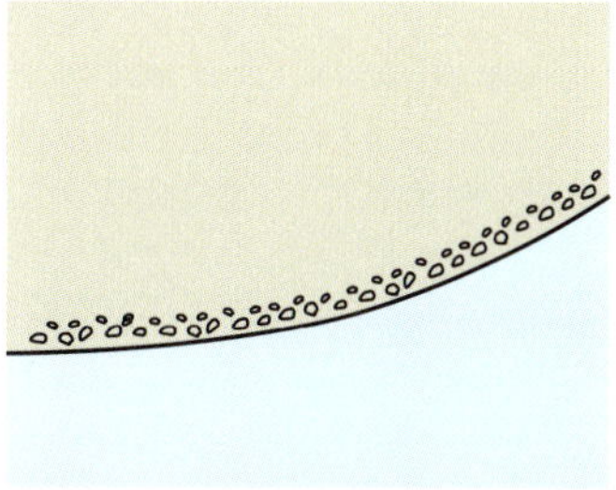

石浜

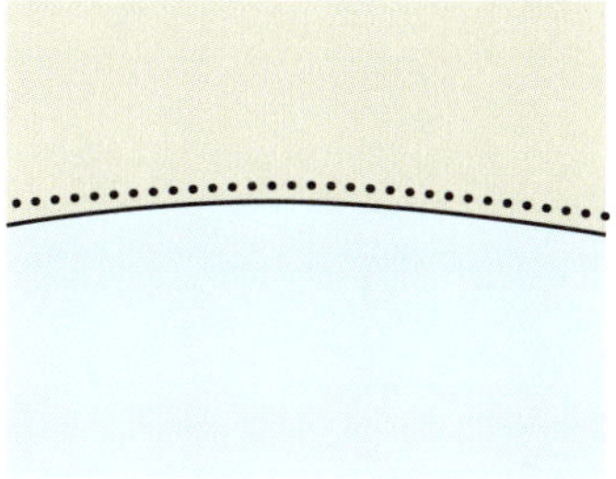

砂浜

干出浜
底質によって泥（M）や砂（S）、石（S）などがある

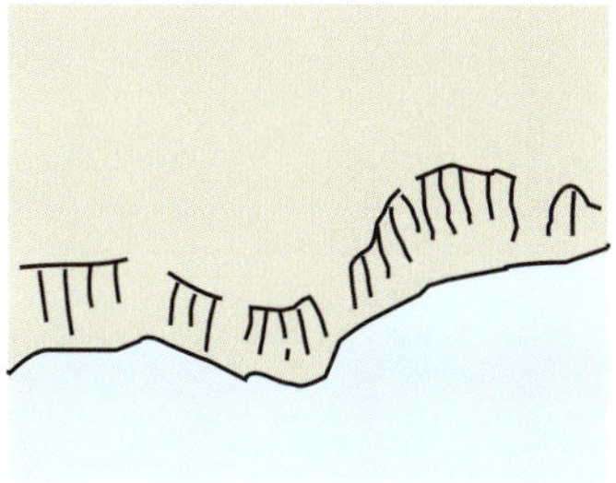

崖

いそ波
海岸の形状ではないが、いそ波はプレジャーボートにとっては特に注意しなくてはならない

は陸部の色と水色の合成色になります（図）。潮の満ち干によってこれだけ海岸線が変化するということを、おおざっぱに表していることになります。

底質

海底の地質や堆積物など海底を構成している物質を底質といいます。

特に錨泊する際には、底質によってアンカーの効き具合も変わってくるため重要な要素となり、泥：Mad-略記M、砂：Sand-略記S、岩：Rock-略記Rなどと、それぞれ記号で記されています。そのまま暗記するのは大変ですが、元となる英語が分かればわりと覚えやすいと思います。

水深の精度

水深は、古くは重りを付けた索を海中に沈めて測る測鉛によって測量されていました。これを錘測と呼びます。さすがに現在では、船舶に備え付けられた音響測深器によって連続的に測深されデータが蓄積されています。また、最近では航空機からレーザー発信装置を用いての測量も始まっています。

しかし、新しい海図といえども、水深の値は古い測量結果に基づいたデータが記されている場合もあります。また、測深されていない地域（未測域）も存在します。つまり、測点以外の部分に危険な浅瀬がないとは断言できないということです。水深に誤差がある場合もあります。特にプレジャーボートは浅い海域に入る場合も多いので注意が必要です。沿岸に近いところでは、海図に記されている数字よりも、自艇の測深器で計測している実データの方が重要になる場合もあるかもしれません。

潮汐

海図の話から逸れてしまうかもしれませんが、潮汐について補足しておきましょう。

潮汐とは、月と太陽の引力によって海面が引きつけられる現象です。これによって海面の高さが周期的に変化します。

海面が高くなった状態が満潮、低くなった時を干潮といい、通常は1日2回干満を繰り返します。

一方、月の満ち欠けも月と太陽の位置関係によって起こる現象です。潮の干満の差は一定ではなく周期的に変化しますが、これが月の満ち欠けと同期してほぼ半月周期で変化します。満月あるいは新月の頃に干満の差は最大になり、これを大潮といいます。大潮の満潮時には潮位は非常に高くなり、干潮時は非常に低くなるということです。

干満の差は最大5mに達する場所もあり、海外では10mを超える差がある地域もあるようですから、係留時のみならず航行時にも無視できないものになります。

海図で用いる「最低水面」とは、これ以上水面が低くなることがほとんどない状態のもので、過去には略最低低潮面（ほぼさいていていちょうめん）、あるいは基本水準面とも呼ばれていました。潮汐表に現れる「潮位」は、この最低水面を基準にして表されます。よって、潮位はほとんどがプラスの数字になっているのです。

対して「最高水面」とは、これ以上水面が高くなることはほとんどない状態の潮位をいいます。

また「平均水面」とは、長期にわたる各地の潮汐観測資料から平均して得られた面です。

各地における平均水面、最高水面、最低水面は一覧表として海上保安庁海洋情報部によってインターネット上に公開されています。

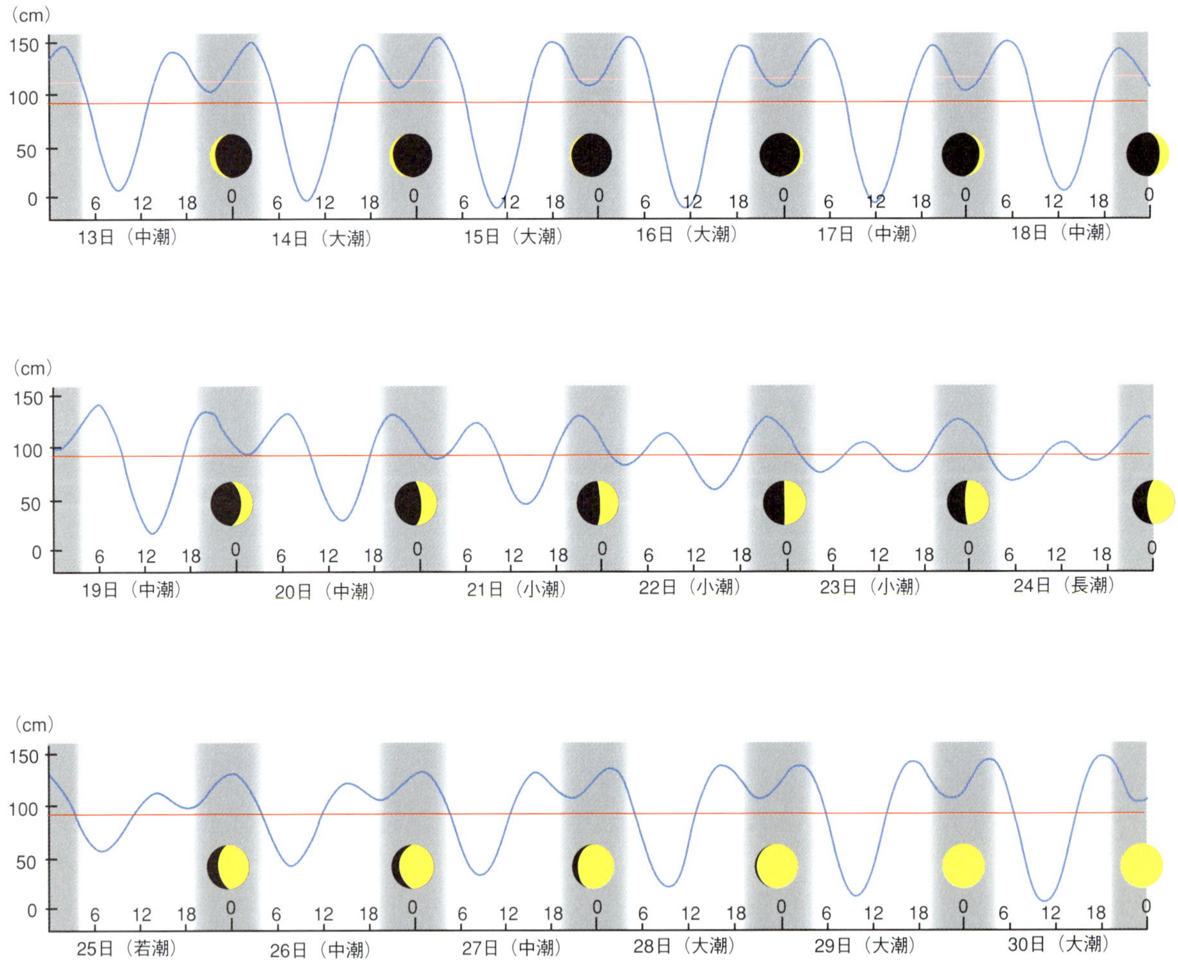

ある地点での海面の変化（潮汐）をグラフにしたのがこちら。
基本的に1日2回満潮と干潮を繰り返すが、同じ日の干潮時の潮位でも1回目と2回目ではだいぶ違うことが分かる。
満潮や最干の時刻は30分程度遅れていく。また、満ち干の差は日によって変化し、新月の時と満月の時は満ち干の差が大きくなり、これを大潮と呼ぶ。月の満ち欠けもイラスト化してみたので、比べてみるとおもしろい。
潮高や水深は、最低水面からの距離になるが、日本以外の国では水深の基準として平均低潮面や大潮の平均低潮面を使っていたり、水深の単位もフィート（約0.3m）やファゾム（約1.8m）を用いている場合もあるので注意が必要だ。

山の高さ

水深は最低水面を基準にしていましたが、山の高さは平均水面を基準にしています。山の高さに比べれば、潮の満ち干はたいした数字にはなりませんし、船の航行に山の高さは関係ないのでは？ と思われるかも知れませんが、これが意外と役に立ちます。

今見えている灯台はいったいどこの灯台なのか？ 夜間は灯質（前項参照）により特定しやすいのですが、昼間は意外と分かりにくいものです。灯台があるということは分かっても、それが目指す灯台なのか別の灯台なのか、特定しにくいことも少なくありません。

そこで、山の高さを目安にしてそれがどこなのかを判断することも多くなります。

この場合、絶対的な標高よりも周りの山々との相対的な高さの差から、「一番高い山があれで、その北側に低い山。さらにちょっと高い山と連なっているから……」とか、等高線から見て「南面が急峻な山だから……」といったヒントから「今見えている陸地」がどこなのか、特定していくことになります。となると、海図に記された山の高さや等高線が役にたってくるわけです。水深の等深線とは異なり、等高線は等間隔で記述されないと具合が悪いということでもあります。

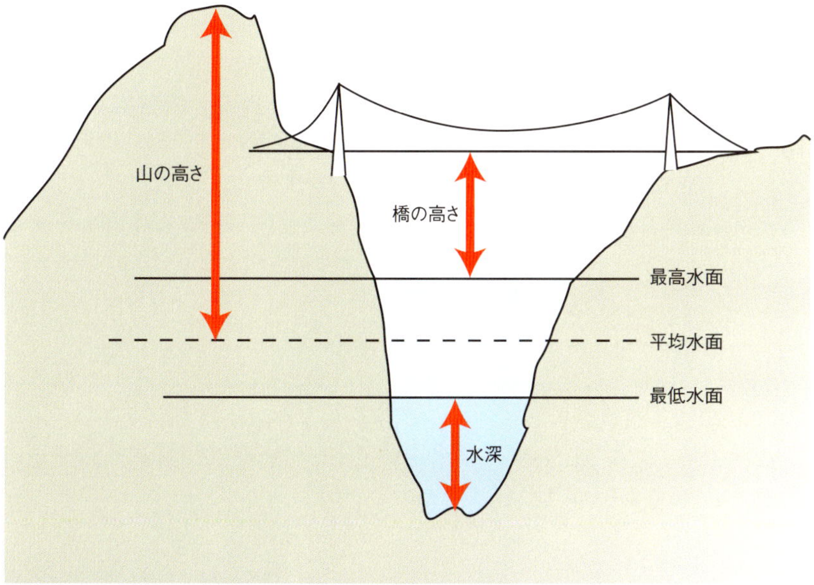

水深は最低水面を基準としたが、山の高さは平均水面からの高さが記される。その他、灯台の高さ（灯高）など、主に高さ系は平均水面が基準となるが、橋げたの高さなど、船舶がその下をくぐる可能性があるようなものは、橋までの高さが最も低くなる最高水面からの高さで表される

その他、前項で解説した灯高やその他の沿岸部にあり目印になるような塔や建物など、高さに関するものはほとんどが平均水面を基準にしていますが、橋げたや架空線など、船がその下を通過するようなものの高さは最高水面を基準にしています。

これは、橋げたと船舶との接触を避けるという意味から、最もその間隔が狭くなる満潮時の水面との間隔が記されているというわけです。

特に小さな漁港などは漁船の航行を基準に考えられているところも多く、高いマストを持ったヨットでは頭上にも注意が必要です。同時に自艇のマスト高さ（水面からマストトップの航海灯などを含めた高さ）を把握しておく必要もあります。近年ヨットの大型化が進んでおり、「前に小型艇で通った時には考えられなかった」架空線が障害になる、なんてこともままあるのです。このあたりの海図上での記述はあまり目立たなかったりするので、航海前には赤鉛筆で印をつけておくなどするのもいいでしょう。

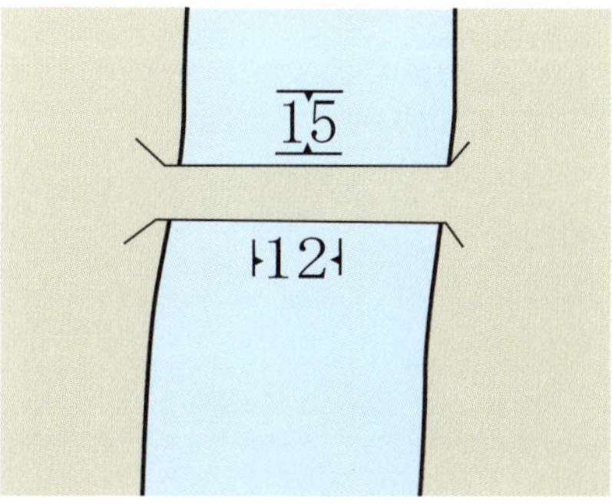

橋の高さ。下をくぐる際に重要になるので、最高水面から橋の下端までの高さだ。海図の記載はこのように工でくくって高さが記される。単位はメートル。端数は切り捨て。H は可航幅となっている

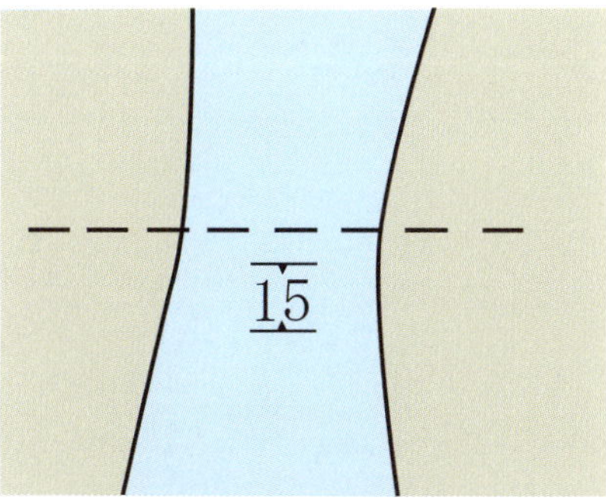

こちらは運搬用架線などの架空線。垂れ下がっている部分（最低下垂部）までの高さになる。ヨットの大型化にともない、プレジャーボートの運行にあたっては意外に注意しなくてはならない要素だ

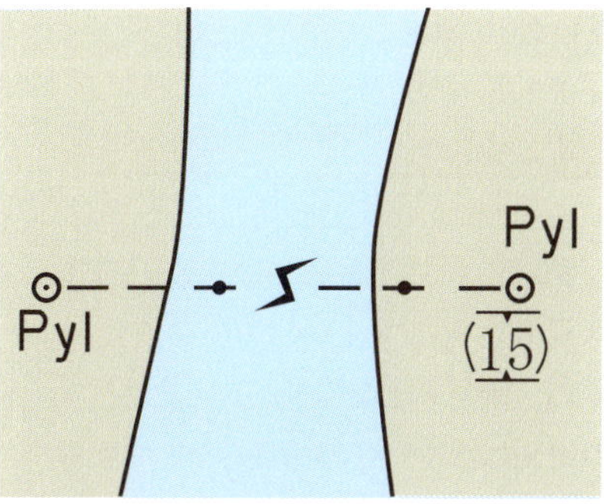

送電線は、放電などを避けるための安全間隔も考慮して、最高水面からの高さが記される。この例では陸上部に数値が記されているので、（ ）でくくられている。「数値が記された場所の高さではない」の意味

暗礁

沿岸部を走る船舶にとって、暗礁はもっとも危険な障害物の一つです。特に小型のプレジャーボートは岸に近づくことも多く、その場所をしっかりと把握しておく必要があります。

暗礁といっても、以下のように常に海面に露出するものだけではなく、潮の満ち干によって変化する様々なものがあります。大型商船にとっては危険な暗礁でも、小型のプレジャーボートにとっては絶好の釣りポイントだったりするケースもあり、しかし海図上には似たような表記で表されていたりするので、特に浅場に近づくことの多いプレジャーボートのナビゲーションでは十分な注意が必要です。

水上岩

満潮時にも水面上にある岩を水上岩といいます。山の高さ同様、平均水面からの高さが記されています。つまり、海図上に高さが3mとなっていても満潮時にはそれほど露出はしないということです。それでも水面下に隠れることはありません。

高さはその地点(岩の上)に記されますが、小さな岩で、図中岩の上に高さを書き込むスペースがない場合は海面部に数字が記されます。この場合、同じ数字なので水深と間違えないように数字を(　)でくくります。

干出岩

満潮時には水面下にあり、干潮時に現れる岩です。やっかいな存在ですね。割と大きなものは干出部としての記述になります。干出岩は平均水面下にある場合もあるので、記された高さは干出時の高さを表し、数字には下線が引かれて区別されます。

海図上にその形状を表すことができないような小さな干出岩は、略記「⚹」で表します。小縮尺の海図はもちろんのこと、多くの場合、これらの険礁は小さいけれど危険であり、小さいといっても省略することはできません。特に小縮尺の海図ではいくつかの岩をまとめて一つの「⚹」で表している場合もあります。

洗岩

干潮時、水面が洗うものが洗岩です。記号は「⁜」。

満潮時は完全に水面下にあるわけですから注意が必要なのですが、潮の満ち干が2メートル近くあれば小型プレジャーボートなら気づかず上を通過してしまうかもしれません。だからこそ、余計に危険であるともいえます。

暗岩

干潮時でも水面下にある岩が暗岩です。といっても底質が岩となっている海域ではその水面下は全部岩なので、あたり一面暗岩ということになってしまいますが、ここでいう暗岩とは航行に危険なものを指します。

記号「+」は先に挙げた干出岩、洗岩と似ていますが、たとえば水深が3mという暗岩は干潮時でも水深が3mもあるわけですから、小型のランナバウトのような吃水の浅いプレジャーボートにとって、とりたてて危険ではないかもしれません。だからといって、普段海図上の「+」の記号を無視して走っていると、本当に危険な洗岩「⁜」や干出岩「⚹」などの記号をついつい見過ごす場合もあるのでご注意を。

また、水深3mとはいっても、特に大きなうねりが入っている時などは間が悪いと座礁(というより岩との接触)してしまう危険は十分あるわけですから、やはり「+」印の暗岩は避けて通るのが無難です。

基本的に、海図は大型船を念頭に描かれていると思ってよいと思います。我々小型のプレジャーボートは、自分達の状況に合わせて海図からその情報を読みとる必要があるのです。とにかく、まずは海図をよく見る。穴が空くまで見る。これが基本になると思います。

海と陸地、そしてその境界線

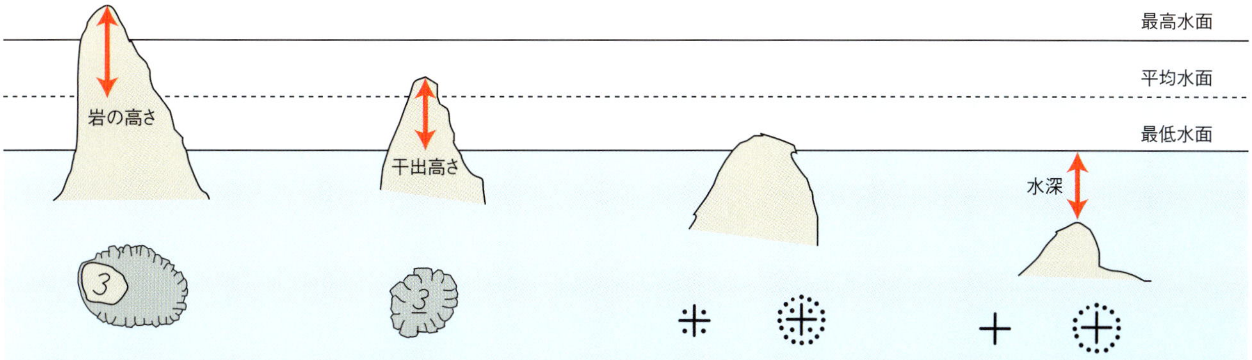

最高水面
平均水面
最低水面
岩の高さ
干出高さ
水深
3
3

水上岩
最高水面との境界が陸線となり、干出部分と分けられる。高さは山と同じ、平均水面からの高さ。よって、干潮時はより高く、満潮時はより低く見える。それでも満潮時でも海面上にある

(3)

小さな水上岩で高さがその部分に書ききれない場合は海面上に記されるが、水深と間違えないように数字を( )で囲む

干出岩
満潮時には海面下にあり、潮が引くと現れるものが干出岩。数字は干潮時の高さで、下線で表示し水上岩の高さと区別する

(3)

これも、小さな岩でその部分に数字を書き込めない場合は( )で囲んで水深と区別する

(3)

小さな岩は縮尺に合わせた記述では目立たなくなってしまう場合が多く、記号で記載する。さらに点線で囲いその存在を目立たせる

洗岩
最低水面で海面が洗う岩。その存在を目立たせるものは点線で囲む。洗岩はその存在が目視しにくいので、もちろん重要注意だ。他の岩と違って、高さも水深もないので数字の記述はなし。まあ、たいていは他の干出岩や暗岩と固まって存在するので記述は下図のようになる

暗岩
干潮時にも水面下にあるのが暗岩。水深によって危険度が変わってくるわけだが、航行に危険なものは上記の記号で記載される。特にその存在が目立つものは点線で囲む

5
R
+(5)

特に浅い海中の孤立岩はこのように表示。その高さ(水深)が記される。さらに水深が深くなると、以下の例(水深25mで底質が岩[Rock])のような記載となる

25
R

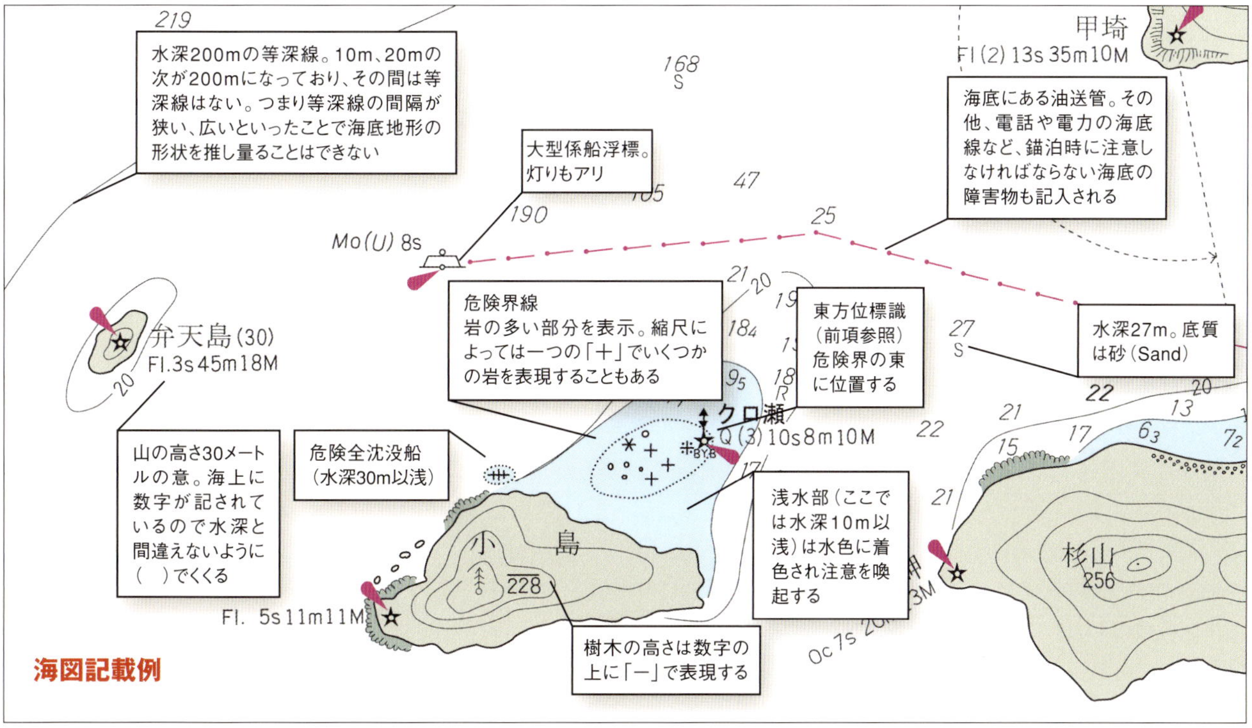

219
水深200mの等深線。10m、20mの次が200mになっており、その間は等深線はない。つまり等深線の間隔が狭い、広いといったことで海底地形の形状を推し量ることはできない
168
S
甲埼
Fl(2)13s 35m10M
海底にある油送管。その他、電話や電力の海底線など、錨泊時に注意しなければならない海底の障害物も記入される
大型係船浮標。灯りもアリ
47
190
25
Mo(U) 8s
危険界線
岩の多い部分を表示。縮尺によっては一つの「十」でいくつかの岩を表現することもある
東方位標識(前項参照)危険界の東に位置する
27
S
水深27m。底質は砂(Sand)
弁天島(30)
Fl.3s 45m18M
クロ瀬
Q(3)10s8m10M
山の高さ30メートルの意。海上に数字が記されているので水深と間違えないように( )でくくる
危険全沈没船(水深30m以浅)
浅水部(ここでは水深10m以浅)は水色に着色され注意を喚起する
小島
228
杉山
256
Fl. 5s11m11M
樹木の高さは数字の上に「ー」で表現する

海図記載例

海図の枠外を活用する

海図を購入したら、表題や枠外に記載された情報についても見ておきましょう。
ここには意外に重要なことが書いてあるのです。

表題

海図の表題の部分に注目してみましょう。表題とは、その海図のタイトルのようなもので、図の内容が表されています。読み飛ばしてしまうことも多いかと思いますが、たまには詳しく見てみましょう。

図名

海上保安庁のマークの下に、その海図の図名が入ります。「XX埼至るYY埼」というように、その海図に掲載されている海域が分かりやすく表現されています。さらに、その上側には、その場所を示すための国名、および地域名が記載されます。

右の例では、「日本」「本州南岸」「相模灘」となっています。

縮尺

これまで説明してきたように、海図に用いられるメルカトル図法では、緯度が高くなるほど縮尺が大きくなります。よって、ここで示される縮尺は、その基準となる緯度での縮尺を表しているわけです。

右ページの例、「1:100,000（Lat 35°）」では、北緯35°の地点での縮尺が1/10万であることを意味します。

実際には、沿岸航海で多用される海岸図程度の縮尺では、海図の下端でも上端でもほとんど違いはありません。ためしに海図下部と上部で5マイル（緯度5分）にディバイダーをあててみてください。違いは分かりませんね。

また、大縮尺の港泊図の中には平面図法を用いているものもあり、その場合には理屈としても海図の上端、下端での縮尺の違いはなく、基準緯度は記載されません。

水深および高さの単位

普段我々が目にする海図は、水深も山の高さも、その単位にはメートルが用いられます。しかし、海外の海図の中にはフィートやファゾムといった単位を用いた海図もあり、そのあたりをハッキリさせておくために、ここで単位を宣言してあります。

これ以外、海図内の数字には単位が記されていません。

測地系

地球は完全な球体ではありません。わずかながら上下につぶれた楕円体となっています。それを平らな地図に描くのですから、地図が詳しく描かれるにしたがって、そのゆがみを正確に知ることが重要になってきます。

長半径と短半径の値が分かればそれが基準になるのですが、この値にはいろいろな説がありました。これを測地系（datum）といい、世界的にはさまざまな独自の測地系に基づいて地図がつくられていました。

日本では、明治時代から日本測地系（Tokyo Datum）に基づいて地図や海図がつくられていました。

日本測地系の海図のみを用いて航海する分にはなんら問題はなかったのですが、測位精度の高いGPSの普及などにより、世界的な整合性が求められるようになってきたのです。

WGS-84は現代の科学技術によって設定された世界共通に用いられる世界測地系で、ここで用いる楕円体の中心は地球の重心と一致するように設定されています。

GPSで測位されたポジションは基本的にはWGS-84で表されるため、測地系を変換せずに日本測地系の海図にプロットすると、500メートルほどもずれてしまうことになります。

そこで、平成14年から日本の海図も、日本測地系からWGS-84の測地系に描き替えられました。現在出ている海図は、すべて世界測地系（WGS-84）によるものです。

GPSについては後に詳しく解説しますが、現在はプレジャーボートの世界でもGPSはなくてはならない航海計器になっており、その測位精度が高いために、この500メートルの誤差は大きなものになっています。

プレジャーボートの中には、まだ古い海図を使用している場合もあるかもしれません。測地系の違いには十分な注意が必要です。

図法

ほとんどの海図はメルカトル図法で描かれていますが、大縮尺の海図

海と陸地、そしてその境界線

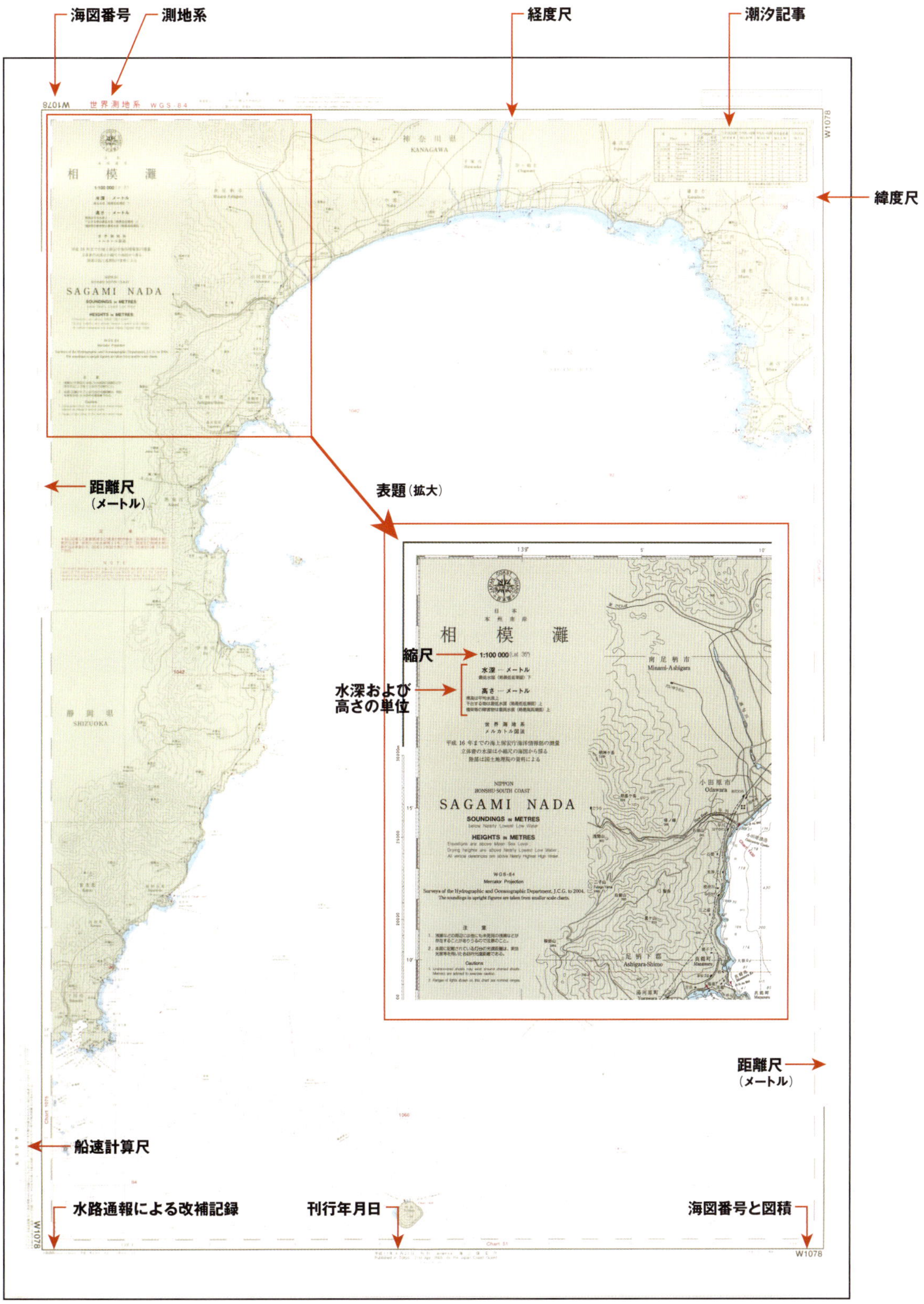

海図番号
測地系
経度尺
潮汐記事
緯度尺
距離尺
(メートル)
表題(拡大)
縮尺
水深および
高さの単位
船速計算尺
水路通報による改補記録
刊行年月日
海図番号と図積
距離尺
(メートル)
相　模　灘
SAGAMI NADA
SOUNDINGS in METRES
HEIGHTS in METRES
W1078

海上保安庁図誌利用第200034号

海図の表題と欄外記事

(1/5万以上の港泊図)では平面図法が用いられています。大縮尺になると、ゆがみは無視できるほどになるからです。しかし、平成19年1月以降に刊行された港泊図からは漸次メルカトル図法が適用されています。

海図表題には、その図法が記されています。

測量年

「水深の精度」の項で説明しましたが、いつ測量した値であるのかは海図によってまちまちです。そこで、その測量年、およびその出所(海上保安庁の測量によるものか、外国の海図を資料としたものかなど)も正確に記載されます。これは、あくまでも測量年であり、海図の発行年とは異なります。

潮汐記事

表題とは別に、図中の主要地点での平均高高潮、平均低高潮、平均高低潮、平均低低潮、平均水面の値が記されています。

前項で記したように、潮汐はほぼ1日2回、干満を繰り返しますが、同じ満潮でも1回目と2回目の潮位は異なります。高い方の高潮の平均値が「平均高高潮面(Mean Higher High Water: MHHW)」で、低い方の高潮の平均値が「平均低高潮面(Mean Lower High Water: MLHW)」。同様に、低潮時の高い方が「平均高低潮面(Mean Higher Low Water: MHLW)」、低い方を「平均低低潮面(Mean Lower Low Water: MLLW)」と呼び、それぞれの地名と、緯度、経度が記されています。

以前はここに大潮升(水深の基準面から大潮の平均高潮面までの高さ)、小潮升などが記されていました。

欄外記事

海図の外枠には緯度尺、経度尺があります。

海図上でのある地点を特定するためには、緯度と経度の座標で示しますが、その地点を海図にプロットするときに必要になる重要な記述です。また、海図上で距離を測る際には緯度尺を使うというのも、すでに解説済みです。

海図中、何カ所かにはコンパスローズが描かれています。これで方位を知ることができます。

さて、外枠の外、欄外にもいくつかの記事が記されています。こちらも説明しておきましょう。

海図番号

海図を識別しやすくするため、個々に番号が振られています。海図を注文する場合も、前述の図名だけでなく、海図番号を併用することで間違いはなくなるでしょう。

原則として、小縮尺の海図(より広い範囲を表すもの)の海図番号は小さくなっています。大縮尺になるにしたがって数が大きくなります。

また、世界測地系を用いたものには番号の前にWが振られます。

距離尺

これまでに解説してきたように、海図上では、距離は緯度目盛りを使って求めます。緯度1分が1マイルです。

同時に、海図欄外には距離尺が設けられています。「メルカトル図法では緯度が高くなるほど大縮尺になる」とはいっても、沿岸部の航海に用いる尺度の海図では、1枚の海図内での誤差はわずかなものなのです。が、この距離尺の単位はメートルになっており、航海ではあまり用いられません。

1/30万より小縮尺の海図では、1枚の海図内の誤差はより大きくなるので、距離尺は省略されています。距離を測るときは緯度の目盛り(測る地点の真横の)で測ることになります。

船速計算尺

これはおまけの機能です。1/1万から1/20万までの航海用海図の欄外に記載されています。距離、時間、船速の3要素を計算する尺で、チャート欄外に収録されています。

たとえば、40分間に5マイル走ったとして、この間の船速は何ノットか?

ちょっと暗算ではキビシイですね。

今は電卓がありますから、40分は40÷60=0.6666時間。5÷0.6666=7.5ノット……と計算できます。しかし、揺れる船の上では頭の回転が悪くなるもので、電卓を使っても実は結構苦労したりします。

そこで、船速計算尺の出番です。使い方はイラストをご覧ください。

よく目にしているとは思うのですが、あまり使われてないかもしれません。これが案外便利です。あえてアナログにこだわるのも、趣味のナビゲーションとしては面白いかもしれません。

刊行年月日

航海の安全を考えると、できるだけ最新の情報が記載されていることが重要です。海図の新鮮さとでもいったらいいでしょうか。食品にたとえれば、製造年月日にあたるのが刊行年月日です。牛乳も海図も、新鮮なものを求めましょう。同じ海域の新旧2枚の海図がある場合、両者を見分けるにはとても重要であるともいえます。

著作権所有者(海上保安庁)の表示とともに、欄外下部に記されています。

船速計算尺の使い方

40分間に5マイル走ったとする。この間の船速は何ノットか？　暗算ではもちろん、電卓を使っても戸惑うことがあるかもしれない。

そういう場合は、チャート欄外に記載されている船速計算尺を使ってみよう。

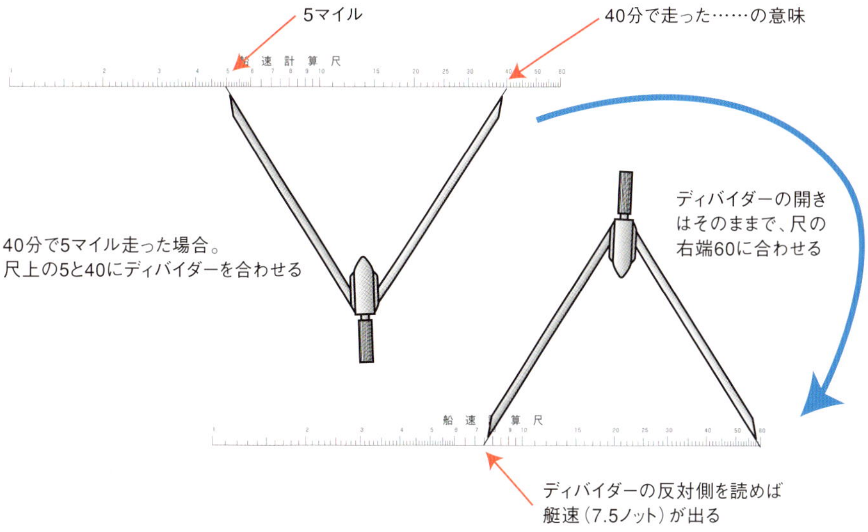
5マイル
40分で走った……の意味
船速計算尺
40分で5マイル走った場合。
尺上の5と40にディバイダーを合わせる
ディバイダーの開きはそのままで、尺の右端60に合わせる
ディバイダーの反対側を読めば艇速（7.5ノット）が出る

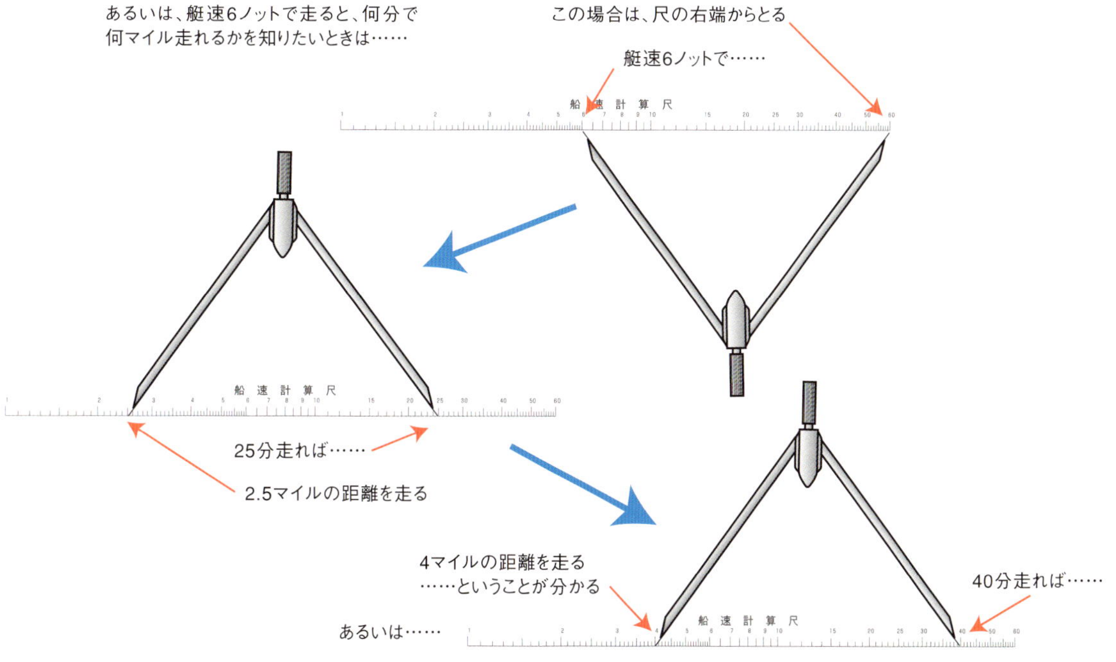
あるいは、艇速6ノットで走ると、何分で何マイル走れるかを知りたいときは……
この場合は、尺の右端からとる
艇速6ノットで……
船速計算尺
25分走れば……
2.5マイルの距離を走る
4マイルの距離を走る
……ということが分かる
あるいは……
40分走れば……

水路通報

新規に刊行された日付とともに改版、あるいは補刷された日付も記され、さらにはそこから水路通報による改変の記録が左下に記されます。この日付までの最新情報が書き表されているということです。この日付以降は、水路通報によるチェックが必要になります。

図積

海図の大きさです。欄外右下の海図番号の下に記されています。この例では、（684.5×979.1mm）で、全紙で縦長であることが分かります。

以上のように、海図にはさまざまな情報が厳格なルールに基づいて記載されているのが、お分かりいただけたと思います。

明治以降、帝国海軍の時代からの測量技術の蓄積が、今の航海用海図になっています。我々プレジャーボートの世界でも、これを使って航海を楽しまない手はないのです。ここで改めてもう一度、海図をじっくりと見てみてください。

第 3 章

チャートワーク

チャートワークとその環境

海図について詳しく解説してきたところで、いよいよチャートワークに移ります。
チャートワークとは、さまざまな情報を得るために海図上で作業することです。

チャートワーク

チャートワークでは、位置を知る、距離を測る、方位を測る、といった作業が基本になります。

位置を知る

海上の特定の地点は、緯度と経度の座標で表します（10ページ参照）。

ここでは、GPSにウェイポイントを入力するため、海図上の特定の地点（灯台や変針点）の緯度、経度を測るという作業、あるいは逆に、GPSなどで確定したポジション（緯度、経度）を海図上にプロットするという、二通りの作業が考えられます。

距離を測る

出発地点から到着予定地点までの航程線を海図上に引き、その距離を測る。あるいは、特定された、または推測される現在位置から目的地までの距離（残航）を測る。さらには、現在地点からある距離を走るとどこまで行くか、例えば日没までにはどこまで進んでいるかを調べるなど、これら「距離を測る」という作業もチャートワークの基本の一つになります。

方位を測る

目的地までの方位を測る、あるいは逆に、現在地点を確定するため、ある目標までの方位から位置の線を出す。こうした「方位を測る」のも基本作業の一つです。

以上、位置を知る、距離を測る、方位を測る、この三つがチャートワークの基本3要素となります。

チャートワークの一例として、航海計画を立てる手順を見てみよう。
「位置を知る」、「方位を測る」、「距離を測る」の三つの要素から成っている。

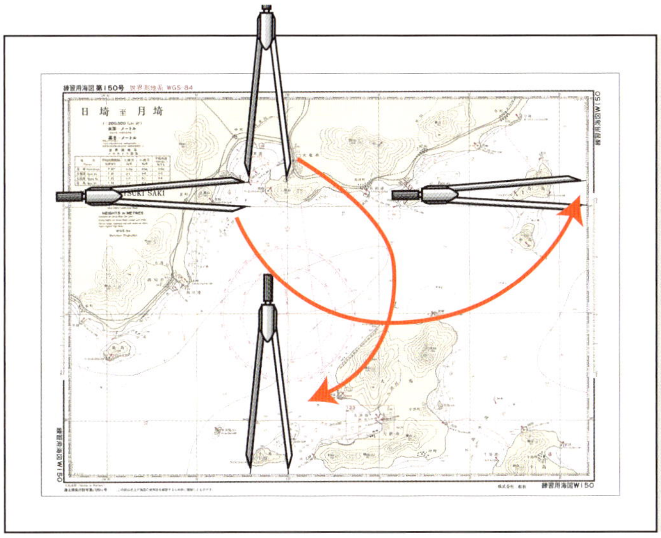

位置を知る

特定地点の緯度、経度を測る。または、特定の緯度、経度の地点の位置を海図上にプロットする。

例：目的地の緯度、経度を海図上で調べ、GPSにウェイポイントを入力する。あるいは、航海中には、GPSから得た現在位置を海図上にプロットするという作業も必要になる。

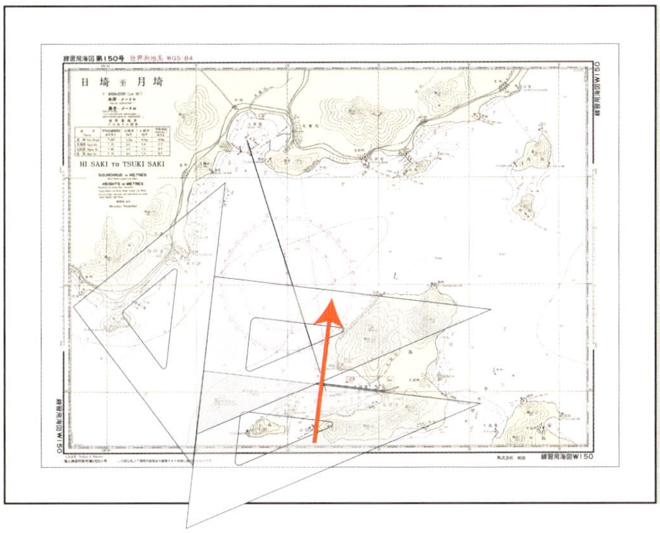

方位を測る

目的地までの方位を確定する。または、ある地点までの方位から現在地点を確定する。

例：最初の変針点までのコース（方位）を調べる。三角定規を使って、海図上のコンパスローズまで平行移動。磁針方位をチェックする。次に、変針点から目的地までのコース（方位）も同様に測る。

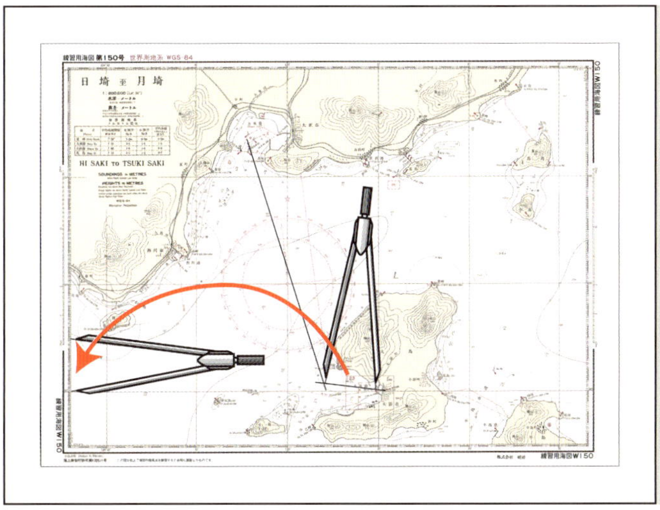

距離を測る

2地点間の距離を測る。あるいは、現在地点からある距離を進むと、どこまで行くかを海図上にプロットする。

例：あらかじめ設定した変針点までの距離を測る。ディバイダーを使って、緯度尺で長さを測る。続いて変針点から目的地までの距離も測れば、航程全体の距離が分かる。平均船速を想定し、全航程で何時間かかるのかなど、航海計画を立てていく。

チャートテーブル

チャートワークを行うための作業台がチャートテーブルです。通常はメインサロンのテーブルとは別に設けられ、チャートテーブル周りには配電盤や計器類、GPS、無線機などが配置され、周囲一帯がナビゲーションスペースと呼ばれます。

船の大きさや用途によって、チャートテーブルのサイズや配置もさまざまです。いかにナビゲーションスペースを確保するかが、設計者の腕の見せどころでもあります。以下に主なケースを見てみましょう。

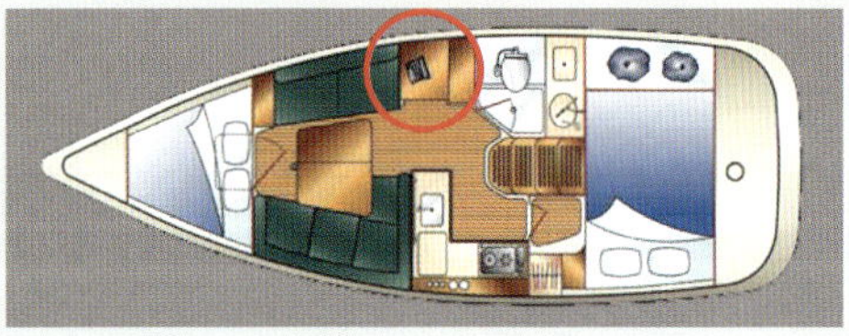

一般的な前向きチャートテーブルの配置図

オーソドックスな配置のチャートテーブル。進行方向を向いて椅子があり、横の壁面にGPSなどの航海機器が埋め込まれ、配電盤もここに付いている。チャートテーブルの端は、鉛筆などが滑り落ちないよう縁がついている。テーブルの天板を持ち上げると物入れになっており、ここにその他の海図を入れておくことができる。脇にポケットや棚を設け、書籍や鉛筆などの小物を収納できるものも多く、必要なときにいちいちテーブルの天板を開けなくてすむようになっている

こちらは後ろ向きに座席が付いているタイプ。座ると目前にコンパニオンウェイハッチがあるわけだから、コクピットのクルーとの連絡はしやすい。向かい側はトイレの壁になっており、ここにGPSなどを埋め込むことも可能になる。座席は、メインサロンのセティーバースと兼用となって、スペースを有効に使っている

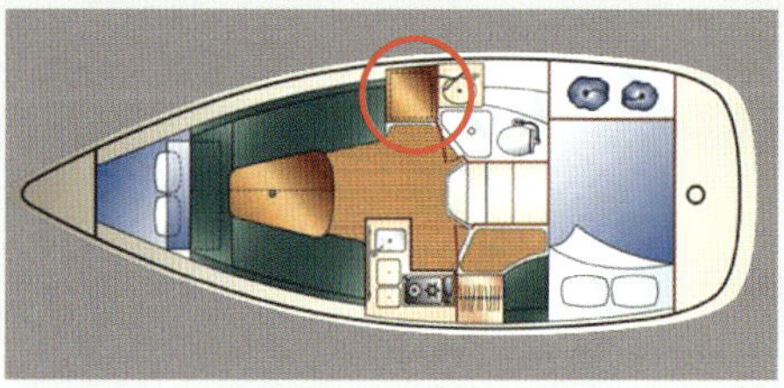

後ろ向きチャートテーブルの配置図

チャートとその環境

こちらは横向きの配置。椅子はないが、沿岸航海では椅子にどっかり座ってチャートワークするケースはあまりないので、この方が、狭い船内を有効に使えるし、コクピットから下りてきてササッとナビワークして……と、使い勝手も悪くない

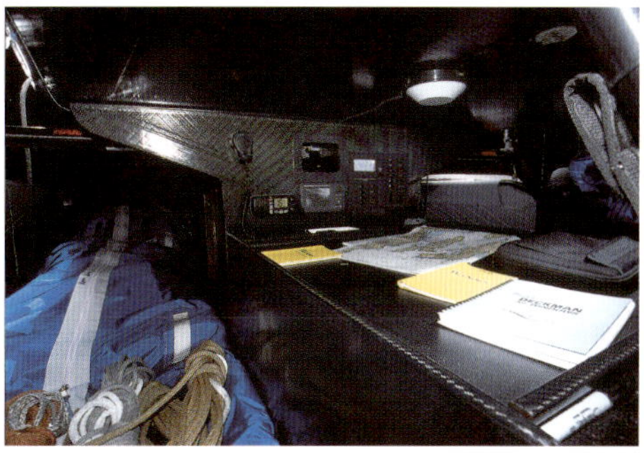

レース艇などで見られる、エンジンボックス上を利用したナビゲーションスペース。レース艇では、レース中のナビゲーションはほとんどがデッキ上で行われるので、特にナビゲーションスペースは設けられていないケースも多い

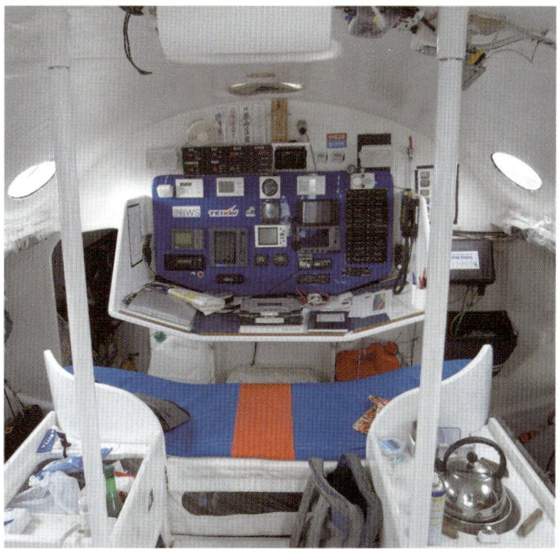

同じレース艇でも、世界一周などの超ロングレースになると、デッキ上にいるよりもナビゲーションスペースに陣取る時間の方がずっと長い。ここそが戦う場でもある。通信機器も含めてまさにナブステーションと呼ばれるような広いスペースと、椅子も含めてヒール時でも使いやすい配置になっている

一般商船など大型船舶では、チャートテーブルは非常に重要な設備です。ずっと小型のプレジャーボートでも、かつてはしっかりとしたチャートテーブルとナビゲーションスペースこそ、本格派の外洋艇である証しとして、多くの空間が割かれていました。

ところが、GPSプロッターが普及した昨今、航海中に椅子にどっかりと座ってチャートワークを行うというケースは減ってきています。特に沿岸航海では、GPSのプロッター機能が大活躍。画面を見ながら、コンピューターゲームのようにナビゲーションを行うということも多くなってきています。それを受けて、チャートテーブルにスペースを割くよりも、その分ダイネットテーブルやキッチン、あるいはシャワーといった生活用のスペースをゆったりと取るデザインが増えてきています。

逆に、長距離航海では、チャートワークだけでなく、気象情報の入手や解析、無線通信などで、ここに座っている時間は長くなります。

用途によって、ナビゲーションスペースの持つ意味はずいぶん違ってきます。後からチャートテーブルを広くするような改造は難しいので、船を選ぶときには、自分の海遊びのスタイルに合わせたものを選ぶ必要があります。

配置場所

チャートテーブル横の壁面には、GPSや無線機、電気関係のスイッチ類、ブレーカーやヒューズ、メーター類の配置された配電盤が付いていることが多いようです。なるべく濡れない所がいいのですが、コンパニオンウェイを入ってすぐ横に配置されるのが一般的です。ここはコクピットへの出入りに便利ではありますが、どうしても波が打ち込みやすくなります。

本格的に外洋を走るヨットでは、ビニールのカーテンのようなもので区切るなど、防水対策をしないと機器類が壊れてしまうこともあります。

サイズ

テーブル部は、海図を折り畳まずに広げられるサイズがあれば理想的ですが、海図は、全紙なら108cm×76cmとかなり大きいため、小さなプレジャーボートのキャビンでは、そんな大きなチャートテーブルを設けるスペースを確保できないというのが実情です。そのうえ、GPSプロッター全盛の昨今、海図を広げる必要も少なくなってきているからなのか、チャートテーブルのサイズもどんどん小さくなってきているようです。

ただし、長距離航海を行う場合にはチャートテーブルの必要性はぐっと高くなります。チャートワークのみならず、航海日誌（ログブック）への記入も必須になってきますし、無線で交信するときにも、多くはメモを取りながら行うわけですから、書き物をするテーブルとしてチャートテーブルは重要になってきます。天測をするなら推測位置を出したり、そこから作図したりといったチャートワークも必要になります。

機能

チャートテーブルの天板の周囲には、ペンなどが転がり落ちないように縁がついていますが、これが意外とくせものです。ただでさえ狭いテーブル上で、定規を使うときに、隅の方が引っかかるのです。使いづらいと、だんだん海図を使わなくなってしまいます。

天板を持ち上げると、広い物入れになっています。ここに海図や筆記用具、定規を収納しておくことができます。ただし、チャートワーク中にこの部分を大きく開くのはまた大変なので、鉛筆や消しゴム、眼鏡といった、よく使う小物を入れる物入れが別にあると便利です。

また、ワッチ（航海当直）を組んで走っていると、何人かでナビゲーションを分担して行うこともあるでしょう。その場合、鉛筆や定規は決まった場所に収納するという習慣も必要になります。そうしておかないと、次に海図に書き込みをしようとしたクルーが、いちいち物捜しをしなければならなくなります。

照明

夜間のチャートワークには照明が必要になります。ただし、あまり明るいと幻惑されてしまい、その後デッキに出てから暗さに目が慣れるまで時間がかかります。また、ナビゲーションスペースから漏れた光で、デッキで見張りをしているクルーの夜目が利かなくなるなど、不都合が多くなります。

必要最低限の明るさで手元だけを照らすように、フレキシブルアームの先端に小さな電球が付いたナビゲーションスペース専用のライトもあります。そ

れも赤いレンズにして、暗闇に戻ったあとの目の利きを少しでもよくするような工夫も必要です。

ヒール対策

ヨットは、帆走中はヒールする（傾く）ものです。ヒールした状態で、体を安定させてチャートワークができるように、椅子の上面が湾曲していたり足を踏ん張る部分などがあると、体勢をホールドしやすくなります。

チャートテーブルは絶対に必要か

ヨットより高速で走るモーターボートの場合、全速で走りながらのチャートワークはなかなか難しいものです。波に叩かれる勢いで、鉛筆の芯など簡単に折れてしまうし、なにより文字を書くことすらおぼつかないほど揺れている場合が多いのではないでしょうか。そのため、特にチャートテーブルを設けていない船がほとんどで、余計にナビゲーションはGPS任せということになります。

冒頭にも書きましたが、GPSのプロッターに表示される海岸線データは不十分なことも多く、紙の海図を併用することが、事故を防ぐ意味でも重要になります。

この場合は、メインサロンのテーブルを使って停泊中にチャートワークをしておき、航海計画をしっかり立て、走り始めたらそのチャートを見ながらGPSの航跡と合わせ、目で追っていくという方法でGPSと紙海図を併用していくことになります。

また、ヨットでも長距離航海はいざ知らず、小人数での沿岸航海や沿岸部でのヨットレースでは、いちいちチャートテーブルのある船内に入ることなくデッキ上でナビゲーションをするケースも多くなります。これも、出航前にじっくりとチャートワークをしておき、航海中はその書き込みを基にデッキ上で主にナビゲーションを行うケースも多くなります。

本書では、こうしたテクニック——GPS時代の紙海図を使ったナビゲーション——について、特に詳しく触れています。

ここでは、GPSや測深儀も、デッキ上から舵を持った状態で見える位置に取り付けてある方が便利です。なにもチャートテーブルの横に備え付ける必要はないのです。

特に入港時など、スキッパーが舵を持ち、ナビゲーションも行うという大忙しのケースもあるでしょう。その場合、いちいち舵を放り出してキャビンに入り、GPSを確認してチャートも見て……というのは不可能なのです。

GPSの時代にはGPSに合った沿岸ナビゲーションの方法が必要なのです。ナビゲーションスペース（チャートテーブル）も、そんな用途に合ったものでいいのです。

チャートワークに必要な道具

チャートワークで使用する用具

チャートワークで必要な筆記用具、定規など、筆者の経験をまじえて紹介します。

鉛筆

海図への書き込みは鉛筆で行います。ボールペンで書き込んでしまっては間違えた時に消せません。鉛筆で書き込むことによって、次の航海の時には消しゴムで消して、また同じ海図が使えます。

鉛筆の芯には、硬さの種類がありますが、Bや2Bなど、軟らかい芯のものを使えばきれいに消せます。

当然ながら、鉛筆は削らないと使えません。ナイフで削ってもいいのですが、手動の鉛筆削りがあるととても便利です。

シャープペンシルなら削らなくてもOKですし、細い線が引けるのですが、芯が細すぎるものは揺れる船内で使うと筆圧で簡単に折れてしまいます。

筆者は、写真のような製図用の芯ホルダーと呼ばれるペンを使っています。

エンドキャップを押すと鉛筆芯が出てきますが、芯の太さは2mmとシャープペンシルに比べてずっと太く、作図中に折れる心配もありません。鉛筆削りの必要もなく、エンドのキャップが芯削りになっており、芯のとがり具合を調整することもできます。

一般的な鉛筆でも、波がある状況では肝心のときに芯が折れてイライラすることが多いので、このペンはとても便利に愛用しています。写真はロットリング社(ドイツ)製ですが、大きな文具店の製図用品売り場に行けばいろいろなメーカーのものを売っています。

消しゴム

海図は繰り返し使用するため、コースラインや針路(角度)など、書いては消すという繰り返しになります。となると、消しゴムもなるべく上質のものを用意した方がきれいに消せ、海図が長持ちします

また、鉛筆や消しゴムを入れておく筆箱も意外と重要です。チャートテーブルには、これらの小物を仕分けして入れておく物入れは少ないからです。

船の上では整理整頓が重要。なにより、海の上で、いったん物をなくしたり、あるいは積み忘れたら、「ちょっと買いに行く」ということはできません。消しゴムひとつないだけで、かなり苦労します。予備も含めて用意しておきましょう。

ディバイダー

海図上で距離を測るのがディバイダーです。コンパスの両足が針になったものです。

チャートワーク用に、片手で開け閉めできるよう、上部が円を描いているものもあります。このタイプのものは、上部の円弧部分を握ればディバイダーが開きます。

もちろん、製図用のディバイダーでもOKです。自宅の机の中を探せば、学生時代に使っていたものが出てくるのではないでしょうか。

ディバイダーにもサイズはいろいろありますが、筆者が使っているのは、ディバイダーの脚の長さが15cmくらいの比較的小さなものです。

ルーペ

筆者の場合、薄暗いナビゲーションスペースでは、老眼鏡は必須です。それでも足りない場合は、天眼鏡が便利です。写真のポジフィルム(スライドフィルム)を見るためのルーペをお勧めします。大きな写真屋さんで売っています。これは、直接海図の上に置いて使えるので結構使い勝手がいいのです。中には照明付きのものもあるようで、東急ハンズのようなところを探し歩いてみるのも楽しいかと思います。

電卓

ナビゲーションには、小型の電卓が一つあると便利です。チャートワークによって求めた残航と平均艇速から目的地の到着時間を計算するなど、なにかと計算をすることが多いのですが、揺れる船内では、どうにも頭の回転が悪くなっているようで、簡単な掛け算や割り算でも暗算できなくなることがあります。

夜のチャートテーブルはかなり薄暗いので、太陽電池式のものだと光量が足りない場合もあります。電池式、あるいは太陽電池との併用型がいいと思います。

チャートテーブル周りで活躍する小物たち。普通の鉛筆でもいいが、その左にある鉛筆型の芯ホルダーがなかなか便利。ディバイダーも形やサイズともいろいろあるが、使いやすいものを選びたい

タオル

チャートワークの道具といっていいのかどうか分かりませんが、タオルが1本あると便利です。

海が荒れている時、雨の降っている時など、デッキからおりてきてチャートワークに入る前に、まず手元や頭などをふかないと海図がビショビショに濡れてしまいます。

普段は田子作風にクビに巻いておくことになりますが、これが結構有効なのですね。

定規のいろいろ

直線を引くために、定規を使います。また、チャートワークでは角度を測るのも定規の仕事です。

日本では三角定規が一般的ですが、海外では平行定規を使う人が多いようです。あるいは、航海専用の特殊定規も販売されています。

それぞれ利点と欠点があるので、見ていきましょう。

定規といってもいろいろある。左から、三角定規、平行定規、三杆(さんかん)分度器(Station Pointer)、分度器付き定規

三角定規

最も一般的なのが三角定規です。特に航海用に井上式三角定規というのがあって、これは分度器の機能もついています。

三角定規の基本的な使い方は、次のページのイラストを参照してください。小さい二等辺三角形(以降A定規と呼ぶことにします)を左手で。他方の定規(以下B定規)の直角の長い辺で、線を引く、角度を測るなどの作業をします。

磁針方位を測る時は、A、B、二つの定規を互いに動かし、コンパスローズ(内側の磁針方位を読む)まで移動していかなければなりません。このあたりの用法がキモになります。

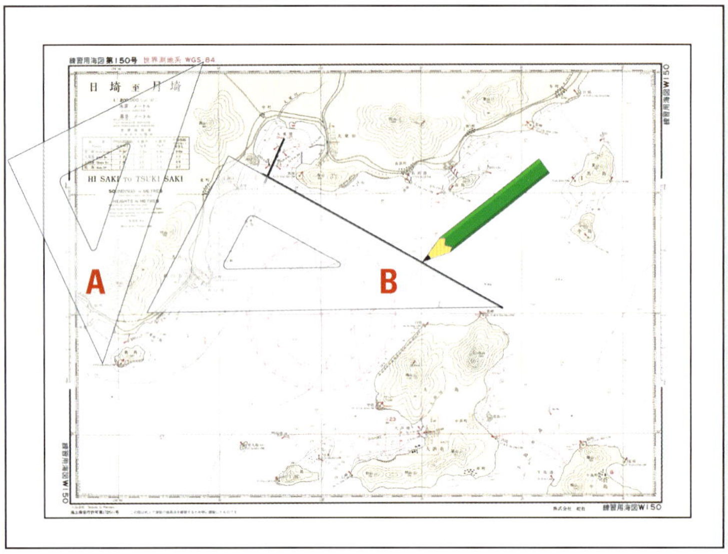

三角定規の使い方

三角定規は、2枚で1組。ここでは、二等辺三角形をA定規、もう一つをB定規と呼ぶことにする。
航程線にはB定規の直角側の長い方の辺を合わせる。
A定規は常に左に置き、移動の際のガイドとする。この関係は常に変わらない。
イラストは、航程線を引いているところ。左手でB定規を押さえ航程線の該当個所にあて、右手で鉛筆を持って航程線を書き込んでいる。

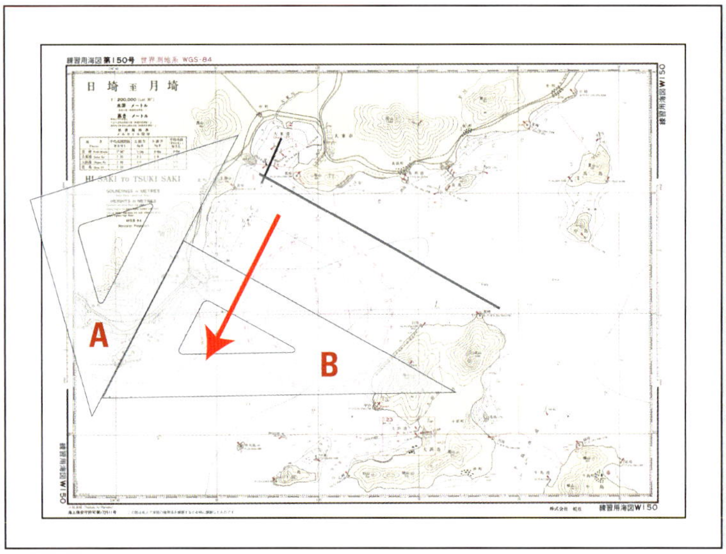

続けて、この航程線の角度を測ってみよう。A定規を当ててB定規をスライドさせ、コンパスローズまで移動する。左手でA定規をしっかりと押さえ、右手でB定規をスライドさせるわけだが、鉛筆は右手に持ったままB定規に軽く手を添えてスライドすればOK。

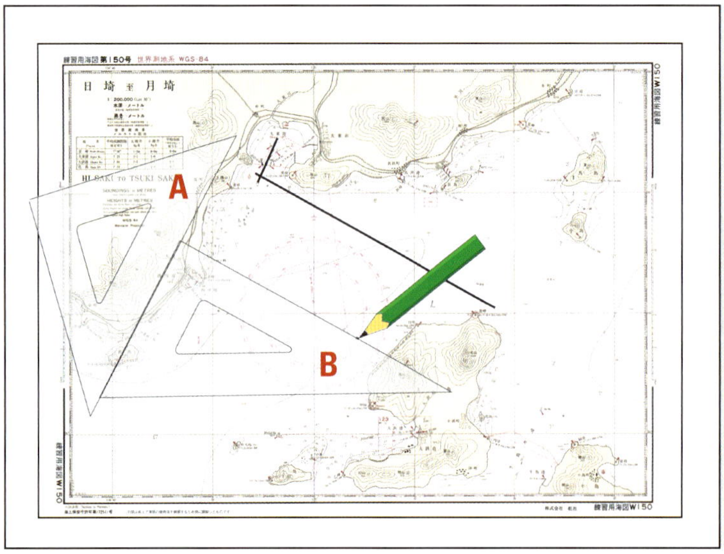

プレジャーボートが航海で使うのは磁針方位（16ページ参照）であるから、コンパスローズの内側の目盛りを読む。
鉛筆でコンパスローズの目盛りに印を付けてしまい、定規を外してからゆっくりと読みを確認すると楽だ。
三角定規の2枚の役目（A定規がガイド、B定規の中辺を線に合わせる）は、常に変わらない。

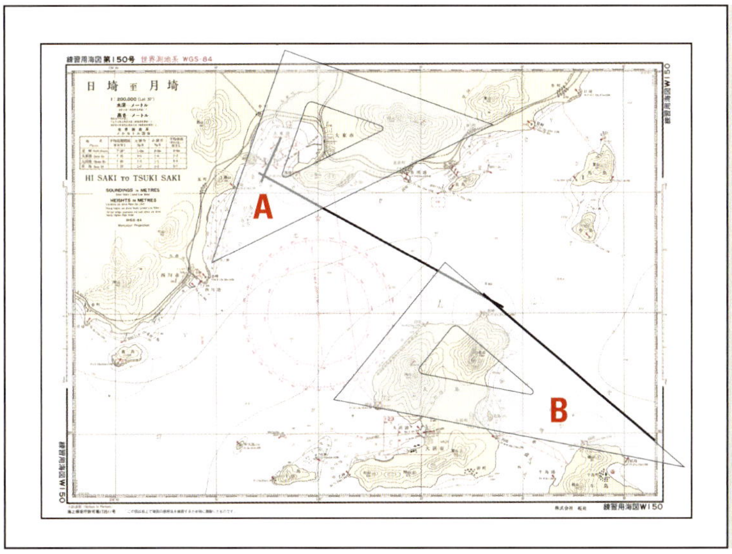

コンパスローズまで遠い場合はどうしたものか。この練習用海図は版が小さく、コンパスローズが図のほぼ中心にあるが、実際の海図ではこうもいかない。単純にA定規を使ってスライドさせただけではコンパスローズまで届かないことは多い。

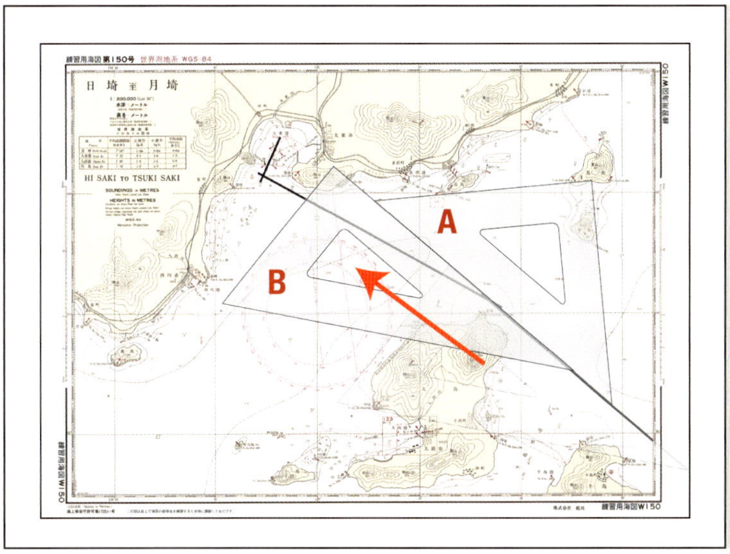

この場合は、何度かに分けて移動させることになる。A定規を90度回転させ、B定規を横に移動。ただし、この場合もA定規は左手で、B定規は右手で扱う。

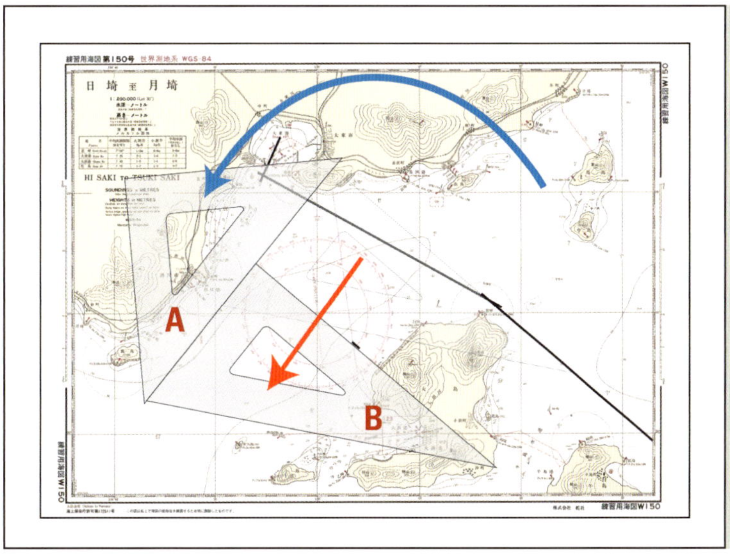

A定規を元の位置に戻して、今度はB定規を上下に移動。2回に分けてコンパスローズのところまで持っていく。場合によっては3回に分けて移動させなくてはならない場合もある。

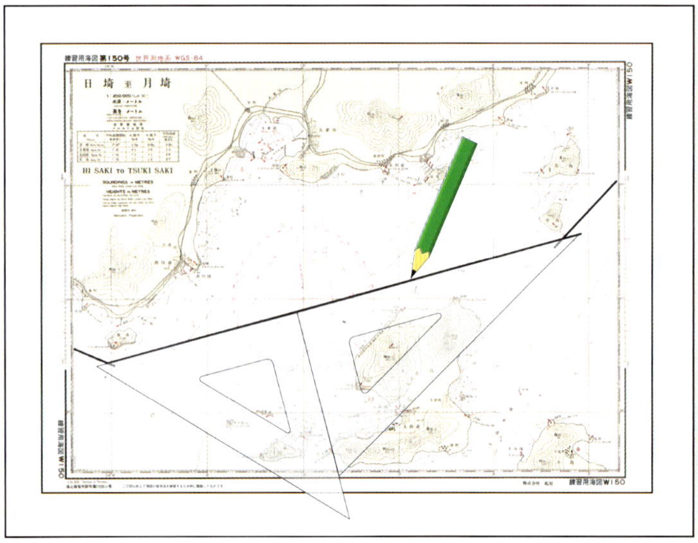

長い線を引く場合には、こんな使い方もアリ。これでも足りなければ、書籍（小型船用港湾案内など）をあてるという技もある。あるいは、スペアのバテンなど、船の中には長い棒はいくらでもあるはずだ。工夫して使おう。

平行定規

日本では三角定規が主に使われますが、どうも欧米では平行定規を使う方が多いようです。

平行定規は、イラストのように可動部があり、それを利用して平行移動します。便利なようで、慣れないと使いにくいかもしれません。やっぱり日本人には三角定規でしょうか。

平行定規の亜流で、ローラーがついていてころがすようにして平行移動する定規もあります。移動中にずれやすく、正確性ではどうも納得できませんが、このあたり、欧米人のおおざっぱさがかいま見えるということなのでしょうか。

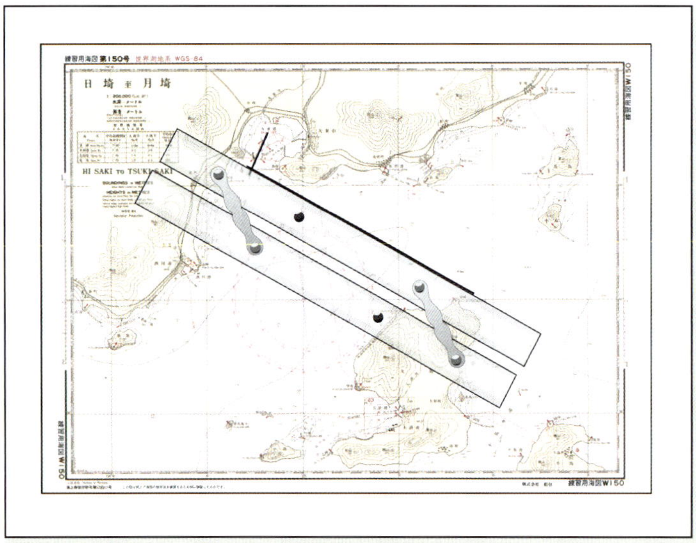

欧米でよく使われるのがこの平行定規。2本の定規がパンタグラフ式につながっている。開いて縮めるという動作を繰り返して平行移動し、コンパスローズのある所まで定規を移動させる。コンパスローズまでの距離が近ければ、このようにわずかな動きでOKだ。

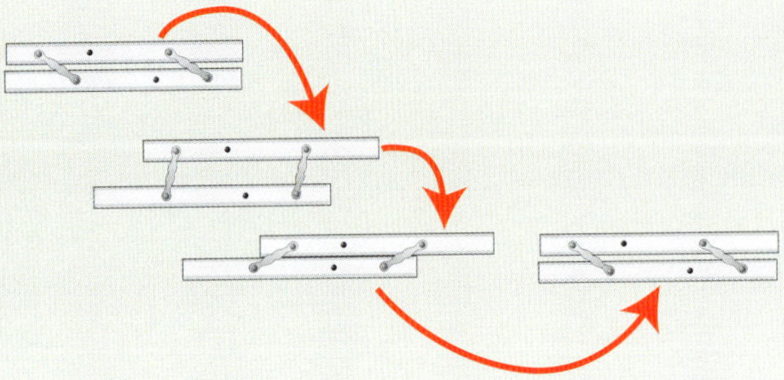

横移動は、こんな感じで行う。
定規にコロがついていて、転がすようにして平行移動させる定規もある。定規をちょっと傾けることで横移動も可能にしている商品もあり、このあたりは百花繚乱という感じ。精度はどうなのかという疑問もあるが、三角定規よりも狭い面積で移動できるという利点はある。

分度器付き定規

昔、イギリスから来たヨットスクールの講師が小さな分度器を使っていたのを見て、興味を持ちました。

これはまさに分度器で、前にも解説したように真方位のみを使うならこれもかなり有用です。コンパスローズまで移動しなくて済むのですから。長い線を引く時は、器用に海図を折り返してその縁を使っていました。

ただし、マグネットコンパスしか持たない一般的なプレジャーボートでは磁針方位を使うので、偏差を考慮にいれて使うのにやっかいです。

そこで見つけたのが57ページの写真のものです。

筆者はここ10年来、この分度器付き定規を使っています。

定規にその地方の偏差を直接書き込んでしまい、その印を読めば磁針方位が分かるわけです。これならコンパスローズまで定規を移動させることなく、その場で磁針方位が分かります。

1枚の定規ですみ、定規の移動がないので狭いチャートテーブルでも縁のでっぱりを気にすることなく使えます。

似たような構造の定規がインターネット通販などで探せば結構見つかります。値段も安いので、ぜひ一度おためしください。手放せなくなりますよ。

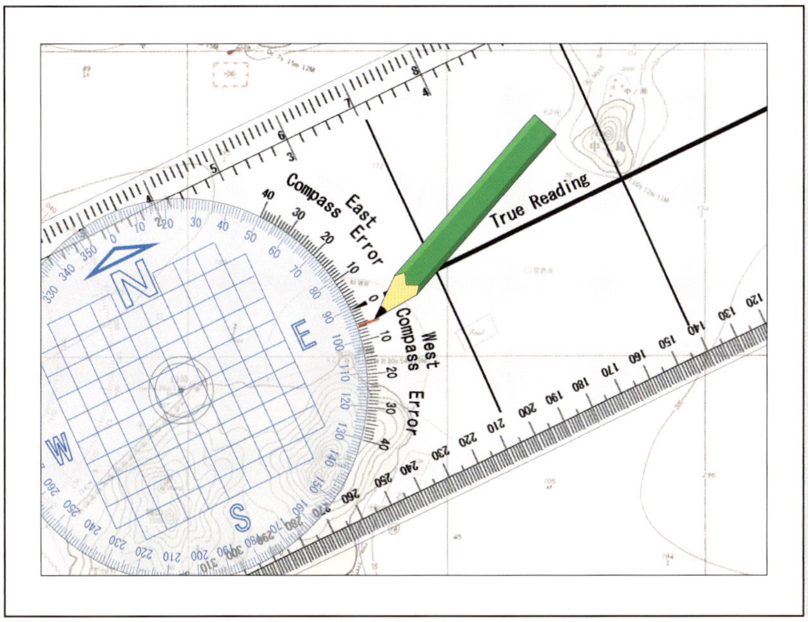
True Reading
Compass East Error
West Compass Error

まず、利用する海図の偏差（18ページ参照）を調べる。この練習用海図では5.5度西偏であるから、これを定規に書き込む。図では分かりやすいように赤にしたが、普通は鉛筆で印を付ければいい。通常のプレジャーボートの航海範囲なら、偏差はそうそう変わらないので、この作業は最初にやっておけばOK。

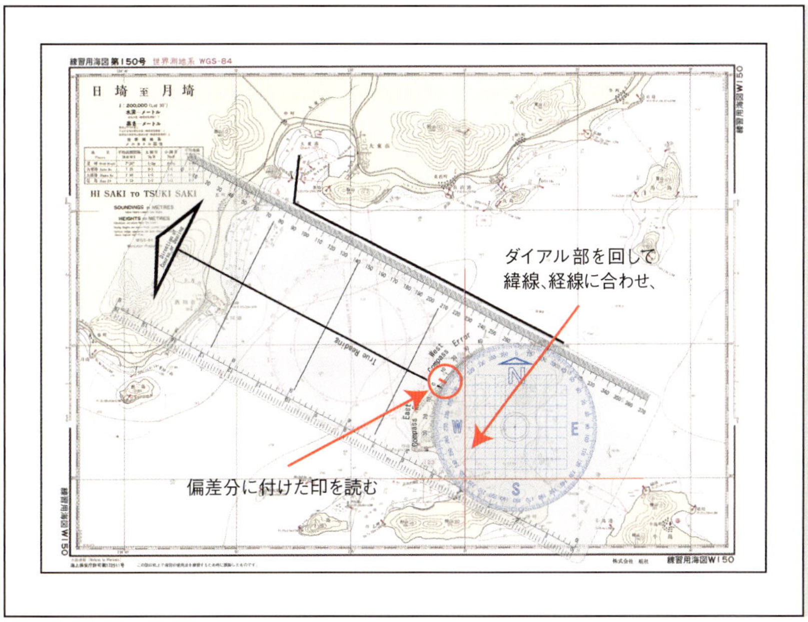
ダイアル部を回して
緯線、経線に合わせ、
偏差分に付けた印を読む

測りたい角度に定規を合わせたら、ダイヤル部を回転させて矢印が北になるよう、図中の平行線に合わせる。
緯度線、経度線の他にも分図を記す赤枠など、海図上にはこうした直交線はいっぱいあるので迷うことはない。
で、先ほど記した偏差分の目盛り部分を読めば磁針方位が簡単に分かる。
定規を移動させる必要がないので、とても便利。四角いので収納も楽。いうことなし。

第４章
航海計画

航海計画の立案

では、いよいよ航海計画をたててみましょう。陸の旅行と違って、プレジャーボートにパック旅行はありません。
クルージングでは、オーナー自らが計画を立て、実行しなければならないのです。

目的地を決める

まず、どこへ行くかが問題です。プレジャーボート向けに作られた目的地というのは思いの外少なく、情報も限られています。まずは情報集めから始めましょう。

ヨット雑誌に掲載された泊地紹介などは非常に役に立つでしょうし、マリーナで友人から情報を得ることもできるでしょう。

しかし、状況は時間の経過とともに変わります。なるべく新鮮な情報を仕入れるよう、心がけたいものです。

目的地へのルート

目的地が決まったら、その航程を考えてみます。

これまでにも解説してきたように、船は曲線を描いて走ることは苦手です。直線で、出発地点と目的地点、あるいは途中の変針点を繋いでいきます。それぞれの直線が、船首方位を維持して走る航程線（ラムライン）になります。

障害物

目的地まで一本の直線で結ぶことができれば話は早いのですが、実際にはそううまくいきません。岬を回り込まなくてはならない場合はもちろん、暗礁帯を避けなければならない場合もあります。それぞれ、どのくらいの距離を離して通過すればいいのかは、地形によって変わってきます。仮に岬から1マイル離すといっても、それがどの程度の距離なのか分かりづらいと思います。普段ホームポートの周辺を走っているときに、1マイル、2マイルという距離感を把握できるようにしておきたいものです。

暗岩や洗岩は、海図に記載されています（44ページ参照）。海図上でそれらを確認するのは容易です。しかし、漁網の場合、海図に記載されていないものも多くあります。航海前に、なるべく多くの情報を得ておきたいものです。灯火もなく、しかし太いワイヤで接続された定置網も少なくありません。32ページで紹介した『漁具定置箇所一覧図』はもちろん、その他の情報を総合して判断しなければなりません。

潮と波

海流や潮汐は、時と場所によっては小型ヨットでは前に進むことができないくらいの影響を与えることもあります。航海計画を立てるときには、要チェックです。強い潮流には、その反流が存在する場合も少なくありません。距離的には多少遠回りになっても、潮をうまく利用すれば、より短時間で目的地に到着できる場合もあるのです。

また、潮と風がぶつかり合うと、特に険悪な波になることがあります。そんな場所は、避けて通りたいものです。

交通

広い海上でも、沿岸部には多くの船舶が錯綜しており、衝突事故も少なくありません。事故を防ぐために、海上衝突予防法、港則法、海上交通安全法といった法規によって、交通ルール、走らなければならない航路、横断禁止の海域などが決まっています。

法規については、100ページで詳しくとりあげたいと思いますが、航海計画をたてるにあたっては特に注意しなければならない部分でもあります。

多くの障害物は海図に記載されている。航路標識も整っており、しっかりと航海計画を練っておけば座礁の危険は少ない。最も注意すべきは漁具であり、中には灯火のないものもあるので厳重な注意が必要だ

入港方法

海岸線に近づくにつれて、障害物が多くなります。港の入り口付近では特に注意しなければなりませんが、航路標識もしっかりと整備されており、入港にあたっての進入コースが指示されている場所が多くなります。

大縮尺の港湾図や、30ページで紹介した『プレジャーボート・小型船用港湾案内』などを参考に、正しく安全な進入コースを確認しておきましょう。

航海計画立案に必要な要素

練習用海図から、航海計画を練る場合に必要になる要素を見ていこう。

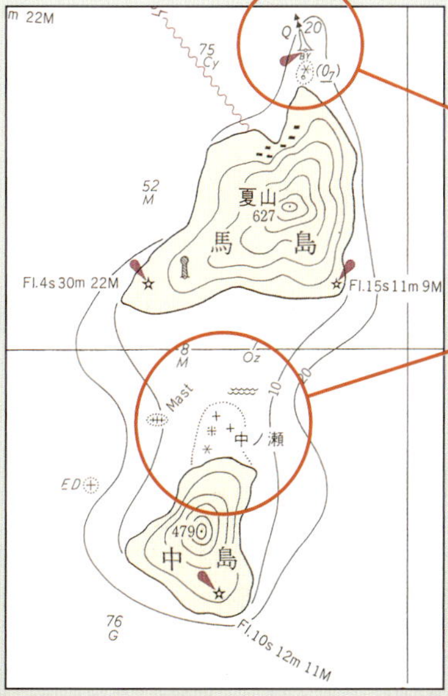

馬島の北には、干出0.7mの干出岩がある。北側に北方位標識があって、この北側を通れば安全であることが分かる。

馬島と中島の間を抜ける場合、中島の北にある中ノ瀬に注意をする必要がある。暗岩(十印)と洗岩(⁂印)からなる瀬で、航路標識はないので注意を要する。また、その西方には沈船があり、マストだけが露出した状態で大変危険な存在だ。水深は7〜8mあるので、馬島よりを通過すれば座礁することはないが、急潮(≈)にも注意する必要がある。

磯波や暗礁地帯が航路の風下側になるような場合は、特に注意して距離を置く必要がある。なんらかのトラブルで航行不能になり、流された場合の対応の余地はなるべく多くのこしておきたい。

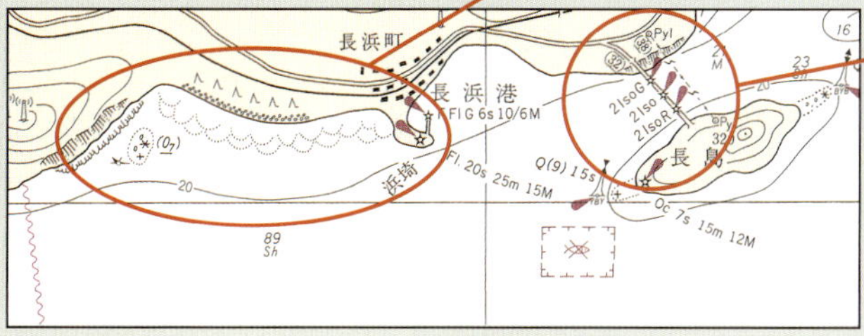

海面ばかりではなく、空中にも注意が必要だ。長島にかかる橋は橋下の高さが32m。架線の高さは38mと、相当大きなヨットでなければ問題ないが、自艇のマストの高さをしっかりと確認しておく必要はある。

海上での法律とルール

船舶の交通を円滑に行うために、各種の法規が定められています。

海上で船と船が行き合った場合、港に入るとき、港に入った後、それぞれのルールを確認しておきましょう。

海上衝突予防法

海上を走る船舶の衝突を避けるために設けられた国際法に基づき、国内法として定められたものが『海上衝突予防法』です。

安全な速力や、衝突を避けるためのルールなどが定められています。夜間に示す灯火や形象物の規格なども、この法律で決まっています。

基本的に、海上では右側通行です。浮標や防波堤を回り込む時は、「右小回り、左大回り」などとした原則に基づいて航行しましょう。

また動力船はヨットのような帆船を避けなければならない、とあるのですが、これは操縦性能が制限される大型帆船に合わせたものであり、実際にはヨット側も常に気を付けて見張りを行い、動力船の前を横切らないように注意する必要があります。

そのためには、一般の航路をなるべく横切らないような航海計画を立てることも重要になります。どうしても横切らなければならない場合は、最短距離で横切るようにしましょう。

港則法

『港則法』とは、港内における船舶交通の安全および港内の整とんを図ることを目的とする法律です。

たとえば、港の入り口で錨泊して釣りをしていたら、出入港する船舶にとってはじゃまでしょうがありません。また、勝手に岸壁を占有して係留することもできません。

港則法では、これらを規制しています。

また、港の利用にあたっては、各条例によって細則が定められていることも多く、基本的に漁港は漁業のための港なので、我々プレジャーボートの利用にあたっては注意が必要です。

海上交通安全法

東京湾、伊勢湾、瀬戸内海といった船舶交通の輻輳《ふくそう》する特定の海域で航路を規定し、その通行方法を規定した日本独自の法律が『海上交通安全法』です。当該海域では、海上衝突予防法に優先して適用されます。

ここに定める航路は、大型船舶のためのもので、我々プレジャーボートはこの航路内を通る義務はありません。邪魔にならないように航路の端に沿って走ることによって、スムースな航海が可能になります。

航路は一方通行になっており、当然ながら逆走するのは厳禁です。航路を横切る時は、細心の注意を払ってなるべく最短距離を通るようにします。

大型船舶はすぐに針路を変えるわけにもいかず、ブレーキも利きません。それを認識しておくことが大切です。

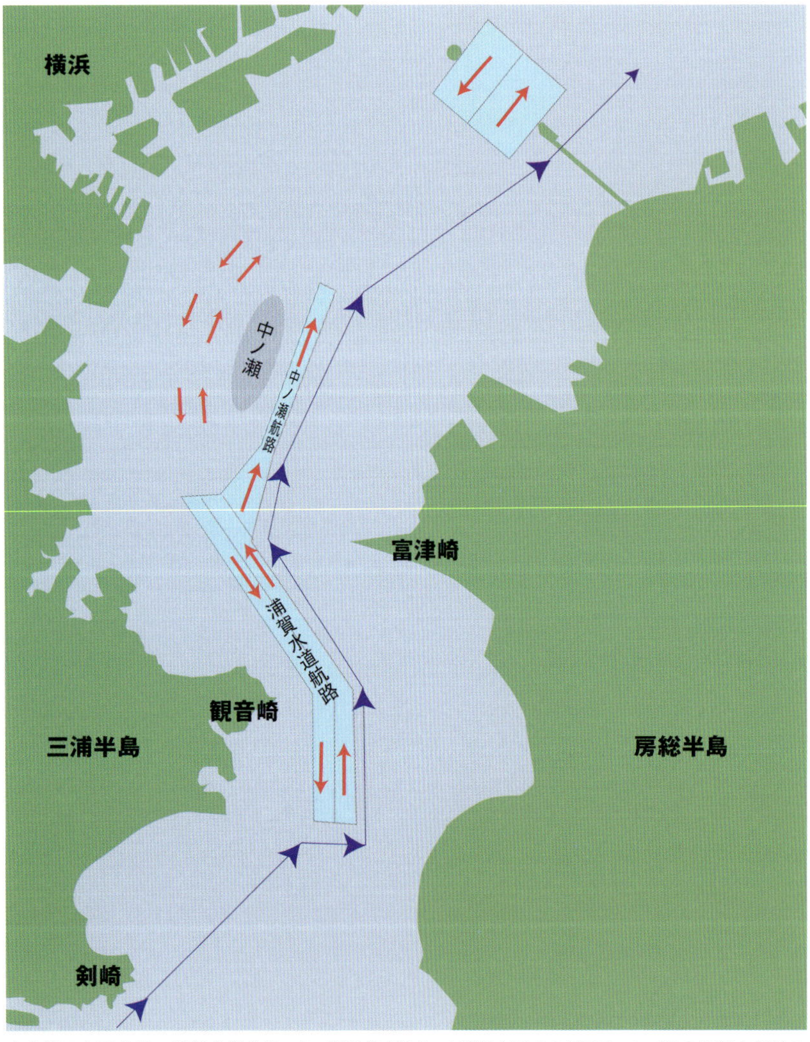

東京湾の主要航路。浦賀水道航路、中ノ瀬航路があり、大型船舶はここを通る。中ノ瀬の西側も船舶の交通は輻輳しており、プレジャーボートは図の青矢印のように航路の東側を通ると、比較的走りやすい。横浜方面へ行く場合はしかたがないが、湾奥から出て行くときも航路の東側を通った方が楽だ。ただし、富津沖は水深が浅いので注意が必要だ

航程線と変針点

ここまで解説した点に注意して、コースを決めていきます。

冒頭で話したように、直線からなる航程線を組み合わせてルートを作っていきます。各航程線の継ぎ目を変針点といいます。変針点をどこに設けるか、これが航海計画を立てる場合のキーポイントになります。

目標を定める

船を走らせるとき、一番の目標になるのはコンパスです。コンパスで示す方位を一定に保って走る、これが航程線になるわけです。

とはいえ、コンパスをにらみ続けて走るわけではありません。いったんコンパスで船首方位を確かめたら、前方に見える目標物を目安に舵をとることが多いでしょう。

特に目標が見えない場合はどうでしょうか。前方には水平線しか見えなくとも、波や雲、星や月といったあいまいな目標を見つけられるはずです。当然ながらそうした目標は時間とともに変化しますから、時折コンパスに目を落として船首方位(ヘディング)が変化してしまっていないか確認し、再び目を前方に向けて走らせるようにします。

しかし、前方に陸地や浮標のような固定された目標物があれば、ずっと走りやすくなります。

つまり各航程線を、こうした目標物を基準にして設定すると、ずっと走りやすくなります。

最短距離にこだわらない

最短距離にこだわる必要はないと思います。なるべく走りやすいコース設定を心がけましょう。それが安全への近道です。

余裕があれば、海上で目標を変えてもいいし、視界不良時など、余裕を持って走れます。

特に風下側に余裕をもたせたコース設定にすれば、いざトラブルで船が流されたときでも、トラブル回避のための猶予ができます。

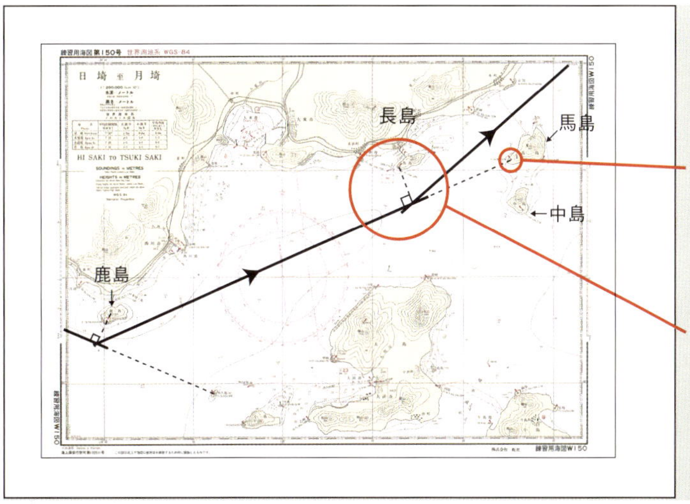

練習海図の海域を、西から東へ走る航海計画を立ててみよう。

西にある鹿島を越えてから約40マイルほどあるので、海峡のはずれはまったく見えないはずだ。
ここで、目標となる馬島の灯台を狙うコースを引いてみた。
中島の灯台は光達距離が11M。対して馬島灯台は22Mと倍。
航程の中程に達する前に見えてくることになる。

長島灯台を正横に見る地点を変針点とし、つぎのレグになる。

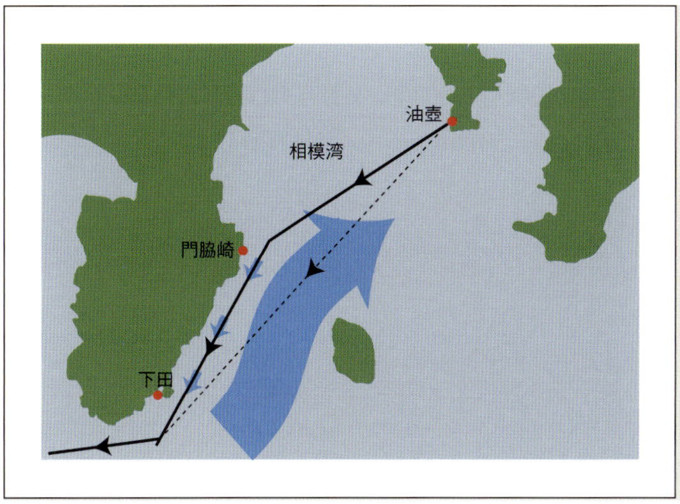

強い潮がある場合は、その反流を利用するために岸に寄せたコースも考えられる。
この例は油壺を出て下田まで相模湾を縦断するケース。まずは門脇崎を目指し、逆潮を避けて伊豆半島沿いに走る。「岸べタコース」などとも呼ばれる。
この潮が常にあるとは限らないが、このように一見遠回りのようでも、結果的にはより短時間で目的地に着くことができる可能性もあるということだ。

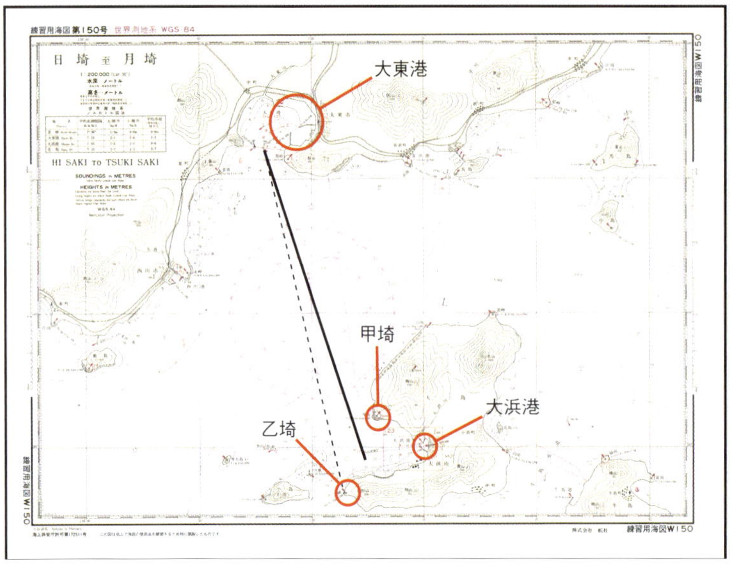

練習用海図にある大東港から大浜港へ至る航海計画をたててみよう。

まず大東港を出たら、乙埼を目標として航程線を引いてみた。多少遠回りになるし、甲埼灯台の方が光達距離も長く、岬の地形も急深なので、甲埼灯台の沖2マイルを通るコースにしてみた。これでも甲埼が見えてきたら、それなりに目標になりそうだ。

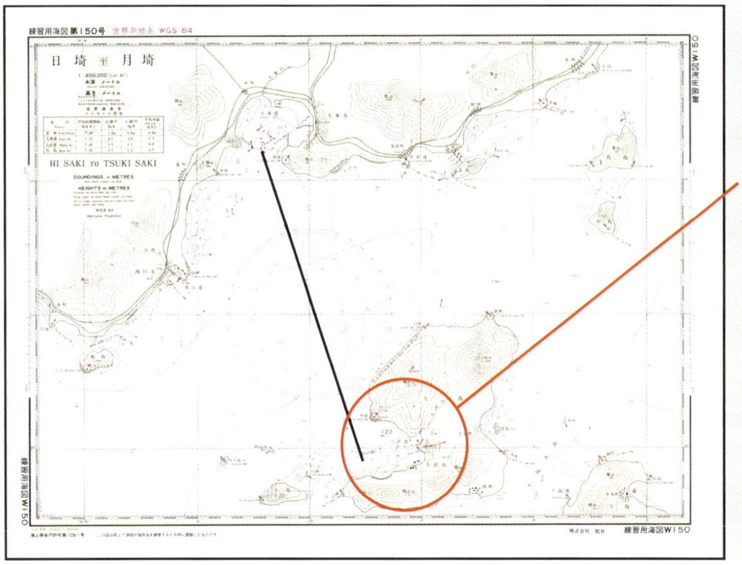

目的の港へのアプローチは特に重要だ。大縮尺の港泊図や『プレジャーボート・小型船用港湾案内』などで調べて計画を立て、海図に必要な情報を書き込む。

練習用海図では海図番号123に大浜港の詳しい海図があることを意味している。
入港にあたっては海図番号123の港泊図を用意すべきだが、ここはあくまでも仮想の海域を表した練習用海図での話なのでそこは割愛する。

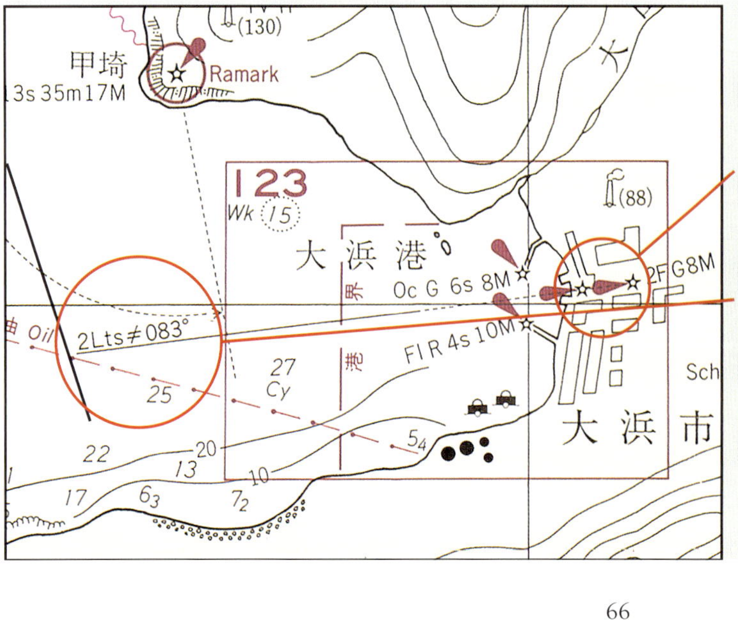

練習用海図の当該部分を拡大したのがこちら。

大浜港へのアプローチは、港の奥にある2つの導灯を見通すトランジットラインということになる。
この線上に来たら（2つの導灯が重なって見えたら）変針すればよいことになる。

海図ではこれが083度であると記されているが、これは真方位なので、磁針方位にするにはこの海図の偏差（5.49W）を足して88度となる。
これは見通し線なので、コンパスで測る必要はないわけだが、確認はしておこう。

方位と距離

航程線が引けたら、距離と方位を測り、海図上に直接書き込みます。

方位は定規を使って磁針方位を測り、距離（マイル）はディバイダーを（↗）使います。

ここでは三角定規を使ってみましたが、前項で紹介した分度器付きの定規を使ってもかまいません。

揺れる船内でチャートワークを行う場合は、揺れる体をサポートしな（↗）がらの作図という、また別のテクニックや慣れが必要になります。最初は揺れない船内や自宅で航海計画を立て、定規やディバイダーの基本的な使い方に慣れておきましょう。

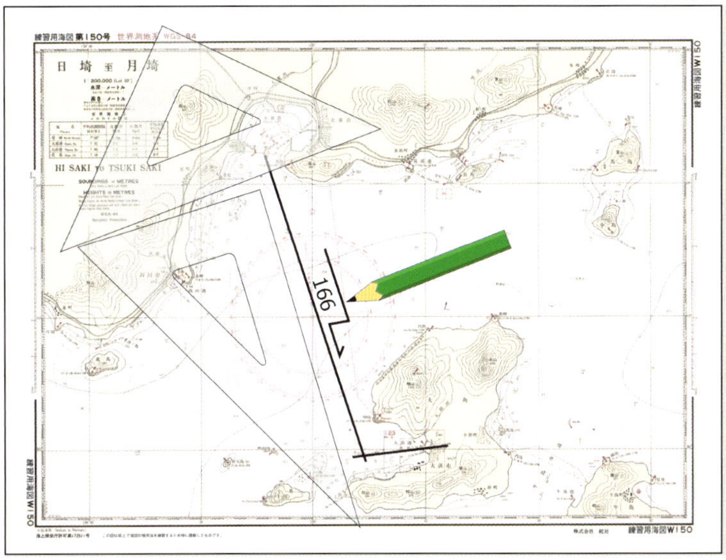

最初のレグの方位を測る。
三角定規を使う場合は2枚を使ってコンパスローズまで移動。分度器定規を使う場合は偏差分を勘定にいれて角度を読む。ここでは磁針方位166度と出た。航程線の上に書き込んでしまう。
イラストでは見やすいように太く大きな文字で描いたが、実際にはこんなに大きく書く必要はない。他の情報が隠れてしまわないように空いているスペースをうまく使って書き込む。

同様に、変針点から大浜港へのアプローチ角度（88度）も記入しておく。

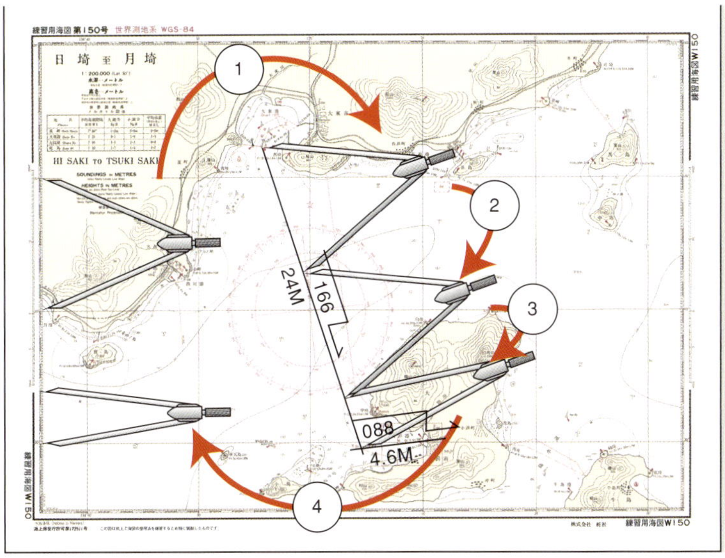

次に距離を測る。
緯度尺の1分が1マイルだから……ディバイダーを10分（10マイル）に合わせ、航程線上を2回移動。これで20マイル。残った距離にディバイダーを縮めて緯度尺に持っていき、その距離を測ると……4マイル。大東港を出てから最初の変針点まで24マイルと分かる。
同様に、変針点から港の入り口までが4.6マイル。これも書き込んでしまう。合計距離は28.6マイルと分かった。
海図の縮尺によっては、ディバイダーを5分（5マイル）に合わせるなど、臨機応変に作業していく。

全行程28.6マイル。5ノット平均で走ると5.72時間かかることになります。ということは、朝8時に大東港を出たら、14時前にアプローチできるわけです。

逆に、日没が午後6時だとすると正午頃に出れば明るい時間に入港できる計算になりますが、余裕を持って午前10時出港を予定しておいた方がいいかもしれません。

……などと、航海計画を練っていくことになります。

この他にも、いろいろなルートが考えられます。ここに挙げたものは例にすぎません。

各自各様、自宅でじっくり、時間をかけて。そう、ウイスキーなどチビチビやりながらあれこれ考えるのも悪くありません。

GPS時代といっても、航海計画をたてるのは自分自身です。アナログなナビゲーションを、じっくりとお楽しみください。

GPSを使った航海計画

ここでは、GPSを使った航海を想定した航海計画の立て方について解説していきます。

GPSの三つの機能

本書の冒頭でふれましたが、現在のプレジャーボートの航海に、GPSはなくてはならないものになっています。

GPSは、Global Positioning Systemの略で、人工衛星を用いた地球規模の測位システムです。

測位原理や誤差については第6章で詳しく解説することとして、ここではGPSの機能として、以下の三つがあることを頭に入れてください。

(1) 位置を計測する
(2) 進路、船速(対地速度)を計測する
(3) ナビゲーション機能

(1)は、現在の位置を緯度・経度で示すことで、これはGPSの基本機能です。とはいえ、これだけではGPSはここまで爆発的に普及しなかったでしょう。

(2)の進路と船速を求めるために、GPSがない時代には苦労してきたわけです。この二つは、非常に有用なデータといえます。これもまたあらためて解説していきます。

航海計画を練る上で大変有益な機能が(3)のナビゲーション機能です。以下に詳しく説明しましょう。

ナビゲーション機能1 プロッター

GPSのナビゲーション機能とは、コンピューターを使った航法支援機能のことです。

航法上のさまざまな計算をし、見やすく表示してくれます。紙の海図の上で行う作業の手間を省いてくれる非常に便利な機能です。

機種によって、ナビゲーション機能とその操作の方法はまちまちです。まず、ナビゲーション機能のメインになるプロッター機能について説明しましょう。

プロッター機能とは、ディスプレー画面上に自艇の航跡を描くもので、連続して変化する船の動向を視覚的にとらえやすくしてくれます。自艇の現在位置の目安となる海岸線を表示するところがミソです。今、自艇はどこにいるのか、直感的に把握することができます。緯度・経度だけが数字で表示されても、こうはいきません。

非常に便利で、これさえあれば紙海図は必要ないと思われるかもしれませんが、問題はその海岸線の精度です。

30ページで示したように、海岸線データにはさまざまなものがありますが、一般的にプレジャーボートで用いられているGPSに適した日本沿岸の海岸線データは、紙海図に比べるとかなり粗いものになります(右ページ参照)。

沖合を走る場合はこれら海岸線データでも自艇位置の目安としては役に立ちますが、沿岸部に近づくほど(つまり座礁の危険が高まるほど)、より詳細な地形的データが必要になります。

特に、釣りやヨットレースなど、プレジャーボートの通常の航海では、海岸線に近づく必要に迫られるケースが多くなるため、やはり紙海図によるナビゲーションが必要になるということがお分かりいただけると思います。

実際、こうした海岸線データには、「航海には使用しないでください」などのただし書きがあります。

ナビゲーション機能2 目的地航法

右ページの比較は、あくまで紙海図とプロッター画面に表示される海岸線データとの違いを説明したもので、これらの海岸線データが使いものにならないと指摘しているわけではありません。用途を選べば、プロッター画面に表示される海岸線データも、非常に役に立ちます。ただしそれは海図データではなく、あくまでも海岸線の目安となるデータということです。

航海計画を立てるには、やはり紙海図が必要なのです。

それでは、GPSを用いたナビゲーションで紙海図を使うには、どのようにしたらいいのでしょうか。

GPSのナビゲーション機能にはもう一つ、目的地航法機能が備わっています。

これは、GPSに登録した目的地までの方位と距離を計算し、表示する機能です。筆者はこちらのほうがメインのナビゲーション機能であると考えます。

機種によって異なりますが、GPSにはいくつもの目的地や通過ポイントを登録しておくことができます。これは緯度・経度の座標で表します。

では実際に、練習用海図で、GPSを使うと仮定した航海計画を立てていきましょう。

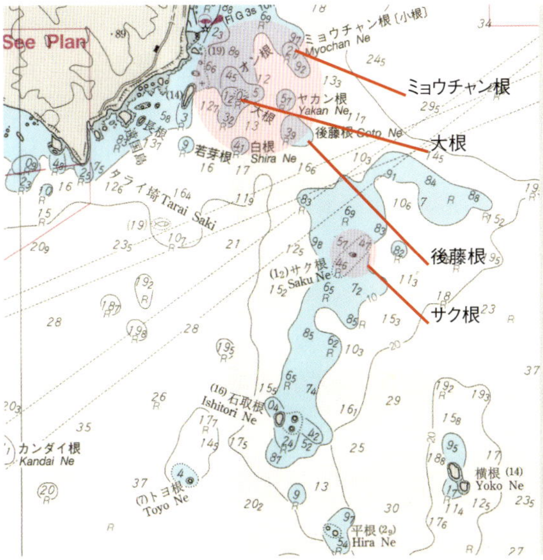

これが正規の紙海図。伊豆半島の南、静岡県・下田付近のものだ。右下の横根、石取根の内側を通る航路で、比較的大きな内航商船もここを通過している。ここを通るヨットレースもあるくらいだが、海図で見ると大根（分かりやすいように丸く囲ってみた）とサク根（こちらも同様に周囲を丸く囲った）との間に水深3.9mの後藤根があり、その奥には、2.1mという、ヨットにとっては極めて危険な水深のミョウチャン根がある。特にヨットレースで岸寄りを攻める場合には、かなりシビレる海域である。

海上保安庁図誌利用 第200034号

こちらは、日本水路協会が出しているPECと呼ばれるPC用航海参考図。正規の航海用電子海図（ENC）と異なり、あくまで参考図であり、等深線こそ表示されているものの、表記はかなりあっさりしている。
上の紙海図とほぼ重なるように縮尺を調整しトリミングした画像で、赤丸も同じ大きさで同じ位置に置いた。
サク根は目立たないし、後藤根の上は通れるのか否か、さらに大根の周辺には「近づかないほうがいい」程度しか分からない。よって、ここから細かな航海計画を練るのは難しい。

（財）日本水路協会承認 第200102号

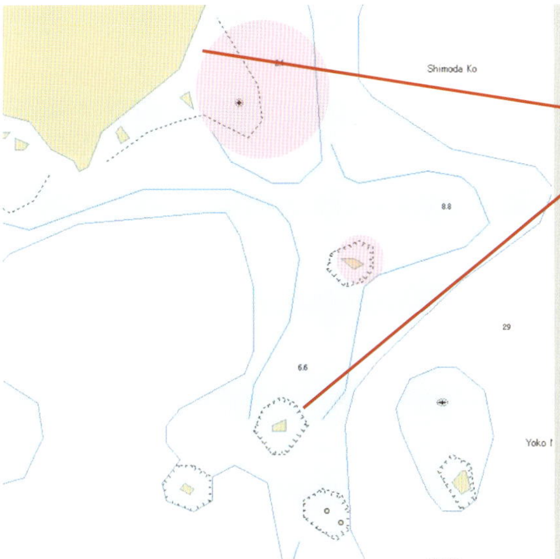

米国で売られている日本沿岸の海岸線データ。等深線ばかりか水深も記されているが、大根周辺はかなり省略されている。
大根の北にある灯台の記載もないし、
石取根は三つの岩から成っているはずなのに、一つしか記載がない。
このデータだけでは、この航路は走れない。というか、ここに航路があることも分からない。実際には、導灯が整備されており、夜間でも通れる海域なのだが。

GPSの海岸線情報は、機種によってさまざまだ。左の例はそのごく一部。さて、あなたの艇に搭載されたGPSの海岸線情報はどうなっているだろうか。おそらく、これよりもさらにあっさりしたものが多いと思う。
紙海図がいかに重要か、お分かりいただけただろうか。

目的地の緯度・経度を調べる

まず、帰りの航海を考えて、ホームポートの入り口の目標となる地点を目的地登録しておきます。

登録のために、その地点の緯度・経度を海図で調べ、書き出しましょう。

緯度から先に、続けて経度を並べて表します。

ここで注意するのは、「XX度XX.X分」と、分の下は秒ではなく、10進数にして小数点以下の数値にすることです。

海の上では1マイルが1分でしたから、分の下の値（＝秒）が60進数になると、その後のさまざまな計算がしづらくなるのです。

そこで、北緯35度15分30秒ではなく、北緯35度15.5分と表します。

ほとんどの海図では、分の下は10進数で目盛りが振られていますから、読みとるのもこのほうが簡単です。

まれに、度・分・秒で表されたガイドやレースの帆走指示書などもありますが、そちらのほうが非主流と考えてください。

ちなみに、「秒」を10進数の「分」に変換するには、「秒数÷60」でOKです。

例　30秒÷60＝0.5分

逆は、「分数×60」で、

0.5分×60＝30秒

となります。単純な算数ですが、これが意外と、揺れる船の上では戸惑うのです。

航海計画を立ててみよう

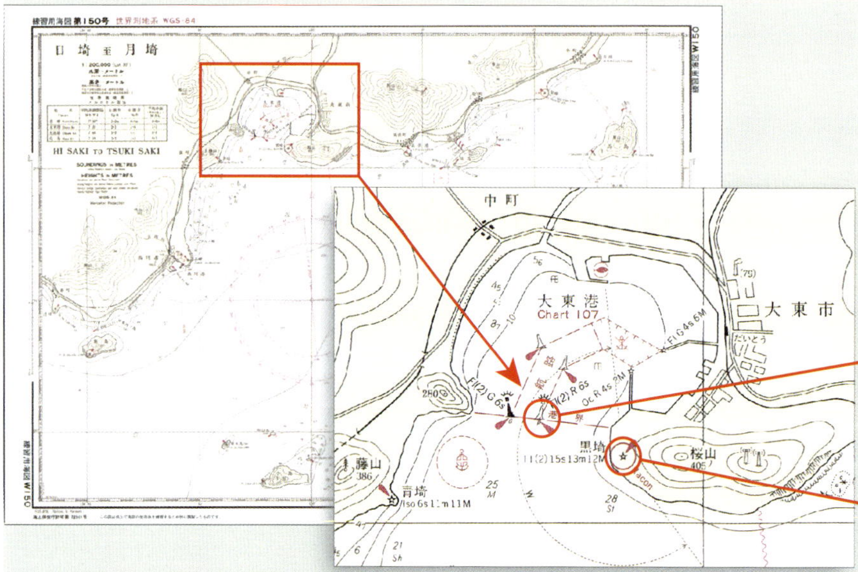

練習用海図の大東港をホームポートとしよう。
帰港時を考えて、まずホームポートへの入港の際に目標となる位置をGPSに入力する。
前項でも説明したが、実際に走ることを考えると、目的地は灯台や灯標など、昼でも夜でも分かりやすい場所がいい。舵を持つ際に走りやすいからだ。
ここでは、航路入り口の右舷灯浮標を目印としてみた。帰りの航海では、この灯浮標を目指して走ってくればいい。

すぐ横に、より光達距離の長い黒埼灯台がある。実際には、航路入り口の灯標より黒埼灯台が先に視認できるので、それを目安にして走ることになるかもしれないが、GPSにWPT（ウェイポイント）として入力するのは、より現実的な（実際にそこを通る）灯浮標にしてみた。

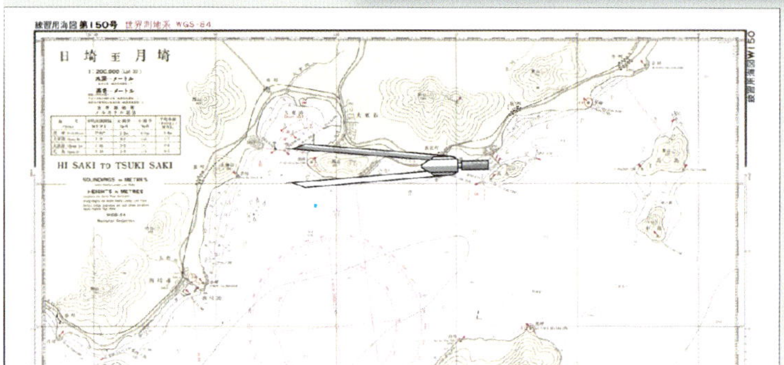

それでは、灯浮標の場所（緯度・経度）を海図から調べてみよう。まず緯度から。ディバイダーを使って近くの緯度線からの距離に開く。正確に直角にと考えるとややこしくなる。だいたいでOK。誤差の範囲と考えよう。

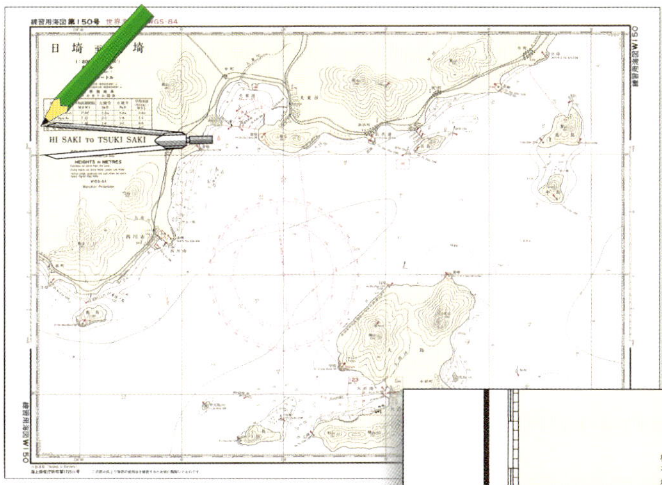

ディバイダーを開いたまま、緯度尺に当てて緯度を読み取る。
緯度を読むときは、コンパスローズを読むときと同様、いったん鉛筆で印を付けてしまうといい。
印を付けてからディバイダーを外し、片隅に置き、落ち着いて目盛りを読む。
ここでは、見やすいように赤で印を付けてみたが、実際には（消すことができるように）鉛筆で書き込むわけだから、当然ながら黒になる。

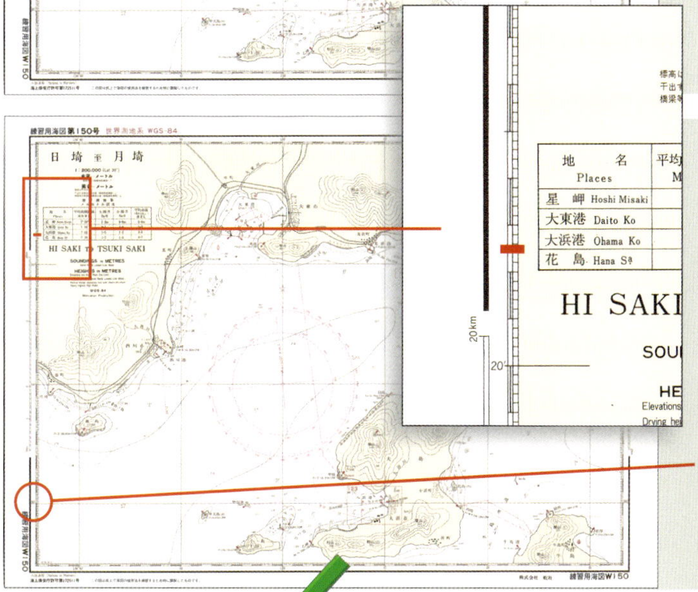

この海図では一番細かな目盛りが0.2分。
で、印を付けたところは、22.4分になる。
この数字を、そのまま近くに書いてしまう。

度の部分はちょっと遠くに記されていることが多い。緯度尺をたどっていくと……ここにあった。北緯30度。分の前に書き足そう。
緯度は北緯30度22.4分。22分40秒ではないことに注意。

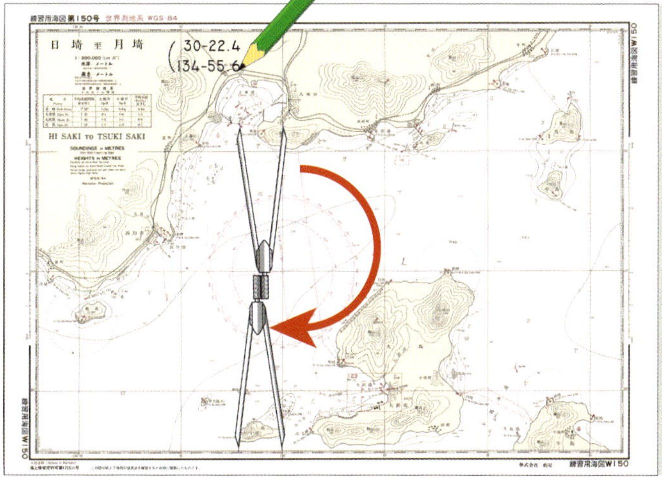

続いて経度を測る。
距離を測るときは、東西方向（横）の距離でも緯度尺（縦）の目盛りを読んだが、経度を調べるときは当然ながら経度尺（横）の目盛りを読む。
イラストではレイアウトの都合上、下縁の目盛りを読んでいるが、べつに上縁でもかまわない。そのときのチャートテーブルの都合（散らかり具合）でご自由に。
日本近海では経度は東経で、左から右に行くに連れて数字が大きくなる。これも、分の値から先に読み、鉛筆で記入する。続けて度の値を確認する。134度55.6分であった。
見やすいように文字を大きくしてみたが、実際にはもっと小さな文字で済むので、スペースは十分にある。

こうして調べた緯度・経度は、そのまま海図に書き込んでしまいます。ちょっと邪道かもしれませんが、このほうが、つまらない間違いが少なくなると思います。また、プレジャーボートの活動範囲は限られていますので、書き込むスペースも十分にあります。

同様の手順で、その他の変針点、目標地点、注意を要する危険個所なども、緯度・経度を調べて書き込んでいきましょう。

また、ここでは灯浮標の位置を海図からディバイダーを使って求めましたが、これらの航路標識の位置に関しては、『灯台表』に正確な緯度・経度が記されています。それを転記するのも可です。そのほうが間違いも少なくなるでしょう。

GPSへの入力

こうして調べた主要地点の緯度・経度をGPSに入力していきます。

ウェイポイント名を付けて航程表にまとめる

GPSには複数の地点を登録することができます。これらをWPT（ウェイポイント）と呼ぶことにしましょう。GPSに登録したWPTの中から必要なものを目的地として呼び出すことで、その目的地までの方位と距離が画面に表示されます。これが、GPSの目的地航法機能です。

各WPTは、名前を付けて管理します。

GPSの機種にもよりますが、各WPTの名称には、数字、アルファベット、カナなどが使えます。

日本の地名は結構長いのでアルファベットで表記すると文字数が多くなってしまいます。カナは使えない機種も多く、また文字種も多いので入力もめんどうです。

筆者は、数字で目的地を管理するようにしています。

ホームポートを「010」にし、次の変針点を「020」。次を「030」としておき、途中の注意すべき地点（暗岩や瀬、定置網など）を「021」「022」とできるように空けておきます。

これで、後から追加したWPTも、だいたいホームポートから近い順に番号が並ぶと思います。

この番号（WPT番号）は、海図にも直接書き込んでしまいます。これで、海図を見ただけでGPSの目的地を切り替えることが可能になります。

地名で管理するとしても、たとえば「UMASIMA」としたWPTは馬島灯台の位置なのか馬島近くの変針点なのかが分かりにくいので、このようにWPT番号で管理し、それを海図に直接書き込んでしまうという方法をとっています。

このあたりは、お使いのGPSの使い勝手によっても変わってくるでしょうから、各自で工夫してみてください。いずれにしても、ここでWPTを上手に管理することが、この後の「紙海図とGPSを使った航海術」のポイントになります。

変針点がいくつもあるような複雑な航海計画の場合は、それらを別の紙に転記します。筆者はワープロを使っています。書き直すのが楽ですから、次の航海のときにも、それをモディファイして使うことができて便利です。

下図のようにワープロを使って一覧表にし、ここに灯質や各航程間の距離、そこから予想される航海時間も書き込んでいくことで、どのあたりで夜になるのか？ 風が弱く船足が伸びない場合はどのくらい進めるのか？ 逆に、良い風が吹けば目的地に何時に着くか？ ……などなど把握しやすくなります。また、各航程の方位を記しておけば、変針点にさしかかる前に次のコースが分かります。

これで、その航海の航程表ができあがります。航程表はプリントアウトし、デッキやチャートテーブル付近に貼り付けておきます。こうしておけば、他のク

航程表の一例

040 英虞湾入り口 スタート	34-16.8N 136-40.1E		（潮汐） 27日	02:51 — 156cm 10:09 — 27cm 17:23 — 163cm 22:36 — 111cm
↓ 135-8.5M				
050 神島	34-11.9N 136-48.3E			
↓ 088 - 125M				
051 天竜河口	34-46.8N 137-38.5E			
052 御前埼Lt	34-35.8N 138-13.5E	Fl W 10s		
053 石廊埼Lt	34-36.2N 138-50.7E	Al Fl WR 16s		
060 利島Lt	34-31.8N 139-16.6E	Fl W6s	28日	02:12 — 136cm 08:49 — 13cm 17:17 — 139cm 22:08 — 103cm
↓ 012 - 17M				
070 伊豆大島Lt	34-45.1N 139-20.9E	Fl G 3s		
↓ 018 - 30M				
071 門脇埼Lt	34-53.4N 139-08.4E	Fl W 10s		
072 初島Lt	35-02.3N 139-10.4E	Al Fl RG 20s		
079 江ノ島Lt	35-18.0N 139-28.7E	Fl W 10s	29日	03:36 — 144cm 11:01 — 10cm 18:08 — 143cm 23:12 — 100cm
080 江の島フィニッシュ	35-16.5N 139-39.1E			

以前、筆者がパールレース（五ヶ所湾〜江の島）で使っていたウェイポイントリスト。左端がWPT番号と地点の説明。続けて、前もって調べた緯度・経度も書き込んでおけば、GPSに入力するのに楽だ。灯台には灯質も書き込み、夜間航海でも簡単に目視確認できるように。また、右端にはそのあたりを通過するであろう時刻の潮汐情報が書き込んである。余白には、航海中にどんどんメモ書きできる。これはあくまでも例なので、必ず自分で作るように。この航程表を作ること、に意味があるのだ

ルーもそれらのデータ（次のコースなど）を簡単に確認できます。ナビゲーター本人は、同じものをもう1枚プリントアウトし、ポケットに入れておきます。

レースでもクルージングでも便利に使えますので、試してみてください。ちょっとした間違いを排除する意味でも、価値のある作業です。

目的地を登録する

航程表ができたら、いよいよGPSに目的地を登録していきます。

この作業は航程表ができた後で、それを基に一気に入力したほうが、間違いが少ないように思います。表を作るまでの作業は自宅でじっくりと行い、マリーナの艇内で出航前にササッ（↗）と入力できます。あるいは、出航後にでも入力は可能です。

入力途中で操作を誤ってWPTを消去してしまっても、慌てる必要はありません。この航程表を作るまでが大変な作業なのです。船の上で行う作業は最小限になるように……これもミスを減らすコツの一つです。

GPSへの入力の仕方は機種によってまちまちです。また、ズラリと登録されたWPTの中から目的地を選び、目的地航法に移る手順も、機種によって違ってきます。

こうした入力方法などは、それぞれの機種のマニュアルを参照してください。メーカーによって使い方は違うとはいえ、最近の機種であれば、それほど戸惑うことはないはずです。（↗）

ここでは「GPSの目的地航法機能を使って紙海図をベースにしたナビゲーションを行う」、そのためには、「航程表（航海計画書ともいえます）を作成し、GPSに各WPTを入力する」ということを忘れないでください。

紙海図とGPSの融合

海図には、下図のように主な目的地から10度ごとに放射状に方位線を入れておくと便利です。中央付近の線には距離の目盛りも入れましょう。

これで、GPSに表示される目的地までの方位と距離から、この線と見比べることによって、プロッターがなくても簡単に現在の船位を海図上で把握できるようになります。

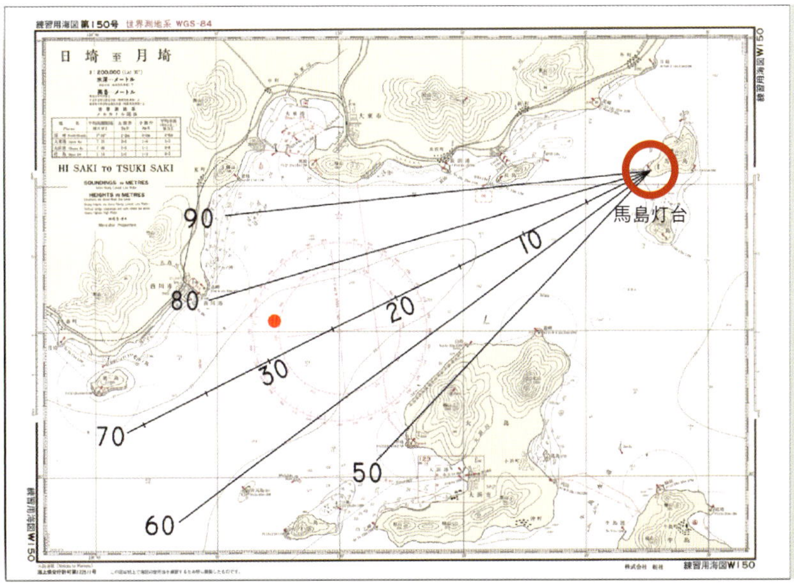

方位線の利用

事前に目的地（例では練習用海図の馬島灯台）を起点とした方位線を書き込んでみよう。
線の左端の数字が磁針方位だ。GPSの目的地に馬島灯台をセット。GPSに表示される目的地方位が70度と出れば、自艇は真ん中の線の上にいることになる。
線には距離の目盛りも入れておく。「目的地方位75度、距離28マイル」と出れば、自艇の位置はだいたい赤丸のあたりにある、ということが目で追うだけですぐに分かる。プロッターいらずで、詳細なデータが記載された紙海図とGPSを使った航法がここから始まる。

海図にいろいろ書き込んでしまうことに引っかかる方もいらっしゃるかと思いますが、これも一つの方法です。筆者はどんどん書き込んでしまうことにしています。そして、デッキに海図を持ち出して使っています。

日本の海岸線は護岸工事などで変化が激しく、なるべく新しい海図を使わないと思わぬ防波堤にでくわしたりします。3年程度で買い替えたいものです。逆に、海図にどんどん書き込みをしてデッキに持ち出すという筆者のような乱暴な使い方をしても、3年は十分に使えます。どんどん書き込みをして、ボロボロになったら買い直す……。プレジャーボートの航海範囲はある程度限られていますので、3年ごとの出費も決して大きなものではないはずです。

GPSと紙海図を用いた新しい航海術として、この「じゃんじゃん書き込む方法」も試してみてください。

さて、準備は完了です。次項は、いよいよ出航。海上での作業に入ります。GPSの目的地航法の使い方をさらに詳しく、また推測航法や地文航法も詳しく解説していきます。

第 5 章
航海の実際

推測航法

海の上には道路はありません。ひとたび沖に出れば、周りはすべて海。
その中で「今、自艇はどこにいるのか」を判断するのが、ナビゲーションの基本です。
自艇の現在位置を判断するには、いろいろな方法があります。
なかでも、針路と移動距離から自艇の位置を推測するのが、推測航法です。
これが、ナビゲーションの基本中の基本となります。

針路――ヘディング

ここでいう針路とは、船首が向いている方位のことです。

方位については、16ページで詳しく述べました。北を0度(360度)として、時計回りに数えます。東が90度、南は180度です。

針路(船首方位)は、ステアリングコンパス(操舵コンパス)で確かめることができます。ステアリングコンパスは船に取り付けられており、コンパス内のラバーズラインを読めば、船首の向いている方位が分かるようになっています。つまり、ステアリングコンパスは正しく取り付けられていなければならないわけです。

プレジャーボートの場合は、ほとんどがマグネット(磁気)コンパスを用いますから、針路も、真方位ではなく磁針方位を用います。

真方位と磁針方位の差を偏差と呼ぶこと、またコンパス自体の誤差である自差についても19ページで解説しました。ここでは、自差はないものとして話を進めていきます。

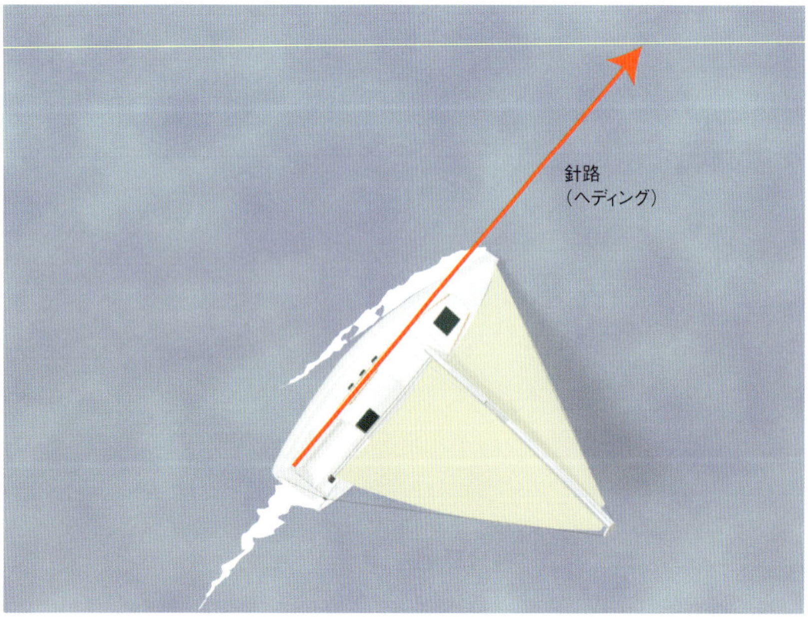

船首が向いている方向である「針路」は、コンパスの針が指している方向。実際に進む方向である「進路」と紛らわしいので、以後、針路は「ヘディング」と記す

針路と進路

さて、注意しなければならないのは、船は必ずしも船首方位通りには進んでいないということです。潮に流されたり、風の影響を受けたりして、横滑りしながら進んでいることも多いのです。

しかし、流されていたとしても、周りに目印となる物標がない海上では、「どのくらい流されているのか」は分かりません。道路なら、道を少しそれただけでガードレールにぶつかりそうになるのですが、道路がない海上では道をそれていることに気がつかないまま、どんどん船は進んでしまうのです。

潮流は、ナビゲーションを難しくしている大きな要素です。

潮に流されながらも実際に船が動いている向き(方向)を「進路」と呼び、船首方位の「針路」と呼び分けています。

針路の「針」はコンパス(羅針盤)の

ヘディングは、コンパスで読む。写真はバルクヘッドマウントタイプのステアリングコンパス。中央の黄色いピン（ラバーズライン）の数字を読めば、船首方位が分かる。実際にはゆらゆら揺れる。揺れの中心あたりを読むことになる

針が指す方向という意味ですが、進路と針路、どちらも同じ「しんろ」という読みなのでちょっと分かりにくいですね。ここでは、今後は針路を「ヘディング」と表記することにします。船首が向いている方向という意味です。

一方、実際に進んでいる方向である「進路」は「対地進路」とも呼び、GPSの機種によっても呼び方が異なるようです。海外製のGPSではCOG（コグ：Course Over the Ground）となっている機種が多いと思います。後に述べる対地速力のSOG（ソグ：Speed Over the Ground）と合わせて、「コグ、ソグ」という言い方もします。

ヨットのヘディング

さて、大型船や漁船、モーターボートなら、ヘディングを一定に保って走り続けるのも、それほど難しくないかもしれません。今では高性能のオートパイロットもあります。

しかし、風に合わせて走っていたり、波の影響を受けやすいヨットの場合、ヘディングそのものが一定しないことが多いかと思います。

それでも、舵を持っているヘルムスマンなら「過去1時間のヘディングの平均」が、なんとなく頭に描けるのではないでしょうか。あるいは、大きく風が振れてヘディングが変わったら、必ずメモをするなりしてチェックしておく必要もあります。

ヨットにおける推測航法では、過去1時間の大まかなヘディングの平均値を知ることが重要になります。

針路と進路

周りに目標物のない海上では、船が進んでいる方向が分かりにくい。推測航法では船首の向き（ヘディング）を目安にするわけだが、はたしてヘディング通りに船は進んでいるのだろうか？ 風と潮流の影響は思いのほか大きい場合がある

本書では船首方位をヘディング（針路）と呼び、実際に船が進んでいる方位を進路（対地進路：COG、Course Over the Ground）と呼び分ける

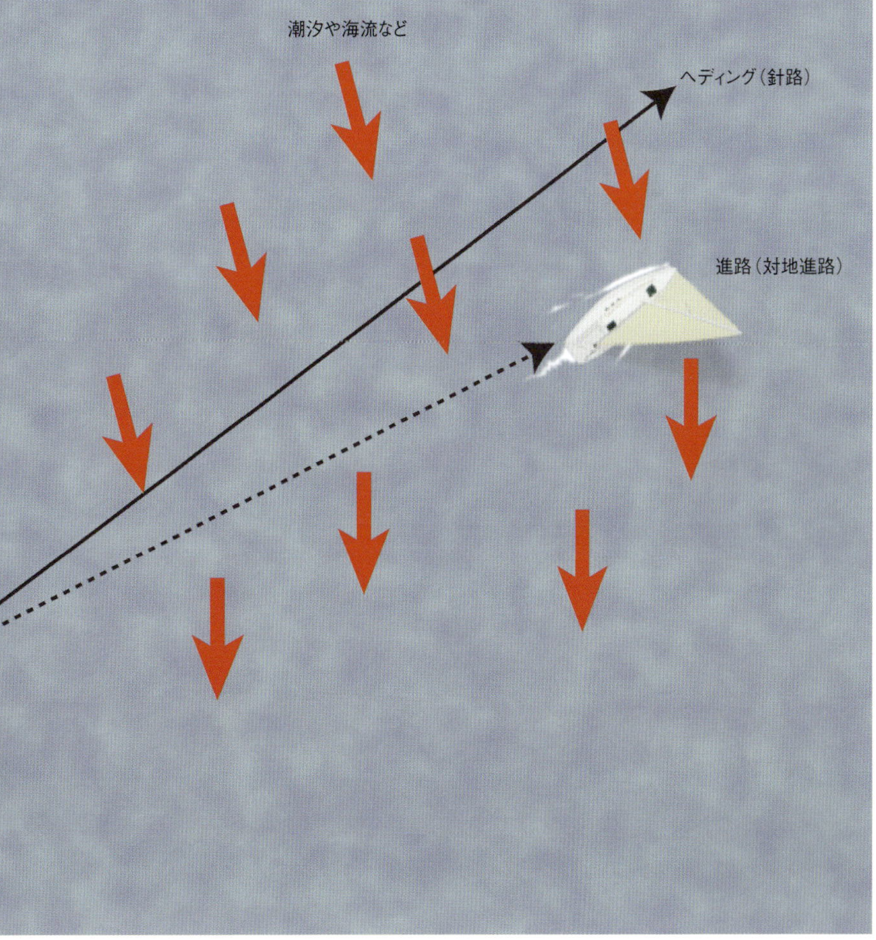

航程

ある一定の期間に船が航走した距離を航程と呼びます。1日の航程はデイラン(day's run)と呼び、通常は正午から正午までの間に走った距離になります。天測が主な位置測定方法であった時代に、正中時(太陽が最も高くなる時)に船位を求めたことから、「正午から正午まで」というのが基準になったものと思われますが、天測を行わなくなった現在でも、長距離航海では正午のポジションをその日の船位とするのが一般的です。

ログ

船が一定の時間に走った距離を測るのに、ログ(log)が使われます。ログは、船の航走距離を測定する計器のことで、測程《そくてい》儀《ぎ》、航程儀とも呼ばれていました。

1ノットは、1時間に1マイル(海里)走る速度です。

1マイルは、1.852km(1,852m)

1時間は、60分×60秒=3,600秒

ということで、

1ノット=1,852m/3,600秒≒0.5m/秒

つまり、秒速1mは、約2ノットということになります。

ということは、全長9mのヨットの船首から小さな木片を海に投げ込み、船尾を通過するまでに3秒かかったとすると、

9m÷3秒=秒速3m

ですから、約6ノットで走っているということが分かります。

なんとも原始的な方法ですが、実際、昔はダッチマンズ・ログ(Dutchman's log)と呼ばれた、この方法によって船の速度を測っていました。「ログ:log(木片)」はその頃の名残です。

いちいち木片を投げていたのではなくなってしまうので、長いロープの先に木片を付けて海に流し、一定の時間内にロープがどのくらい出て行くかで速力を求めたものがハンドログと呼ばれ、この時、ロープに結び目(knot)を付け、ロープが繰り出される長さの目安にしたところから、船の速力の単位としてノット(knot)が使われているのです。

近代になり、ログは小さな羽根車を使うようになりました。水中に入れた羽根車は船の進行とともに水流でグルグル回り、ワイヤでその回転を伝え、回転数から航走距離を記録していきます。といっても、これもかなり古い機械です。

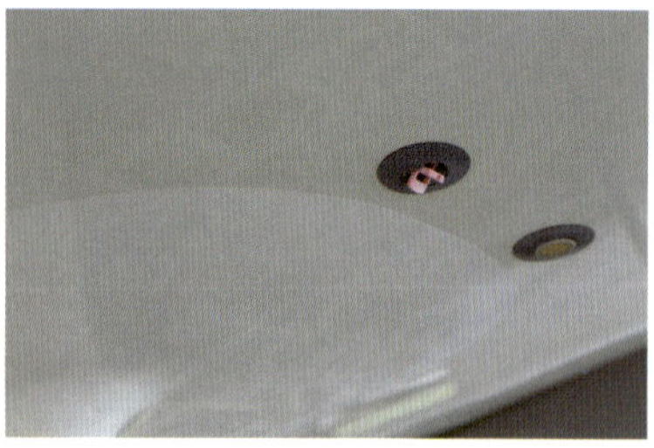

船底から突き出た赤い水車がインペラ。船内側に引き抜くこともできる

現在のプレジャーボートでは、インペラと呼ばれる小さな水車を船底からわずかに飛び出させ、この回転を電気的に伝えて航走距離、ならびに速力を表示するのが一般的です。距離計というよりもスピードメーターとして使われることが多いといってもいいでしょう。

航海日誌(ログブック)

推測航法がメインとなる大昔の航海術では、ログの値(航走距離)は非常に重要なデータで、これをしっかりと記録し続ける必要がありました。そこから、ログの記録を書きつづる航海日誌のことをログブック、あるいはログと呼ぶようになりました。「ログを付ける」といえば、ログブック(航海日誌)に必要事項を書き込むことを

船速測定の原理

走る船上から前方に木片を投げ込む

船の全長と木片の通過時間から、船速が分かる。

[移動時間から船速を求める公式]
速力(ノット)≒2×船の全長(m)÷所要時間(秒)

木片が船首に来てから計測開始

船の全長が35ft(約11メートル)とすると、木片が3.5秒で舷側を通過した場合、
2×11÷3.5=6.29
このときの艇速は6.29ノットとなる。

木片が船尾を通過するまでの時間を計る

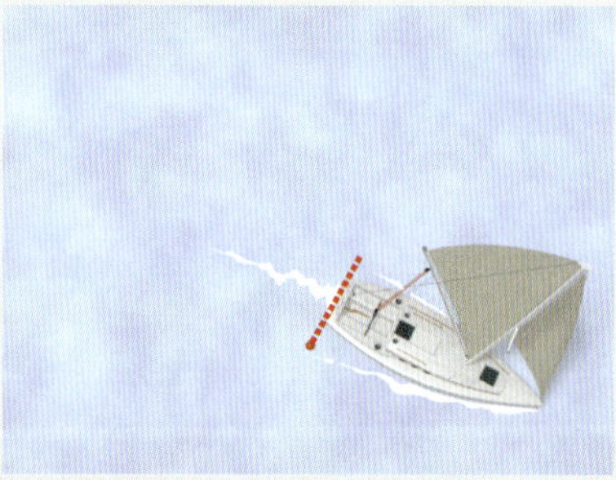

船の全長は変わらないのだから、自艇に合わせた表を作っておけば、木片の通過時間を計るだけで艇速が分かる。
実際にはいちいち木片を海に投げ込んでいるわけにはいかないので、刺し網やタコ壺の目印の浮きの横を通過するときに計ればいい。

指します。

ログブックには、ログのほかに、ヘディングも書き込みます。そのほか、風向、風速、雲の量と天候、エンジン回転数、燃料残量なども書き込んでいきます。

普通のノートに書き込んでいってもいいのですが、プレジャーボート用に考えられた市販品もあります。

プレジャーボートでも、長距離航海か沿岸航海かで、必要となる記入項目は違ってくると思います。そこで、筆者は自分で工夫したフォーマットをパソコンで作り、プリントアウトして、A5サイズのシステム手帳に綴じて使っています。

大型船が使う正式なログブックは、法的な航海記録となるため、改ざんを防ぐという意味から製本されていますが、私用に使う分には、いくらでも紙を足すことができ、ペンホルダーやしおりの機能なども持つシステム手帳が便利です。

航海日誌以外にも、必要な連絡先(クルーの緊急連絡先、地域の海上保安庁、港ごとのガソリンスタンド、宿、食事処などの電話番号)を住所録として入れておくのもいいでしょう。カレンダーそのものも結構便利ですし、潮汐表を挟んでおくのもいいでしょう。オイル交換などの整備記録も付けておくと役立ちます。

自分自身のクルージングの思い出としても、ログブックは付けていてよかったと思うでしょう。

ログの調整

最新のプレジャーボートのログでも、原理は「パドルホイールの回転数から距離を計算する」という原始的なものです。となると、パドル回転軸の抵抗などで、精度が狂ってくることが考えられます。そこで、定期的に調整する必要が生じます。これをキャリブレーションと呼んでいます。

調整方法も単純で、あらかじめ距離が分かっている2点間を何往復かして、ログの平均を出し、実際の距離と比べるという方法です。単純ではありますが、面倒な作業です。また、正しい距離が分かっていて、その間を直線で走りやすい海面というのがなかなかないのも現状です。

しかし、実際にこの作業を行ってみると、計器の誤差が結構あることに驚かされると思います。

特に、最近のレース艇では、ログの値を基に、艇上で感じる風向や風速から、実際に吹いている風速、風向を計算するというインテリジェントな機器が搭載されており、そこで正確なデータを得るためにはキャリブレーションは非常に重要な作業になっています。

パドル部分は、常に水中にあると牡蠣《かき》が付いたりして回転が悪くなるどころか、まったく回らなくなってしまうことすらあります。

船内側から引き抜いて、ダミーのプラグに挿し替えられるので、海上係留艇は、乗らないときはインペラを抜いておくといいでしょう。

また、上下架時にはクレーンのベルトがパドルに当たって破損してしまうことも考えられます。やはり抜いてダミーのプラグを挿しておきます。

対地速力と対水速力

ログは、海水によってパドルホイールが回ることで計算されます。したがって、ここから得られた速力は「対水速力」となります。

船の速力も、進路同様、潮流などの影響を受けますから、実際に船が進んでいる速力(対地速力)とは異なる場合が多くなります。

対地速力を知るのはなかなか大変だったのですが、GPS時代の今では、GPSが非常に正確な対地速力を常に表示し続けてくれるようになっています。

クルージング艇では、GPSがあればログは要らないとして、搭載していないケースも珍しくはなくなっています。

さて、通常「船速(艇速)」というと、ログが示す速力、すなわち対水速力を指すのが一般的です。

対して対地速力は、GPSによってさまざまな呼び方がされているようです。単に「船速」としている機種もあるようですが、スピードメーターの値と区別するため、海外の機種ではSOG(ソグ:Speed Over the Ground)と表示されるのが一般的です。

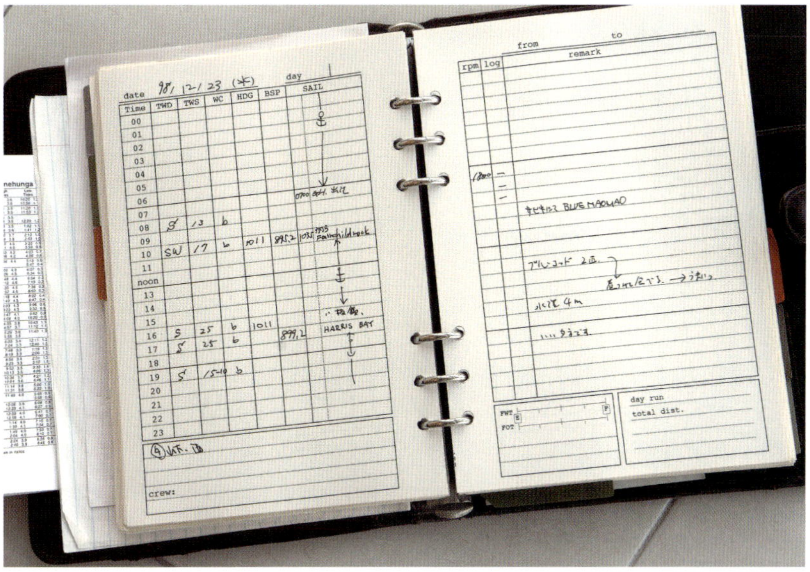

A5判システム手帳を利用したログブック。ログ記載ページは各自自由にレイアウトし、そのほかにも潮汐表や整備記録、住所録など、さまざまな情報を綴じ込んでおけるので便利

推測位置(DR)

さて、こうして得たヘディングとログから、現在位置を推測するのが推測航法です。実際には潮や風の影響を受(↗)け、ヘディング通りの方向に進んでいるのか否か分からないし、ログの値通りの距離を走っているかも分かりませんが、とりあえずこの二つのデータを信じ、おおよその位置を計算するわけです。(↗)推測航法自体をデッドレコニング(dead reckoning)と呼び、そこから得られた推測位置をデッドレコニング・ポジション、あるいは縮めてデッドレコ(DR)と呼びます。

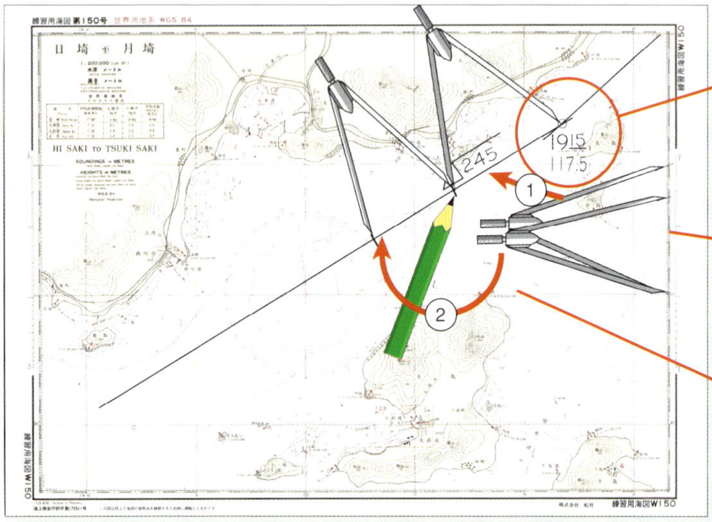

19時15分。星埼灯台を正横に見て、陸測にてポジションをフィクス。この時点でのログは117.5マイルを示していた。これを海図上に書き込み、記録しておく。
ここから、ヘディング245度に変更し、この海峡を渡る。

22時00分の時点で、ログの値は135.0マイルであった。ということは、19時15分から17.5マイル走ったことになる。
19時15分のポジションから17.5マイル分だけディバイダーを合わせて航程線上にあてる。

ディバイダーの足が一度に開かなければ、10マイル+7.5マイルと2回に分けて測る。もっと長くなれば、10マイル+10マイル+端数……という測り方をする。

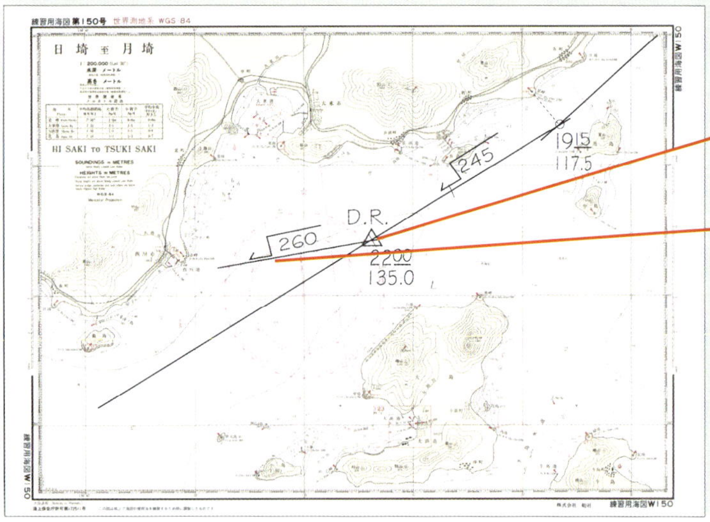

ここが22時の推測位置(デッドレコ)になる。あくまでも推測の位置なので、それが分かるように、三角印にDRの文字を付けて表す。

ここで風が振れ、ヘディング245度を維持できなくなった。260度で走るのが限界……。となると、22時の推測位置から260度というと……、ちょうど西川港にぶつかるコースになることが分かる。
このあたりでは陸地はまったく見えなくなっているだろうが、これで大まかな位置と、そのまま進むと、どこへ行き着くのかが判断できる。

ひょっとしたら、ログが付いていないプレジャーボートもあるかもしれません。その場合は、「平均速力は6ノットくらいかな」という感じで、1時間30分走ったから……、

6ノット×1.5時間=9マイル

と推測し、海図に推測位置を記入することもあるでしょう。普段からきちんと自艇の位置を把握しながら走っていれば、速力のだいたいの目安はつくものです。

「なあんだ、いい加減だな」と思われるかもしれませんが、この推測位置を海図に入れてあったかなかったかで、この後、大きな違いがあるかもしれないのです。

計算で求める

推測位置は上記のように作図して求めますが、計算でも求めることができます。

まずは簡単な三角関数から、

ログの値×コサイン針路=南北の移動距離

ログの値×サイン針路=東西の移動距離

——が出ます。

南北の移動距離とは、緯度差のことになりますから、起点の緯度に加減

することで、推測位置の緯度が計算できることになります。

と、ここで、10ページの「地球のカタチと地図の基本」を思い出してください。緯度は平行に走っているので話は早いのですが、地球は丸いので、経線は高緯度にいくにつれてその間隔が狭まっていきます。つまり、単純な平面上の話ではないのでヤヤコシ（↗）イことになります。

GPSのナビゲーション機能では、この計算をやってくれるということですね。

一応、より簡単に計算できるように、『天測計算表』にはトラバース表などが載っていますが、我々の行う沿岸航海では、海図上で作図したほうが、ずっと楽に、十分な精度で推測位置を割り出すことができるのです。（↗）

推定位置（EP）

潮の影響はかなり受けるものです。

あらかじめ、潮のデータがある程度分かっているなら、推測位置に潮の影響を加味して位置を出すこともできます。これを先の推測位置（デットレコ：DR）に対し、推定位置（EP：Estimated Position）として区別します。

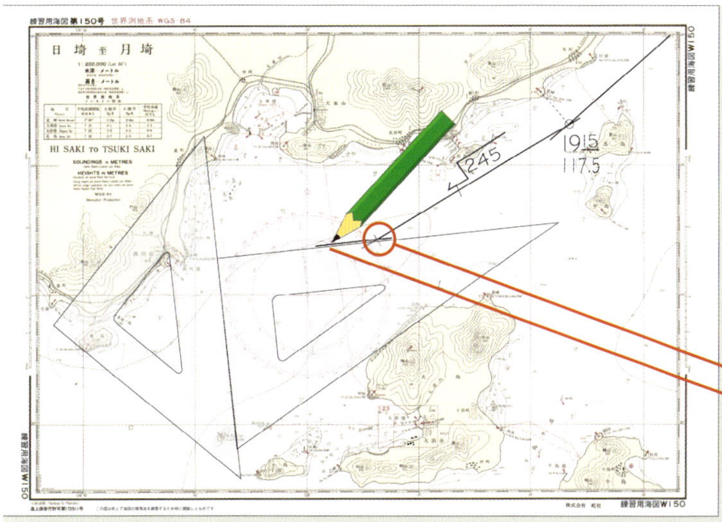

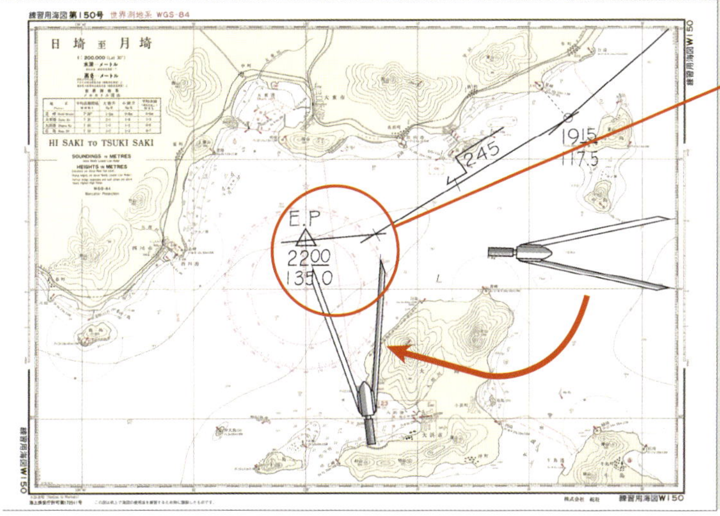

この海域では、西に向かって約2ノットの潮が流れているという情報を持っているとする。

西（約270度と仮定）に、1時間で2マイル流されるはずなので、19時15分から22時までの2時間45分なら……
45分は、45÷60＝0.75（時間）なので、2時間45分は2.75時間。
2（マイル）×2.75（時間）＝5.5（マイル）
5.5マイルも西へ流されていることになる。

まずは、前ページの手順で推測位置を求め、ここから流向270度に線を入れる。流向は風向と異なり、流れていく方向になるので注意。

推測位置から270度の線上で5.5マイルとる。
……と、推定位置はここと出た。
推測位置との違いをハッキリさせるため、「EP」の文字を記入しておく。

ヘディング245度で走っていても、潮を考慮すると実際にはこの位置にいるはずだ。

逆に、西流2ノットの中で本来のコースに乗るためには何度で走るべきか、という作図をすることもできる。

実際には、潮の流れは極めて複雑です。走り始めと終わりとでは、潮の流れが変わっているかもしれません。となると、最初から潮の流れを加味した推定位置を出すのは、なかなか困難な作業であり、またその精度も推測位置とどのくらい違うのか、疑問も生じるでしょう。

ただし、潮の流れが速い狭水道などを走る場合には、『潮汐潮流表』から、精度の高い潮流データが得られるはずです。そこでは、こうした推定位置も重要になってきます。

潮に乗ればX時間で着くはず——といった具合に航海計画を立てるのは、ここでいう推定位置によるものなのです。

さて、次の地文航法に入る前に、この潮流や潮汐について、もう少し深く考えてみようと思います。

潮流と海流

前項で説明した推測航法を使ってひた走り、いざ陸地が見えてきたら地文航法で船位を確定するわけだが、その前に、沿岸航海での大きな要素となる潮流、海流について改めて詳しく見ておこう。

月の引力――潮汐

「万有引力」という言葉通り、すべての物質には引力という互いに引き合う力が存在します。我々は地球の引力によって地上に立っていられるわけで、海水も地球の引力によって地上にとどまり、低いところに流れが集まって海になっているのです。

地球に引力があるように、月や太陽にも引力があります。月や太陽の引力によって地球上の海水が引っ張られる現象が潮汐です。

引力は質量が大きいほど大きく、距離が離れるほど小さくなります。

太陽は月の3,000万倍近くの質量があるので、その引力もまさに桁違いなのですが、地球からははるか1億5千万kmも離れています。対して、月はわずか38万kmと非常に近くにありますから、その分、潮の満ち引きに対する影響が大きくなります。

そこで、まず月の引力による影響から見ていくことにします。

月は、地球の周りを約30日かけて一周します。一方、地球は24時間周期で自転していますから、月の移動に比べればずっと速く回っていることになります。月が東から出て西に沈むのは、月が地球の周りを回っているからではなく、地球が自転しているからです。太陽が東から出て西に沈むのと同じです。

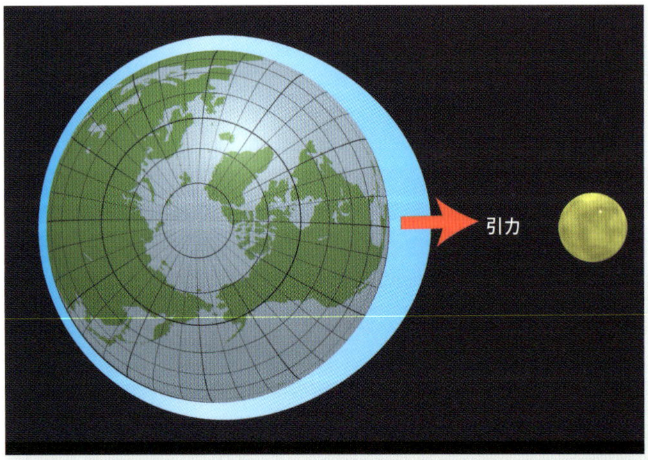

満潮と干潮

地球上の海面は、月の引力によって引っ張られその部分が満潮となる。月の反対側はそちらに海水を持っていかれて干潮になる……、というなら話は早いのだが、そうではない。

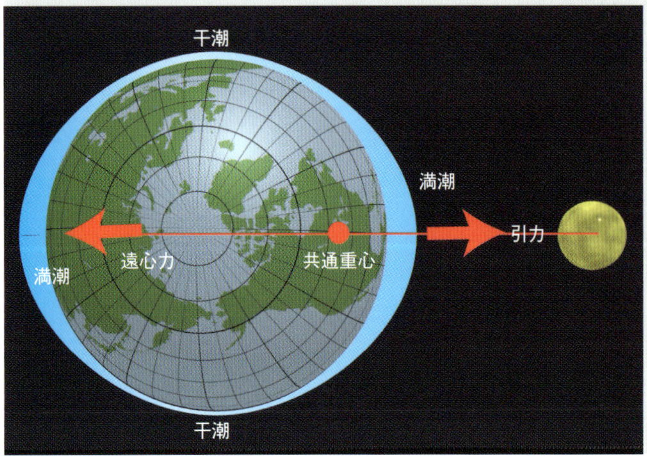

地球は自転軸でどこかに固定されているわけではない。月も地球も、宇宙空間に浮かんだ状態で互いの引力で引き合いながら共に回っている。……となると、その回転軸は図の「共通重心」と呼ばれる地点になる。共通重心は地球と月を結んだ線の上、月の方角にある。したがって、地球と月が共に回っていることによって生じる遠心力は、常に月のある方向と反対向きになる。こうしたことから、図のように、月の反対側の海面も遠心力によって膨らみ、満潮となるわけだ。

さて、左ページの図は、地球を北極側の真上から見たものです。月に面した部分の海水は、月の引力に引っ張られ、引き寄せられます。海面は上昇し、この海域では満潮になります。

反対側の海水も月の引力に引っ張られて干潮になれば話はシンプルなのですが、そうはいきません。

月は地球の周りを回っているわけですが、地球の引力と月の引力が互いに引き合って回っているのですから、「月が地球の周りを回っている」というよりも、月と地球が「お互いに回り合っている」といった方がいいかもしれません。となると、その回転の中心は地球の中心にはなりません。月と地球を結ぶ直線上にある共通重心と呼ばれる地点を中心にして、「互いに」回転運動をしていることになります。

この場合、共通重心は地球の中心よりも月寄りにあるため、ここでの遠心力は常に月と反対側に生じることになります。となると、月がない方の海面は、この遠心力によって月と反対側に引っ張られます。そのため、こちら側でも満潮になるのです。

こうした力を起潮力《きちょうりょく》と呼びます。月による起潮力によって、左ページの図のように月のある方向およびその反対側では満潮に、月とは横の方向の地域では干潮になるのです。

1日2回の干満

さて、この状態のまま地球は自転していますから、満潮の場所は自転と共に西に移動し、24時間後には元の場所にもどります（下図）。

この間、月も地球の周りを回っています。こちらは約30日で地球の周りを一周しますから、地球の自転に比べてずいぶんスピードは遅いのですが、それでも地球が24時間かけて一回転する間に、360度の1/30、約12度ほど移動しています。地球が約12度余計に自転するのにだいたい50分かかるので、月が同じ位置にくるまで24時間50分ほどかかることになるわけです。

そのため、満潮、干潮の時間も毎日約50分ずれていきます。満潮は1日2回ですから、満潮から満潮までは、約25分ずつずれていくことになります。

午前6時に満潮なら、午後6時25分ごろ、再び満潮になるということになります。いちいち潮汐表を見なくても、だいたいの時間は分かるのです。

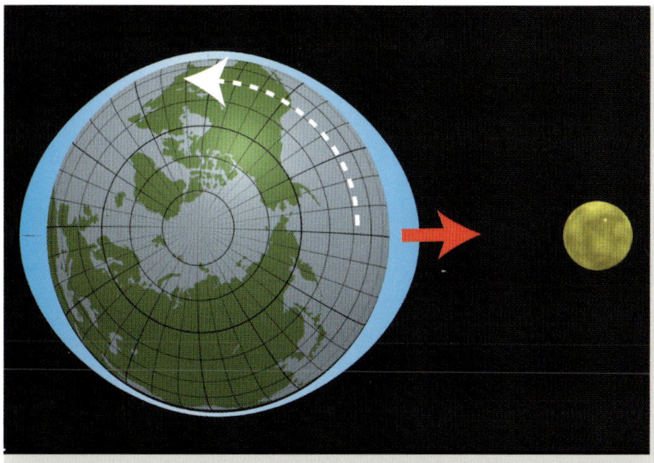

潮の周期

地球は24時間周期で自転している。よって、満潮、干潮の地域も時間と共にずれていく。月が地球の周りを回っているから満潮地域が移動していくのではなく、地球自身が回転していることによって、満潮の地域が移動していることになる。

この図を見ていると、月に引っ張られて満潮状態になった海水を置いてきぼりにして地球が自転していくと言ってもいいのかもしれない。

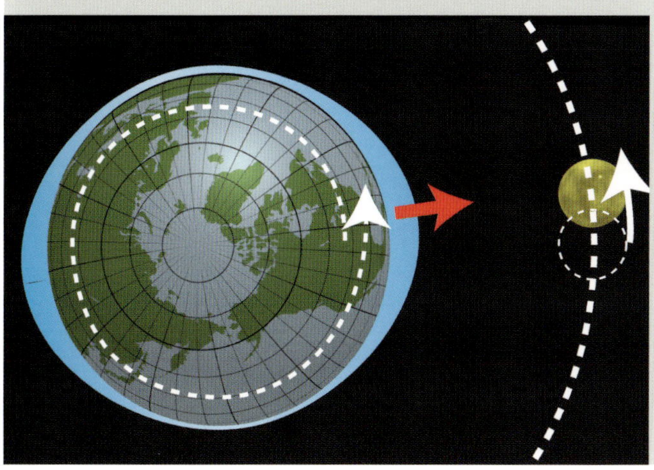

一方、月は地球の周りを回っている。地球の自転に比べるとゆっくりではあるが、24時間かけて地球が自転し、元の場所に戻ってきたころには、元の位置からずれている。角度にして約12度、地球の自転時間にして約50分。つまり、地球から見た月の見える周期は約24時間50分で、翌日の満潮は約50分遅れでやってくることになる。

地球の反対側（月のない側）でも満潮になるから、満潮は日に2回。ということは、満潮から満潮までの間隔は50分の半分、約25分ずつずれていくことになる。
その中間に干潮が来るので、干潮から干潮の周期も約25分ずつずれていく。

月潮間隔

このように、天文学的理屈からすれば、月が最も高く上がっている時に満潮になるはずですが、実際には海水の粘性や地形の影響で、満潮は月の動きとは多少ずれて生じます。このずれを、高潮間隔と呼びます。低潮時も同様で、低潮間隔といい、合わせて月潮間隔と呼びます。

また、1日に2回ある満潮時の潮位は、同じ高さにはなりません。これを日潮不等といいます。干潮時の潮位も同様で、日潮不等が大きいと満潮、干潮が1日1回しかない「1日1回潮」になることもあります。

太陽の引力――大潮

月と同様に、太陽の引力によっても起潮力は生じます。

太陽は月に比べてはるかに大きいので引力も大きいのですが、起潮力は距離の3乗に反比例するといわれ、月よりもずっと距離が離れている太陽による起潮力は、月のそれと比べると半分以下になります。

下図のように、月と太陽が直線上に並んだ時には月の起潮力と太陽の起潮力が同じ方向に働き、合わせた起潮力は最大になります。

この状態で地球は自転します。自転によって干潮の地域に入れば、その付近の潮位はより低くなることになり、1日の中で満潮と干潮の差は最大となります。これを大潮と呼びます。

逆に、太陽と月の位置関係が離れれば、互いの引力で打ち消し合い、潮位の変化が少ない小潮となります。

ここでも、太陽よりも月の起潮力の方が大きいので、月の位置によって満潮の場所(時間)は決まります。

月の満ち欠け

月が明るく見えるのは、太陽の光が反射しているからで、太陽に照らされた部分だけが光って、三日月になったり満月になったりするわけです。……と、このあたりは常識的な話ですが、それでは、具体的に月はどう見え、どう変化していくのか、イラスト(下図)にしてみました。

これは地球からみた太陽と月の位置関係の問題ですから、先に挙げた大潮や小潮といった現象と密接に関係しています。

満月、新月の時には大潮。小潮の時には半月に、と、月をみれば潮具合も判断できるのです。

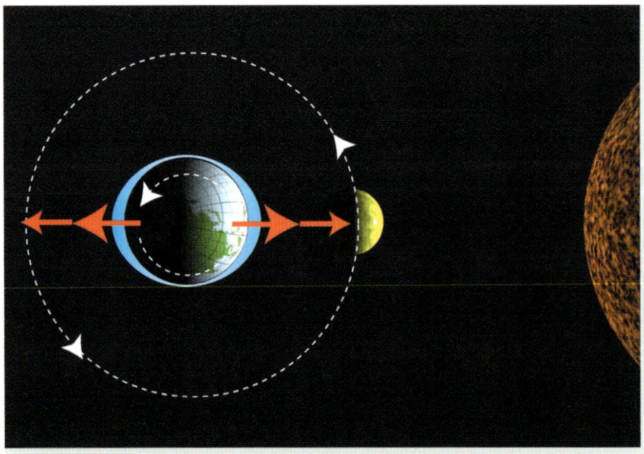

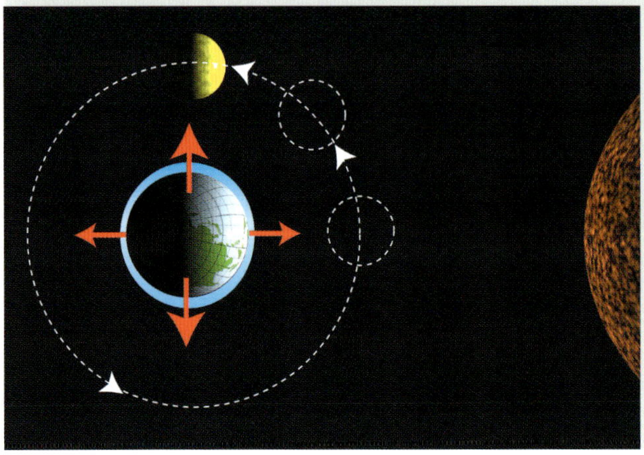

大潮と小潮

左から、地球、月、太陽。それぞれの大きさや距離はきわめていいかげんに描いてあるが、これを正確に描くと図中には収まらなくなってしまうほど太陽は大きく、また地球と太陽の距離は遠く離れている。

この図のように、月と太陽が一直線に並ぶと、月によって引き起こされる満潮に太陽の引力が加わり、満潮の地域ではより海面は高く、干潮の地域(図の地球の上下部分にあたる)では海面は低くなる。これが、干満の差の大きな「大潮」だ。

月は太陽の光を反射して輝いている。よって、この状態では月は見えない新月の状態。というよりも、夜間は天空に月がないと言い換えてもいい。まれに昼間、うっすらと月が見えることもあるが、夕方、陽が暮れると共に月も西の水平線上に沈んでしまう。

やがて月は移動し、夕方、太陽が沈んだ西の空に三日月が見えるようになってくる。北半球では、月の右側が照らされる上舷の月と呼ばれる状態だ。上弦の三日月は地球の自転によって、すぐに西の地平線に沈んでしまう。

さらに月が地球の周りを回り、左図の状態になると、月によって引き起こされる干潮域の海面が太陽の引力に引き寄せられるので潮高はそれほど低くならない。よって、干満の差は小さくなる。これが小潮の状態だ。

太陽が沈むと月は半月の状態で南の空に現れ、夜半には西の地平線に沈んでいく。

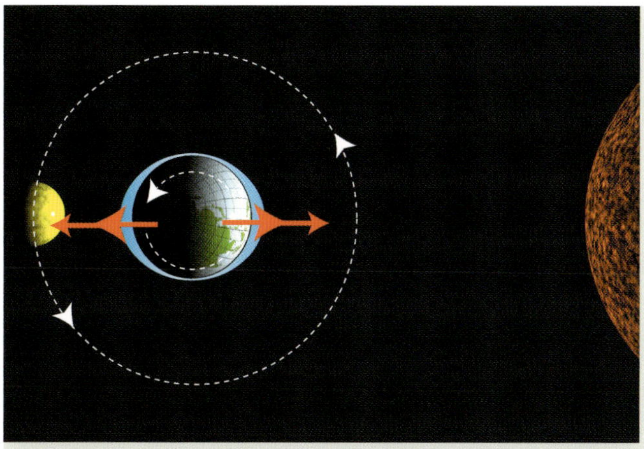

さらに回って月と太陽の間に地球が入れば、月の引力と太陽の引力は再び互いに合わさって、満潮域ではより潮高は高く、干潮域では低い「大潮」となる。

その前の大潮の時とは異なり、この時、月は全面的に太陽に照らされて満月となり、夜の間ずっと地球を照らすことになる。照らすといっても、あくまでも太陽の光が反射しているにすぎないのだが、かなり明るい。

月はさらに移動していき、太陽の影になる右側が欠け始める。半月になると再び干満の差の少ない小潮となる。この間、月の出はしだいに遅くなっていき、西の空に沈む前に夜明けを迎える。

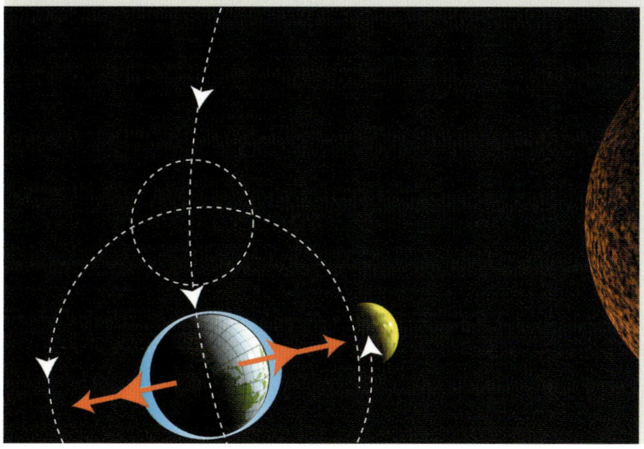

こうして月は地球の周りをぐるっと一巡し、再び新月の大潮の状態に戻る。

月は地球の周りを約27.32日の周期で回っているが、その間に地球も太陽の周りを回るので、月と太陽が重なるためには、その分ちょっと余計に回らなくてはならない。したがって、再び新月になるまでの周期は約29.5日。旧暦では、1カ月が29日の月と30日の月を交互に置くことで月の満ち欠けが1カ月とうまく対応するようにしていたわけだ。
1カ月は新月から始まって、満月までは約15日ということになり、「15夜のお月様」は丸いのだ。

毎月日食が起きる？

満月の大潮を表す上のイラストでは、「月は地球の陰に隠れてしまい、満月にはならないのでは？」と思われる方もいらっしゃるかと思います。

月が地球の陰に隠れてしまうのが、月食の状態です。逆に、太陽が月の陰に隠れてしまうのが日食です。

太陽は月よりもずっと大きいのですが、距離もずっと離れているので、地球から見ると両者は同じくらいの大きさに見えます。

となると、左ページにある新月の大潮の時には、太陽は月に隠れてしまう日食となり、毎月日食と月食が起きそうですが……。

上図を横から見たのが、下図です。

月が地球を回る軌道は、地球が太陽の周りを回る面から5度ほどずれいています。この図では、月と地球の大きさと、お互いの距離をなるべく正確に描いてみました。たった5度でも距離的にはこのように大きくずれるため、日食、月食はめったに起こらず、また起こってもそれが見える地域は限られます。だから、いざ日食というと、大騒ぎになるわけです。

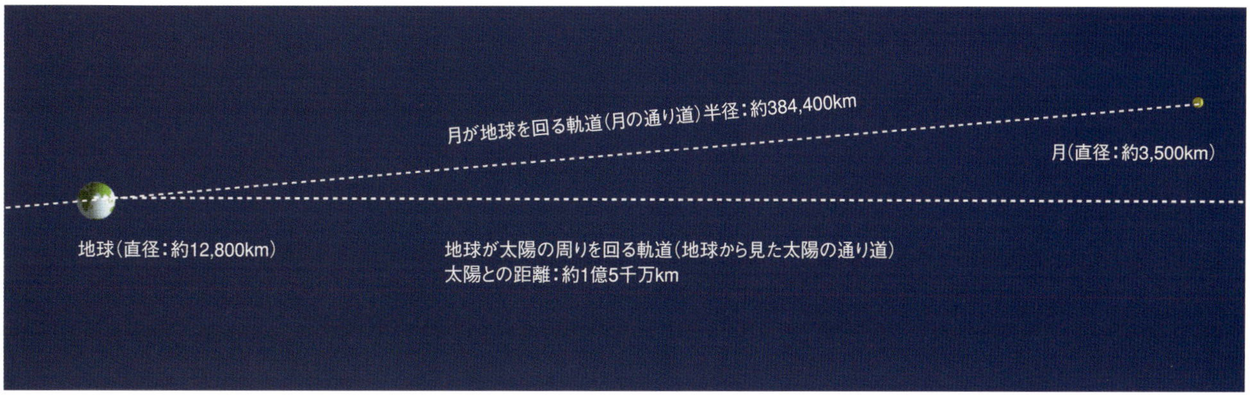
月が地球を回る軌道（月の通り道）半径：約384,400km
月（直径：約3,500km）
地球（直径：約12,800km）
地球が太陽の周りを回る軌道（地球から見た太陽の通り道）
太陽との距離：約1億5千万km

潮流

潮汐は、海面の上下動として目にするわけですが、実際にはその部分の海水が膨張するのではなく、よそにあった海水が流れ込んできて海面が高くなったり、また流れ出して海面が低くなったりしているのです。

とはいっても、前ページの図を見ると、海水が移動するというよりも、月の引力に引き留められている海水を残して地球が回っていくとも考えられますが。

いずれにせよ、この時の海水の流れが潮流です。「潮（しお）」とも言っています。

地形の影響も大きく受け、特に狭い水道を通って大量の海水が流れ出す、あるいは流れ込むような場所ではヨットの速力よりも潮の流れの方が速かったりするので、要注意です。

幸いなことに、日本の沿岸では、そのような要衝にはしっかりとした潮流情報が出ていますから、「潮汐表」（海上保安庁発行）などを参考にしてください。

また、広い海面でも、なんらかの潮の流れはあるもので、しかしこれはかなり複雑な流れをしていることが多く、ナビゲーションをやっかいなものにしています。

海流

潮の満ち干（潮汐）に伴って発生する海水の移動が潮流でした。時間とともに変化し、多くは流向が逆転します。

これに対して、潮の満ち干には関係なく、一年中ほぼ同じ流道を流れているものが海流です。

流向と流速

風は、吹いて来る方角でその流れを表しました。北東風なら北東の方角（45度）から吹いてくる風のことです。

対して、潮の流れは流れていく方向で表します。北東流とは、北東の方角に流れる潮をいいます。

速さは、船のスピードに合わせてノットが使われます。これで、前項で挙げた作図や計算がしやすくなります。

流向と流速は、英語ではSet（セット）とDrift（ドリフト）ともいいます。日本ではあまり使わない言葉ですが、輸入物のGPSではCOG、SOG（対地進路（コグ）、対地船速（ソグ））と共に普通に使われるので覚えておきましょう。

日本近海の主な海流

「貿易風」はよく聞くと思います。赤道付近で熱せられた空気は上昇し気圧が低くなるため、そこへ向かって南北から吹き込む風のことです。地球の自転の影響を受けて風向が変わり、北半球では北東貿易風が、南半球では南東貿易風となります。

貿易風は一年を通して吹き続けます。この風の影響を受けて、表層の海水も西へと流されていきます。これが海流となり、赤道の北側では北赤道海流、南側では南赤道海流という大きな普遍の流れが生まれます。

西へ西へと吹き流された海水はやがて東南アジアの陸地にせき止められるようにして溜まっていきます。太平洋の東端（アメリカ大陸側）と西端（東南アジア側）では、海面の高さは50センチ以上も異なるというデータがあるようです。

吹き寄せられた海水は、南北に逃げるようにして向きを変えます。北上し、日本近海までやってくるのが「黒潮」です。一部は分かれて日本海を北上し、これを「対馬海流」と呼びます。対馬海流は津軽海峡を西から東に渡り太平洋側にも流れ出てきます。

これら南方生まれの海流は、水温が高く、暖流と呼ばれます。低栄養でプランクトンの数が少ないため、透明度が高く、深い紺碧の海の色は黒くさえ感じ、そこから黒潮と名付けられたようです。

一方、日本列島の北からは、水温が

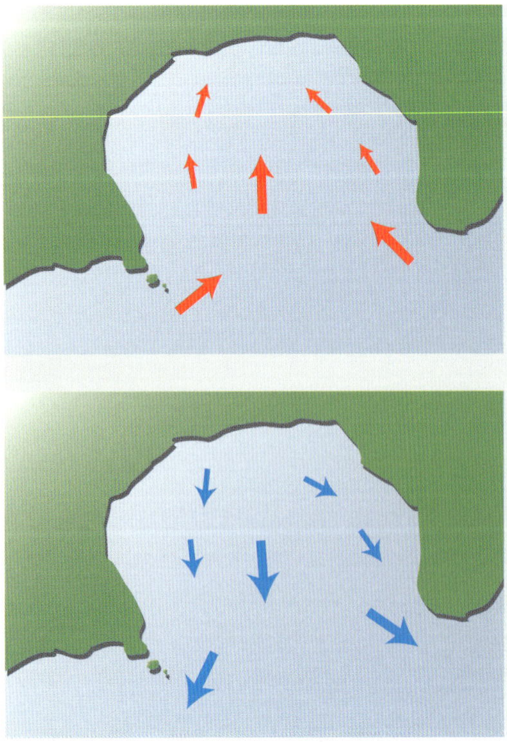

潮の動き

潮汐は単なる海面の上下の動きではない。満潮時には海水が流れ込む上げ潮（赤矢印）となり、干潮時には潮が流れ出す下げ潮（青い矢印）となる。イラストは簡単にモデル化したものだが、実際にはもっと複雑に流れる。時には「海流」の影響も受けることになる。

潮流と海流

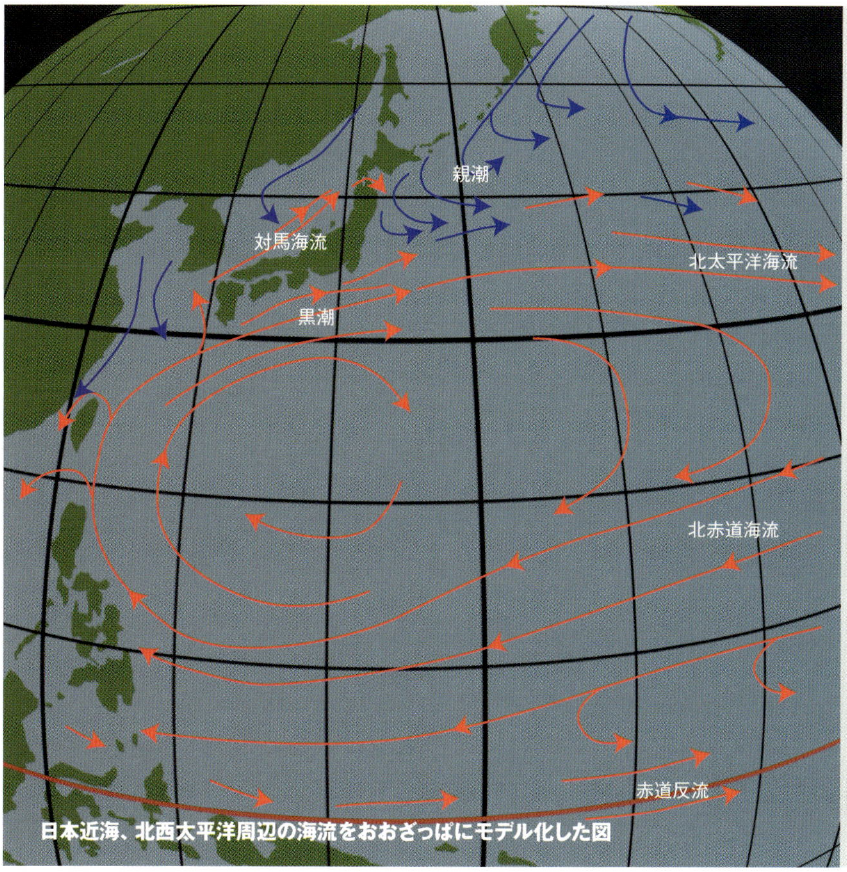

日本近海、北西太平洋周辺の海流をおおざっぱにモデル化した図

貿易風によって海面表層が吹き流され、北赤道海流が生じる。

北赤道海流は太平洋を渡りきると南北に分かれ、南へ折れたものは赤道反流として東進、北上した流れは黒潮となって日本の太平洋岸を進む。

黒潮は、沿岸部に接近したり、大きく蛇行して沿岸との隙間に冷水塊を作ったりと、その流れは「常に一定」ではないが、潮流のように時間的に（規則的に）流れが変化するわけではない。

海流の動向は、船舶の航行ばかりか漁業にも大きく関わるもので、関係機関によって詳しく調査されている。インターネットでも情報を得ることができるので、検索してみていただきたい。

低く、栄養分の高い海水からなる寒流「親潮《おやしお》」が南下してきます。

栄養分の高い親潮が水温の高い黒潮とぶつかると、その下に潜り込むような形になり、生物の活動が活発化し、日本近海に好漁場を作り出しています。

黒潮は、親潮と混ざり合いながら北太平洋（北緯30度〜40度付近）をゆっくりと東進し、やがて南下して元の北赤道海流として貿易風に吹き流されていきます。

こうして、海洋の表層は大きな循環をしています。これが海流です。

先に挙げた、潮汐による潮の流れ「潮流」と、この海流は、互いに複雑に関係し合って潮の流れを形成しており、通常「潮」というと潮流と海流、両方を合わせた海水の流れ（潮の流れ）をいいます。

流向、流速を把握する

強い潮がある場合、海面を目で見てもその存在が分かることがあります。ザワザワと小さな波が沸き立つようにたっています。異なる潮の境目は「潮《しお》目《め》」といい、これもはっきりとその存在が確認できます。

また強風時には、こうした強い潮の影響で、波長の短い高い波が立つこともあります。ひどい時には、もう洗濯機の中に放り込まれたのではないかと思うくらい、小型のボートでは翻弄されてしまいます。

逆に、一見普通の海面に見えても、1ノットを超すような潮が流れていることもあります。

水深の深いところほど潮の流れが速く、水深の浅い部分では流れが遅くなる傾向があるようです。また、流軸から離れたところに逆向きの流れ（反流）を見ることも多く、潮の流れをうまく利用することで、ヨットレースのみならず、クルージングでも効率よく航海できるようになります。効率のよい航路を選んで航海するということは、より安全な航海になるという意味でもあります。

船のヘディングとボートスピード（対水速度）と、GPSで計測された対地進路、対地船速を比べて計算させることによって、簡単に潮の流れ（流向、流速）を導き出すことができる時代になりました。それも途切れることなく、常に潮の状況を表示し続けてくれます。

より正しい値を導き出すためには、スピードメーターやコンパスのエラーをチェックしておくことが重要です。

IT時代のナビゲーターは、メーター類の保守管理が重要な仕事になります。

潮を味方に付けて、効率のよい航海をしましょう。

地文航法

日本国内の航海なら、陸地を見ずに何日も走り続けるようなことはほとんどなく、
一晩も走ればどこか陸地が見えてきます。
この間、推測航法で走り続けても、さほどの誤差はないはずです。
そうして陸地が見えてきたら、それを手がかりに自艇の位置を確定します。

実測位置

これまで、推測位置、推定位置について説明しました。これらは、いずれもヘディング（針路）とログ（航走距離）から推測したポジションになります。

これに対して、何らかの方法で確定された船位を実測位置といいます。

実測位置の中でも、天体の高度などを観測して求める「天測位置」に対し、灯台や山など、地物の方位や距離から求めた位置を「陸測位置」といいます。

陸地が見えているのならば、自艇の位置を確認するのはたやすいことだと思われるでしょうが、それがなかなか……なのです。

まず、今見えている陸地がどこなのか？ これが意外と分かりにくい。灯台なんてどれも似たような形をしていますし、地形もしかり。今見えている岬がどこなのかを特定するのは、そう簡単ではありません。

陸地がどこだか特定できたとしても、そこから自艇の位置を把握するのがまた大変。A港の沖合にいるのは分かっていても、陸から何マイル離れているかは判断しにくいものです。距離感は、昼間と夜とではまったく異なるでしょうし、視界の良し悪しによっても違ってくるでしょう。

「なんとなく」の位置は頭に描けるかもしれませんが、その「なんとなく」が

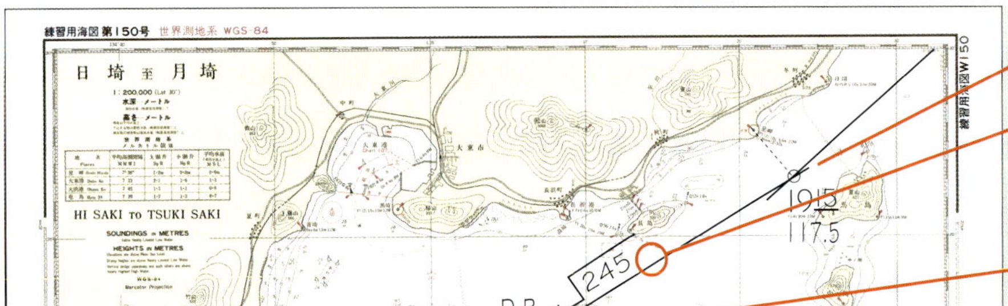

19時15分。星崎沖で変針。

針路245度で走り、20時30分に長島沖を通過。
ここからしばらく陸地が見えなくなる。

22時00分。変針点から針路245度、ログの値17.5マイル、という情報から求めた推測位置がここ。あくまでも推測の位置なので、△印にDR（デッドレコ）の記載をした（78ページ参照）。

さらにヘディング245度で走り続ける。
23時00分の推測位置はここ。

ここで、赤崎灯台を視認。
続けて弁天島灯台も視認できたので、2地点の方位から船位を確定。

○印が、その陸測による実測位置。推測位置とのずれは、ほぼ潮流によるものと思われるが、だいぶ岸よりになってしまったので、ヘディングを230度に修正する。

ここからさらに西へ進む。しだいに陸地から遠ざかるため、再び推測航法に入る。
……と、こうして推測航法、地文航法を併用した沿岸航法は続いていく。

GPSがいつでも正確な船位を知らせてくれる時代になったが、
趣味で走るプレジャーボートの航海では、こうした原始的な沿岸航法も楽しみの一つなのだ。

はたして正しいのでしょうか？ 実際はイメージとかけ離れた場所にいることもあります。勘にたよらず、もっと科学的にというか、確実に自艇の位置を割り出す必要があるのです。

地物をたよりに、陸測によって現在位置を確認しながら走る航法を地文航法と呼んでいます。以下に、その詳細を解説していきます。

陸地が見えない海域では推測航法で走り、陸地が見えてきたら地文航法で船位を確定させるという、推測航法と地文航法を組み合わせることで沿岸航法が完成します。

位置の線

陸測の基本は「位置の線」という概念です。

右上の図をご覧ください。今、自艇は馬島灯台を視認し、それを目標としてヘディング70度で走っているとします。ならば、自艇は「馬島灯台が70度に見える」線上にいることになります。

馬島灯台までの距離は分かりませんが、この線上にいるのは確かです。

この線を「位置の線」と呼びます。

そして右下の図、自艇から松山の頂上と浜崎灯台が重なって見えたとします。ということは、自艇は「松山の頂上と浜崎灯台が重なって見える」線上にいることになります。2地点を見通す線という意味で「見通し線」といいますが、これも位置の線です。

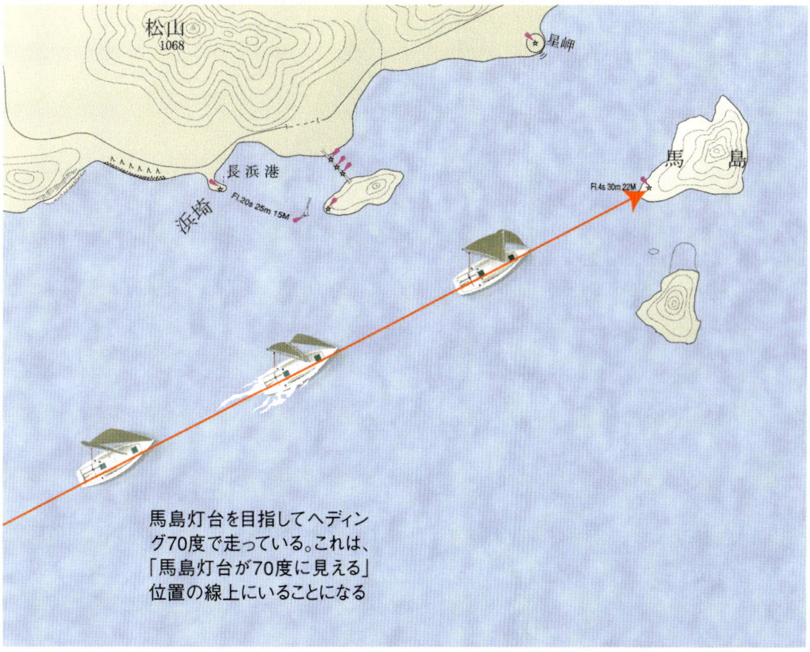

馬島灯台を目指してヘディング70度で走っている。これは、「馬島灯台が70度に見える」位置の線上にいることになる

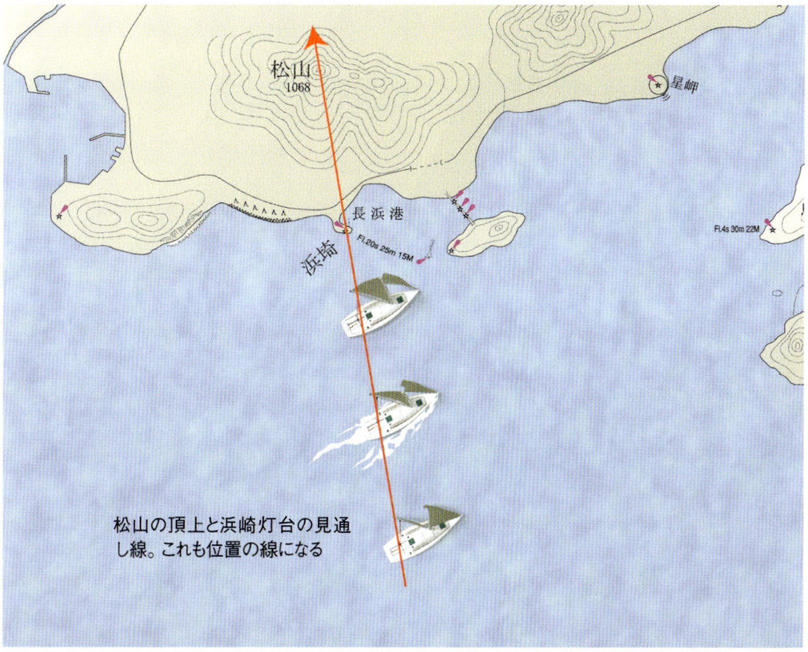

松山の頂上と浜崎灯台の見通し線。これも位置の線になる

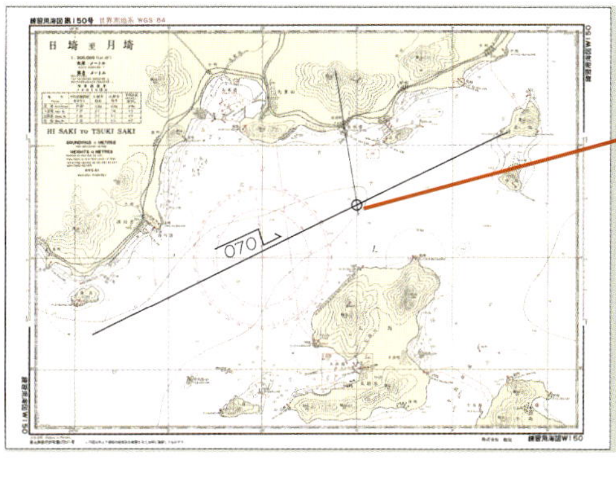

上図の位置の線と、下図の位置の線を重ねて海図上に作図することで、実測位置が出る。

位置の線はその求め方によって精度が異なってくる。精度によって扱いも多少異なってくるが、まずは「位置の線」という概念を頭に入れておこう。

上図の位置の線上にいて、なおかつ下図の位置の線上にいるならば、海図上で作図することによって自艇の船位は左図のように特定できます。

位置の線は、あくまでも「この線の上にいる」というだけの話ですが、まずはここから出発し、2本の位置の線が重なる点を求めれば、点としての船位が求められます。

地形を見分ける

さて、位置の線を求めるにしても、「今見えている灯台はどこの灯台か？」というのが分からなければ話になりません。

視界に入るはずの灯台はB灯台しかない、というなら話は早いのですが、日本の海岸線には航路標識が数多く整備されており、同時にいくつもの灯台、灯標が目に入るでしょう。夜間はそれらの灯質（灯台の灯り方。第2章参照）から、個々の識別が可能なのですが、昼間はそうもいきません。地形というのは意外と見分けにくいもので、どこがどこの岬で、今見えているのは何灯台なのか、判断しにくいことがままあります。

ホームポートであっても、最初のうちは、陸地を振り返ってみても、どこから出てきたのかさえ分からなくなってしまうこともあるでしょう。となると、どこへ帰ったらいいものか……。

まず、陸地の様子をよく観察しましょう。灯台などの航路標識はもちろんのこと、山の高さやビルなどの目標物に注目します。そこから海図と照らし合わせて、周りの状況を推測していきます。

一番高い山があり、その東側に小さい山が二つ見えるはず……とか、海図に記載された等高線からその山肌は急峻であるか否か、あるいは灯台の高さの違いなど、平面に描かれた海図を立体的に捉えてみてください。実際に見えている地形と合致させやすくなります。

その上で、「今見えているはず」の陸地に対応するよう、海図を水平に掲げて見比べてみてください（写真）。今見えている陸地が、海図のどこと対応するのかが判明してきます。山々の重なり具合。C岬はD山の陰に隠れて見えないはず……など、「今見えている陸地はどこなのか？」のヒントは数多く隠されているはずです。

都市部の湾内では、さまざまな地物がゴチャゴチャしており、よけいに見分けがつきにくくなることがあります。夜間でも、実際には見えるはずの航路標識が、その目前に錨泊している船舶のために確認できなかったり、道路交通標識の点滅信号が航路標識に見えてしまったりもします。

ここでは、航路標識よりも、ガスタンクや造船所の門型クレーン、キャバレーのネオンサインなどが目印になったりします。

気が付いたことは、航海日誌にどんどん書き込んでおくといいですね。プレジャーボートの航海では、何年か経って忘れた頃に同じ海域に行き同じ過ちを繰り返す、ということも多いのです。

また、こうしてメモしておいた情報は、仲間と伝え合って共有することも重要になってくるでしょう。

「GPSで一発測位」の昨今ですが、GPSという便利な機械を凍結して、海図と首っ引きで陸地を眺めるという緊張感もまた、趣味の航海としてはいいものです。「陸測を楽しむ」くらいの気持ちで取り組んでみましょう。

海図を透かして陸地と照合させる。盛り上がった岬の先端部が、遠目には島に見えることもある。近づくにつれて陸側に稜線が伸びていき、やがて陸続きに見えるようになり、目指す島はその後ろに見えてきたりする。そんな経験を重ねるうちに、しだいに「陸地を見る目」が養われていく。これも海遊びの楽しみの一つだ

陸測

前ページでは、「ヘディング方向にある目的地」、「見通し線」という二つの位置の線を紹介しましたが、それらはちょっと特殊な例かもしれません。陸測の対象になる地物は、そうそう都合の良い場所にはないからです。

通常は、手持ちのコンパス（ハンドベアリングコンパス）で、個々の地物の方位を測ることによって位置の線を出します。その目標物が××度に見える線上にいる、ということです。

ベアリングコンパスの使い方

船首の方位を測るのは、ステアリングコンパスです。対してベアリングコンパスは、物標までの方位を測るコンパスです（20ページ参照）。大型船の船

橋には、備え付けの大型コンパスもあるようですが、プレジャーボートで使うのは持ち運び式のハンドベアリングコンパスと呼ばれるものです。

何種類か市販されていますが、キャビンから持って出たり入ったり、あるいはそのままデッキ作業をしたりするので、機動性が必要です。小型でポケットに入ったり首から下げたりするタイプが使いやすいでしょう。

水平方向に目標となる地物を替えながら測定するので、ぐるっと動かした後、文字盤がぴたっと止まるものが使いやすいと思います。

後は夜間の照明。蛍光塗料が塗ってあるものが主だと思いますが、これは、あらかじめ懐中電灯で光を当てて蛍光させてから用います。乾電池式のものは予備のバッテリーも忘れずに。

船は絶えず揺れていますから、文字盤も当然揺れます。揺れ幅の中程に見切りをつけて角度を読みとります。

トリガーが付いていて、エイヤと見切りを付けたところでトリガーを引くと文字盤が静止するものもあります。

読みとる作業は慣れです。何度もやって慣れましょう。

左：遠くに見えている白い点は、ビルかタンクか、はたまた灯台か。そんな時には双眼鏡も大いに役に立つ。灯台表には、灯台自体の色も書き込まれており判断材料になる
下：ハンドベアリングコンパスにも、さまざまな種類がある。好みもあるので、いろいろ使ってみるしかない。とにかく、使ってみることから始めよう

位置の線の精度

ベアリングコンパスによる位置の線は、揺れる船の上で、ゆらゆら揺れるコンパスカードを読むわけですから、2地点間の見通し線に比べると精度はどうしても低くなります。

また、走っている船から測るわけですから、横方向にある目標は、船が進むに連れてどんどん角度が変化していきます。逆に、進行方向前方、あるいは後方にある目標の方位は、船が進んでもあまり変化しません。

そこで、進行方向前方、または後方の目標を先に測り、横方向の目標は後回しにします。

また、目標までの距離が長いほど同じ角度がなす距離は長くなってしまいますから、精度は悪くなるといえます。近くの目標ほど精度は高くなりますが、逆に船の移動に伴って方位の変化が大きくなるので、なるべく最後に測るようにしましょう。

それぞれの位置の線の重なる角度も重要です。2本の位置の線の場合、その重なりが90度に近いほど誤差は小さくなります。3本の線なら60度ずつ、あるいは120度ずつに近くなる角度で重なりあう目標を選べば誤差は小さくなります。

それぞれの目標の測りやすさも重要です。夜間なら、なるべく明るい灯台を選ぶようにしましょう。また、暗間の長いものは見失いやすくなり、測定に時間がかかるので、先に測った方がよいでしょう。

蛇足ですが、夜間、灯台の点滅間隔を測る際、暗いデッキでは時計が使いにくいことがあるので、頭の中で秒数をカウントできるようにしておくと便利です。筆者は、「イチニイサン、ニイニッサン、サンニッサン」という語呂でカウントします。これでかなり正確に5秒、10秒と、灯台のともるタイミングを見極めることができます。お試しください。

クロスベアリング

ベアリングコンパスで地物の方位を測ったら、それを海図に落として位置の線を求めます。磁針方位ですから、コンパスローズは内側の磁針方位の目盛りを使います。FRP製のプレジャーボートでは、自差（19ページ参照）は考えなくていいでしょう。

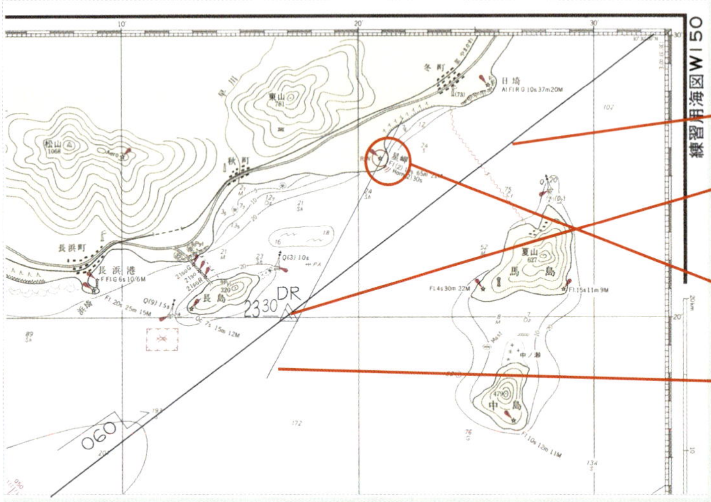

クロスベアリングによる位置の測定方法

自艇はヘディング60度で、星岬と馬島の間の海峡を抜けようとしている。

23時30分の推測位置（DR）はここ。

まず1本目の位置の線を求める。
自艇は走っているので、なるべく方位の変わらない前後方向の目標物から測るのが原則だ。
……ということで、星岬灯台のベアリングを測ったところ、34度だった。

星岬灯台が方位34度に見える位置の線を海図に記入する。
定規の使い方は、58ページを参照していただきたい。

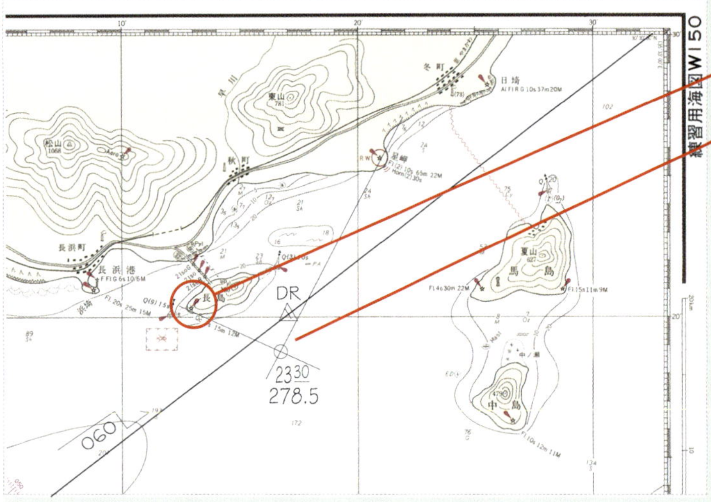

2本目の位置の線は、左舷に見えている長島灯台から測る。方位299度であった。

2本の位置の線が重なったところが実測位置となる。
手順としては、1本目、2本目、あるいは3本目と、すべてのベアリングを測ってからその数字を覚えておいて、一気に海図に作図する。

陸測によって確定された船位なので、○で表し、時間とログの値も書き込んでおこう。
同時刻の推測位置と比べ、1マイルほど沖に、また潮に戻されているようである、ということが分かる。
このままヘディング60度で走ると、馬島北方の瀬に近寄りすぎる危険があるので針路変更して……などと次の手を考えていこう。

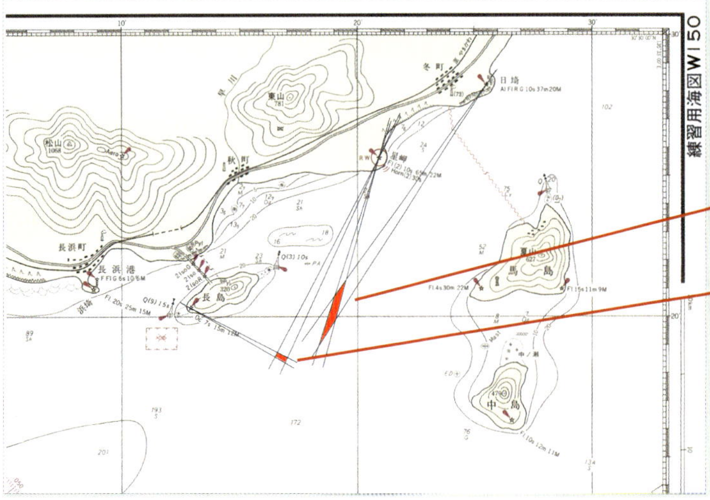

位置の線の交わる角度が狭いと誤差が大きくなる。左図は、方位角に3度の誤差がある場合を想定して作図してみたもの。

星岬と日埼の2点だと、位置の線の交差する角度が狭いため、誤差は図中赤い範囲となる。

一方、星岬と長島灯台の2本はほぼ90度に交わるため、誤差の範囲は狭くなる。

2本の位置の線で実測位置を求める場合は90度に近い角度で重なるような地物を探そう。

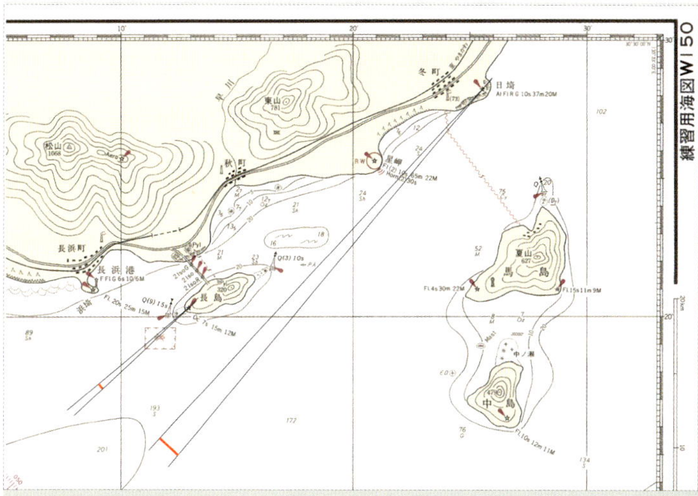

あるいは、遠くの目標ほど、同じ角度の誤差でも距離にすると大きな誤差となる。
図はやはり3度の誤差を書き込んだもの。遠くにある日埼灯台の方位は同じ3度の誤差でもこのように広くなる。

近くの目標ほど誤差は少ないが、自艇の進行によって変化する角度も大きくなる。特に横方向にあって距離も近い目標は、自艇が進むにつれてどんどん角度が変化していくので、一番最後に測った方がいい。

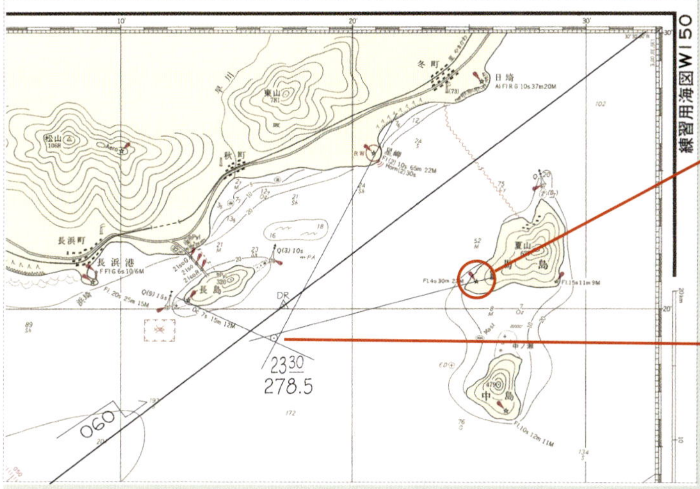

左ページのように、2本の位置の線を交差させれば船位は出るが、ベアリングコンパスでの測定はどうしても誤差がでる。そこで、通常は3本の位置の線から船位を求める。ここでは、3本目の位置の線として馬島灯台の方位を測り、82度とでた。

3本の位置の線を重ねる。測定誤差などによって3本の位置の線はぴったり重ならないことが多い。ここで生じた三角形を、誤差三角形という。
誤差三角形が小さければ、かなり正確に測定できたと考えていい。この場合、三角形の中心を船位とする。

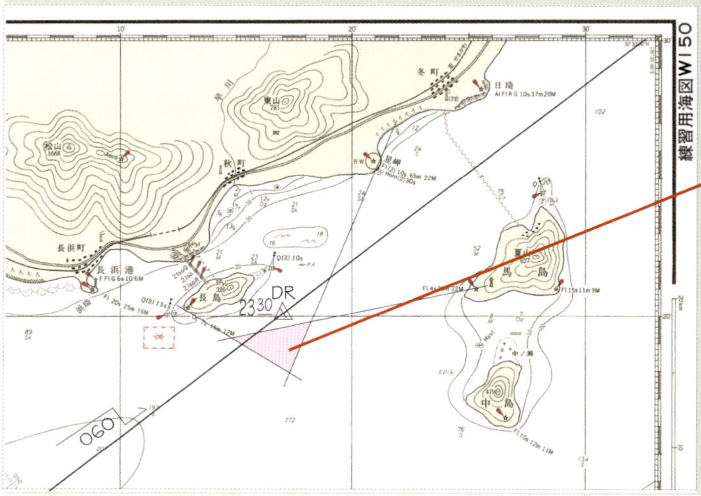

3本の位置の線はそれぞれ60度、あるいは120度くらいで交差するのが理想だ。

誤差三角形があまりに大きい時は、測定誤差が大きすぎるということだから、やり直し。
逆に、誤差三角形がまったくないからといって、その船位が正確無比であるとは限らない。3本の位置の線の誤差はそれぞれ異なるはずだから、正しい船位は必ずしもこの三角形の中にあるとは限らないので要注意だ。

航海は連続している。前回の船位と照らし合わせてみて、今出た船位になんらかの疑問が生じるなら、納得できるまで確認作業を続けたい。

以上が、陸測の基本であり最も多用されるクロスベアリングの実際です。手間はかかるし、GPSによって求めた船位に比べて精度も劣ります。とはいえ陸地をしっかり確認し、方位を測って海図に書き込むという作業は、海を楽しむという意味で面白みがあるものです。

あとは実践あるのみ。趣味の航海で、こうした地文航法を楽しまない手はありません。

ランニングフィックス

物標が一つしか見つからないときには、ランニングフィックスという方法で位置を求めることができます。クロスベアリングに比べると精度は低くなるし、日本の沿岸なら航路標識は数多く存在するのであまり使うことはないと思いますが、覚えておいても損はないでしょう。

三点両角法

コンパスの盤面は揺れているので、どうしても測位誤差が出ます。そこで、コンパスを使わず、六分儀で3物標の

ランニングフィックスによる位置の測定方法

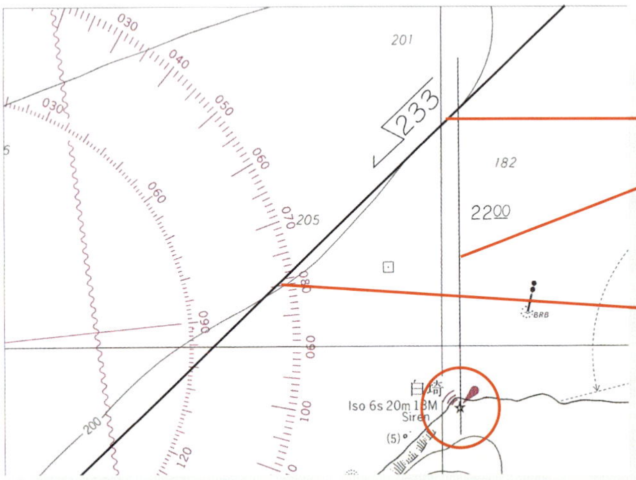

自艇は、ヘディング233度で白埼灯台沖を南西に航行中。

22:00。白埼灯台の方位を測る。185度と出た。
自艇は今、この位置の線上にいることは分かったが、灯台からどのくらい離れているのかは分からない。

太い線は航程線であるが、左右に流されている可能性は否定できないから、この線上にいるかどうかは分からない。

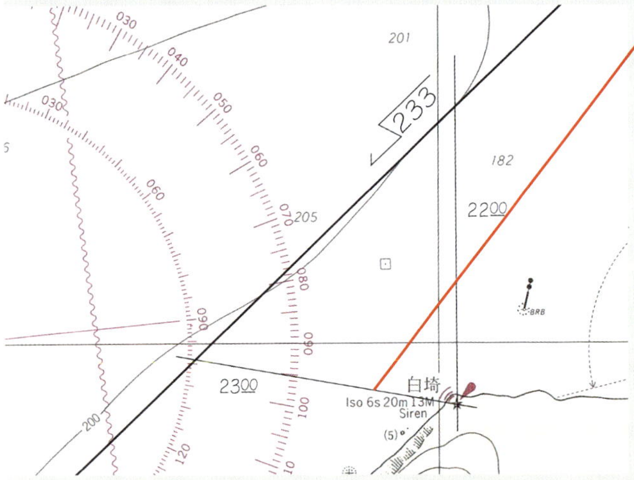

23:00。同じ白埼灯台の方位を測ると105度であった。
ここで再び位置の線を出す。
これも、その線の上にいることしか分からないから、この交点が陸測位置にはならないことに注意。

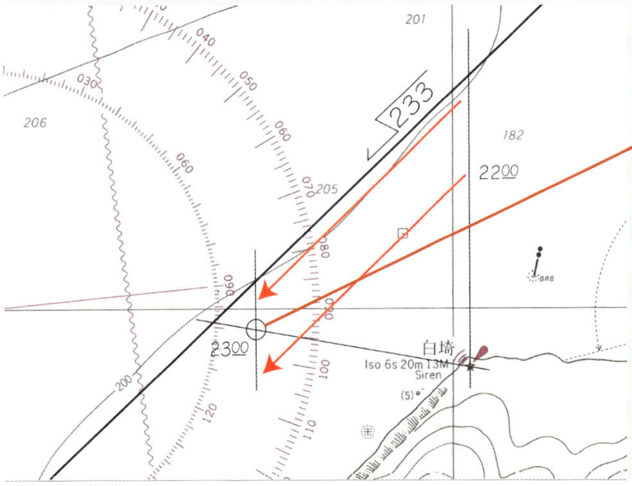

22:00の位置から、自艇はヘディング233度で走っている。航走距離は、ログの値から5.5マイルであった。
ここから、22:00に取った位置の線を、233度で5.5マイル分だけ平行移動させる。
重なった地点が、23:00の船位となる。

22:00から23:00までのヘディングと航走距離は、あくまで対水速度とヘディングであり、この間、潮の影響などがあれば、その分の誤差は出る。よって、クロスベアリングよりは精度は落ちるが、視認できる灯台が一つしかなくても、なんとか位置は出る。

互いの角度を測り、作図から位置を求めようというのが、三点両角法です。

六分儀はもとより、専用の分度器(三杆《さんかん》分度器、57ページ参照)が必要になります。三杆分度器がない場合は、コンパス(方位を測る磁石のことではなく、円を描くためのコンパス)があれば作図から位置を求めることもできるのですが、プレジャーボートではほとんど使われません。三点両角法という言葉を頭に入れておいていただければ十分です。

電波を使った地文航法

電波機器を使った航法を電波航法といいます。となると、電波を使った地文航法という表現はちょっとおかしいかもしれませんが、レーダーや無線方位標識を使った航法は、GPSやロランといった電波航法とは別に、地文航法の項で簡単に説明しておこうと思います。

海の道しるべである航路標識は大きく分けると「目で見る(光波標識)」、「耳で聞く(音波標識)」、「電波を使う(電波標識)」の三つに大別されます。

これまで解説してきた陸測は、灯台などの光波標識を使って位置の線を求めたわけですが、光波標識の代わりに電波標識を使って位置の線を出すこともできるのです。

無線方位標識(中波無線標識)

無線方位標識は、主に灯台に設置されています。ここから送信された電波を指向性の高いアンテナを備えた受信機で捉え、標識までの方位を測ります。

その方位を基に、クロスベアリング同様、位置の線を求めていきます。灯台などの光波標識から求めた位置の線と併用することも可能です。

ここでは、アンテナの指向性というものがポイントになります。

電波(高周波エネルギー)を空間に放射したり、受信したりするのがアンテナです。アンテナのタイプによって、感度が強くなる領域と弱くなる領域が生じることがあります。この性質を指向性といいます。

移動しながら使うことも多い携帯電話は、アンテナがこれでは困るので、指向性のないアンテナ(無指向性アンテナ)が用いられているわけですが、通信相手が決まっている場合は、指向性アンテナを用いることで、周囲に無駄な電波を発信することなく小電力でも効率よく運用することができます。

無線方位測定機(RDF: Radio Direction Finder)は、その指向性を利用して、無線方位標識の方向を測ろうというわけです。

かつてプレジャーボートに搭載されていた簡易型受信機には、バーアンテナが付いています。バーアンテナには指向性があり、バーの延長方向は感度が低くなります。アンテナを回して信号音が聞こえなくなる点を探せば、そのときにバーが向いている方向が無線方位信号所の方向になります。船のヘディングと比べれば、無線方位信号所までの方位が分かるというわけです。

以前は安全備品として無線方位測定機が積まれていましたが、GPSが普及した最近ではほとんど見ることはありません。また、無線方位信号所側に指向性アンテナが付いていて、それが回転しながら信号を発している局もありましたが、これらの無線方位信号所は、いずれも利用度が低く、平成18年9月までに廃止されました。

マイクロ波標識局

レーダーは、自艇から発信し、対象物に当たって跳ね返ってきた電波を受信して、距離や方位を知る装置です。

船舶用のレーダーは9GHzのマイクロ波が使われますが、同じ周波数の電波を灯台から発信することによって、レーダーにその方向を輝線で映し出すのが、レーマーク・ビーコンです。

やはりGPSの普及により、その存在意義が薄れたため、平成19年から漸次撤廃され、平成21年度までに完全廃止されることになっています。

これに対して、同じマイクロ波を使い、船舶のレーダーからの電波を受けて反応するレーダービーコン(レーコン)というものもあります。

レーダー画像。対象物までの距離と方位から自船の位置を出すことができる。
7時方向に映っている点線は、レーダービーコン(レーコン)の信号

入港時のナビゲーション

いよいよ目指す港に入港だ。ここでは、GPSよりも自らの目を信じよう

さて、いよいよ目指す港への入港です。入港時は、これまで説明してきた沿岸航法から、さらに踏み込んだナビゲーションが必要になってきます。ここでは、それをパイロテージと呼ぶことにします。

陸に近づくにつれ、景色はどんどん変わっていきます。自艇の現在位置を知るために陸測するといっても、ベアリングを測ってチャートに書き込んで、なんてのんきなことをやっている時間はないかもしれません。それではGPSを、といっても目の前に防波堤が見えている状況で耐え得る精度はないかもしれません。そんなときに用いられるのがパイロテージです。

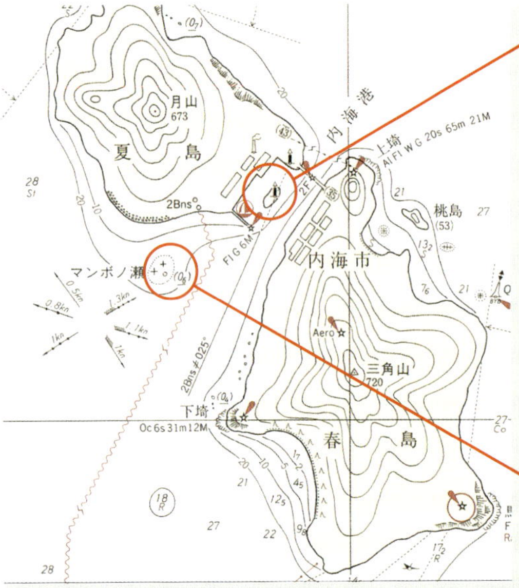

図中、海峡中央に浮かぶ夏島と春島との間に位置する内海港に、夜間入港するケースを考えてみる。まず、北西方向から夏島の南を通ってのアプローチで考えてみよう。

この練習用海図は縮尺20万分の1で、通常の海図なら「海岸図」にあたる。入港にあたっては、より縮尺の大きい「港泊図」を用いるところだが、ここでは図を拡大したものを使ってみた。実際の港泊図ならば、もっと細かいデータが記載されているので、より作業はしやすいはずだ。

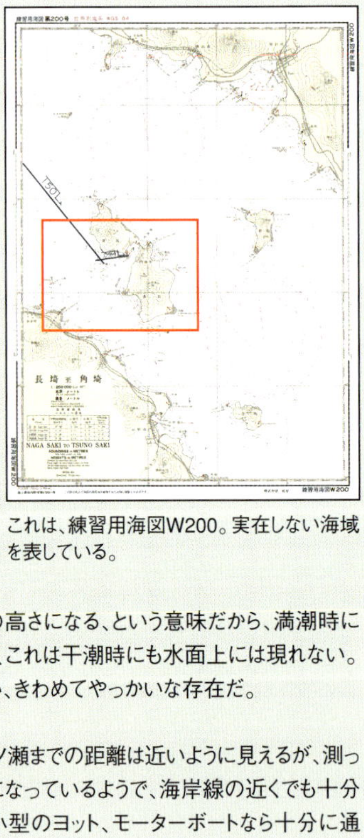

これは、練習用海図W200。実在しない海域を表している。

夏島の南にあるマンボノ瀬は、干出岩と二つの暗岩から成っている。図中にある数字「0.6」はアンダーラインがあるから、水深の基準面（最低水面）からの高さだ。最も潮が引いたときに、海面から60センチの高さになる、という意味だから、満潮時には見えない干出岩である。「＋」印は暗岩で、これは干潮時にも水面上には現れない。つまり、視認しにくく、しかしその上は通れない、きわめてやっかいな存在だ。

小縮尺のこの海図で見ると、夏島からマンボノ瀬までの距離は近いように見えるが、測ってみると0.8マイルほどある。夏島側は急深になっているようで、海岸線の近くでも十分な水深がある。夏島とマンボノ瀬との間は小型のヨット、モーターボートなら十分に通過できそうだ。

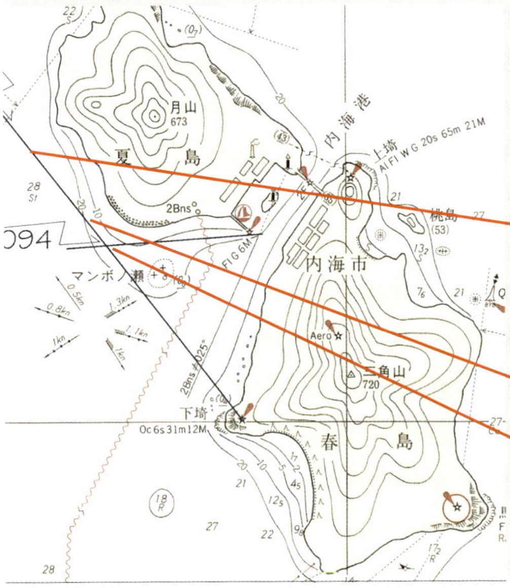

北西方向から春島の下埼灯台を目標にして島にアプローチ。目標はこのように見やすいものがいい。このとき、ヘディングは150度になる。この数字が増えたら夏島寄りに流されていることになり、逆にヘディングの数字が小さくなったら、夏島の沖側に流されていることになる。

夏島の島陰から内海港南防波堤にある青灯台が視認できるようになったら、変針点は近い。青灯台が094度に見えるようになったらアプローチのコースに乗れたことになる。ここで変針。

ここから先も、青灯台を目印にして走り、ヘディングの数字が増えたら夏島寄りに、数字が減ればマンボノ瀬寄りに流されていることになる。

避険線

ここから先、夏島とマンボノ瀬との間を通過するあたりが、一番緊張するところかもしれません。

左舷には夏島が迫っています。標高673メートル。海岸線は石浜で（↗）す。距離がどのくらいか分かりにくく、夜間は思いのほか近く感じるかもしれません。ついつい沖に出してしまいがちですが、右舷側にはマンボノ瀬があります。海面下に沈んでいるので見えませんが、気が付くと、すぐ横で波が割れていたりするわけです。（↗）

そこで、マンボノ瀬に近づきすぎないよう、位置の線を応用して、「これ以上は近寄れない」という目安になる線を引くことができます（下図）。

これを、避険線《ひけんせん》といいます。避険線の方位と自艇のヘディングを比べれば、安全なコースが分かります。

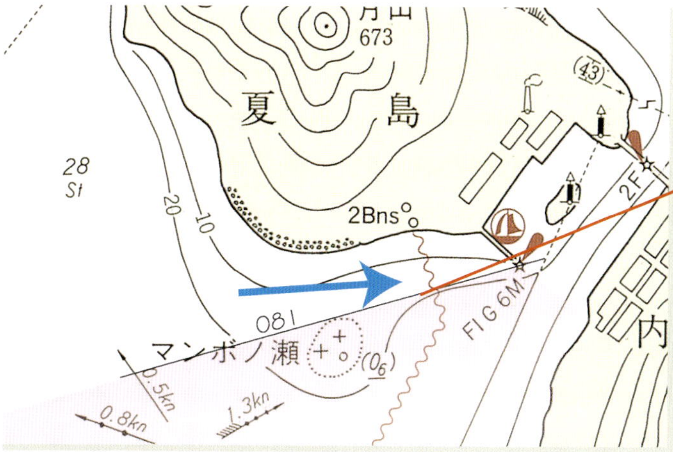

このアプローチで一番緊張するのが、094度に変針した後だろう。左舷側には夏島の崖が迫っているし、右舷側にはマンボノ瀬がある。しかもマンボノ瀬は視認できない。

そこで、青灯台からマンボノ瀬北方までの線を引いてみる。方位は081度であった。
この位置の線が避険線だ。

避険方位ともいい、青灯台が081度よりも大きな数字に見えていれば、自艇はマンボノ瀬よりも北に位置していることになる。

こうしたチャートワークを実際に行ってみると、大縮尺の港泊図を使う意味も理解できるだろう。

水深を知り、活用する

夏島側との距離を知るには、水深計があると便利です。

水深計は、その名の通り水深を測る計器です。ロープの先に重りを付けたもの（ハンドレッド）でも水深を測ることはできますが、電子的なエコーサウンダーが便利です。

魚探（魚群探知機）も、魚の群れを探すだけではなく、水深を知ることができます。単なる水深計と違い、連続的な変化をグラフィック表示してくれるので便利です。

アンカーを打つ場合など、港内や特に浅い海域にいるときには、わずかな水深の違いを海図から知るのは難しく、実際の水深を正確に知ることができる水深計はきわめて有効です。安価な製品も出回ってきているので、ぜひとも装備したいナビゲーション機器の一つといえるでしょう。

今回のシチュエーションでも、水深計さえあれば、どのくらい夏島に寄っているのかがよく分かります。海図上、水深10メートルラインの上を走れば問題ないことも分かります。

単なる水深計ではなく、魚探を使うことによって、水深計の数字を目で追い続けなくても、水深の変化がグラフのように表示されるわけですから、魚釣りをしない人にも魚探のメリットは大きいのです。

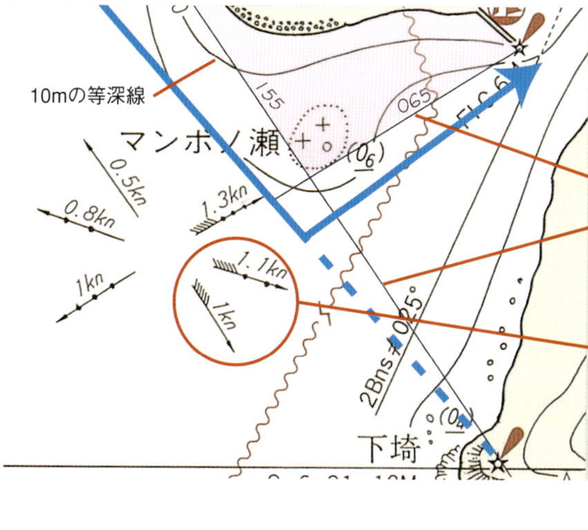

ここまでは、練習問題として、マンボノ瀬と夏島との間の狭い水域を抜けていく例を出したが、もちろんマンボノ瀬の沖を通るコースも考えられる。

マンボノ瀬の沖合を通る場合の避険線を引いてみよう。
1本は、青灯台を目安にして065度。
もう1本は下埼灯台を目安にして155度。……となった。
ヨットレースでもない限り、マンボノ瀬ギリギリを通る必要はないので、十分余裕をもって通過したい。

とはいえ、ヨットの場合、風向によっては本来思い描いていたコースを取れないこともあるわけだし、海図によれば、この付近の潮は速そうだ。矢羽根の付いた矢印が上げ潮流、数字は流速。黒点の数は高低潮時後の時間を示す。
港へのアプローチは、なかなか難しく、だから面白いのだ。

南方からのアプローチ

次に、春島南方からアプローチする場合を考えてみましょう。

内海港内に導標があるので、これを利用すれば確実です。この二つの導標が重なって見える線（見通し線）から外れないように走ればよいということです。

また、下埼の北側にはやはり干出0.4メートルの岩があるので要注意。ここは大回りで行きたいところです。

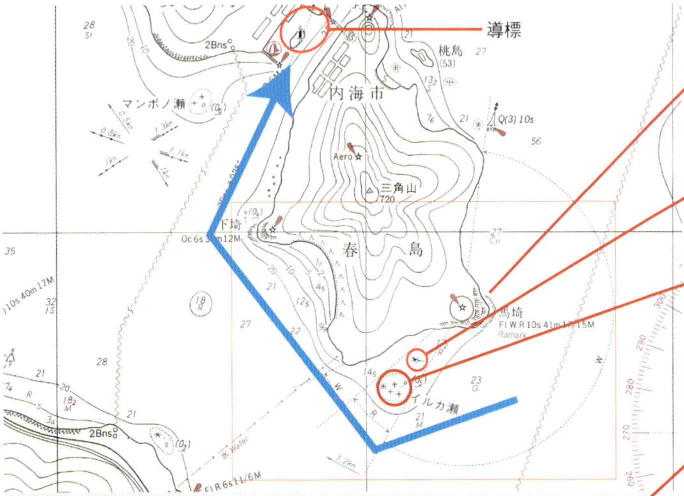

東方から馬埼を回り込み、下埼をかわして南方から内海港へアプローチするケースを考えてみる。

馬埼灯台南方はやっかいだ。
これは、船体の一部を露出した沈船。実際にはあまり出くわす機会はないかもしれないが。

その南にはイルカ瀬が広がっている。

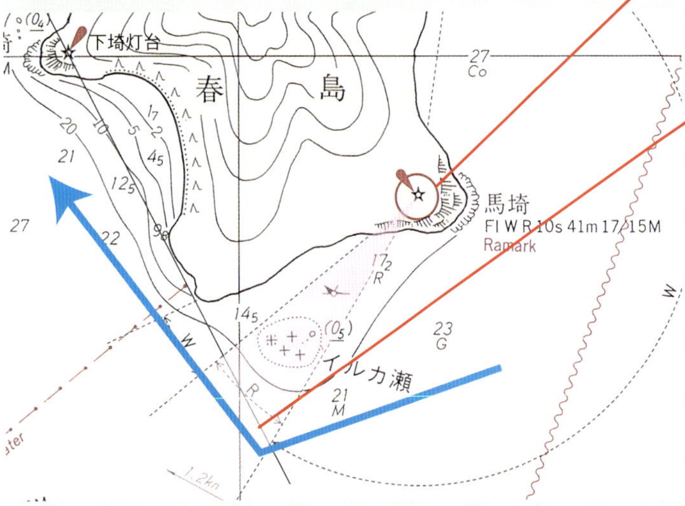

馬埼灯台は、イルカ瀬を示す分弧になっている。分弧とは、34ページで示した指向灯で、イルカ瀬の部分では紅灯に、その他が白灯となる。
ということは、北東方向からのアプローチで、馬埼灯台が白く見えているうちは大丈夫ということが分かる。

ここで、下埼灯台が見えるであろう位置の線を引いてみた。山の稜線によっても違ってくるだろうが、下埼灯台が見える線上にいればイルカ瀬には当たらないであろうことが分かる。この方位が339度。下埼灯台が339度以上に見えれば、もうイルカ瀬はクリアしたことになる。

春島の南西岸は遠浅の砂浜で、海図を見る限り磯波が立っていそうな地形だ。特に南西の強風時などは吹き流されて近寄らないよう、十分な注意が必要だ。
……というような状況を、海図の上から判断できるようにしておきたい。

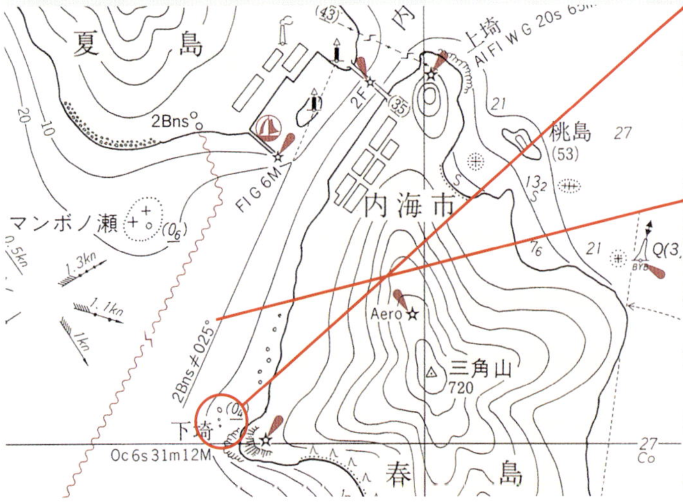

下埼の北方には干出岩がある。
アプローチ間際には、ナビゲーション以外にもさまざまな作業が生じる。重要なポイントをうっかり見逃してしまうことも多いので、前もって赤鉛筆でマークしておくといい。
マークする作業のときに、海図をじっくりと見るということにもなる。

下埼を回り込めば、後は入港の導標に沿って走ればいい。二つの導標の見通し線なので一番確実な位置の線となる。また、これは下埼北方の干出岩を避ける避険線でもある。

ここに挙げたアプローチのコースは一例に過ぎない。気象や海象、乗り手の錬度などの違いから、より安全なコース、より速いコースといろいろ考えられる。それらの違いを「自分で考える」のが重要なのだ。
ここに挙げた例を参考にして、あくまでも自分の判断でアプローチルートを選んでいただきたい。

入港時のナビゲーション

情報収集

入港の際のルートなどの情報は、第2章「水路図誌のいろいろ」で紹介した『プレジャーボート・小型船用港湾案内』にも有益な情報が記載されています。

また、漁網などの位置情報が非常に重要になってきます。たとえば、関東水域でいうなら、東京湾内部から南下して剱崎を回航し、三崎港に至るコースでは、毘沙門《びしゃもん》沖に定置網が大きく張り出しています。そのまま進むと、この定置網に引っ掛かってしまいます。

筆者は「三崎港入り口灯台を何度に見て走れば漁網には掛からない」という情報をもって、それを頼りにコースを引いています。それが何度か？ここでお教えしたいのですが、なにしろ障害物が漁網という「常にそこにあるかは分からない」しろものです。はっきりと「○○度」と書くわけにはいきません。

昼間通ったときに自分で確認しておくことによって、夜間の入港時に活用できます。また、こうした情報はヨット、ボート仲間で共有していくのも重要なことでしょう。

北東からのアプローチ

最後に、北東からのアプローチについて考えてみましょう。

内海港北東側には湾口付近に危険な浅瀬はなく、上埼側も急峻で、アプローチは簡単にできそうです。ただし、入ってすぐに橋が架かっており、よく見ると、その手前に送電線もあります。

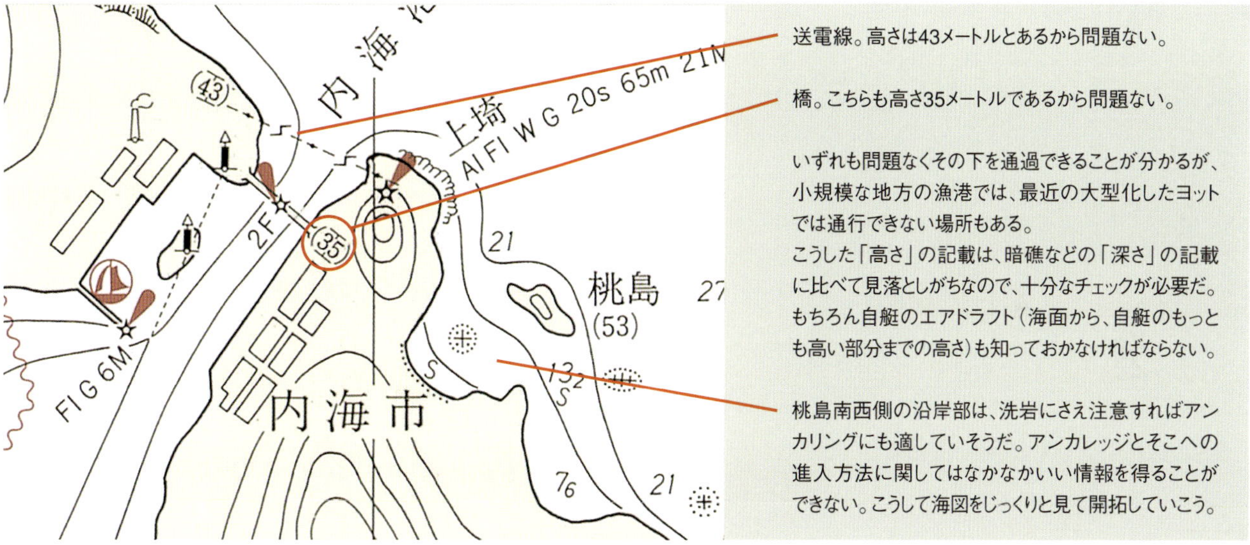
内海港
上埼
Al Fl W G 20s 65m 21M
2F
桃島
(53)
内海市
Fl G 6M
送電線。高さは43メートルとあるから問題ない。
橋。こちらも高さ35メートルであるから問題ない。
いずれも問題なくその下を通過できることが分かるが、小規模な地方の漁港では、最近の大型化したヨットでは通行できない場所もある。
こうした「高さ」の記載は、暗礁などの「深さ」の記載に比べて見落としがちなので、十分なチェックが必要だ。もちろん自艇のエアドラフト（海面から、自艇のもっとも高い部分までの高さ）も知っておかなければならない。
桃島南西側の沿岸部は、洗岩にさえ注意すればアンカリングにも適していそうだ。アンカレッジとそこへの進入方法に関してはなかなかいい情報を得ることができない。こうして海図をじっくりと見て開拓していこう。

紙海図の必要性

目的地に近づけば近づくほど、周りの景色はどんどん変わっていきます。そこに防波堤や入港灯台が見えているのに、GPS画面にくぎ付けになっているわけにはいきません。ここでは「今見えている灯台」を目安にしたナビゲーションをしなければならないのです。

GPS全盛時代といっても、最後の最後、港へのアプローチでは、どうしてもこうしたパイロテージ、あるいはパイロテージ的な航法が必要になるというわけなのです。

港への出入りには、詳しいデータが記載された紙海図がどうしても必要になります。たとえば、ほとんどのGPSプロッターに搭載された海岸線情報には、上に挙げた送電線の存在や、その高さなどが出ていることはまずないと思ってよいでしょう。GPSプロッターのみを頼りに航海すると、いざ入港というときになって、とんでもない障害物に出くわすという事態になるかもしれないのです。

一般商船は地方の小さな漁港に入港することはないでしょうし、漁船は自分の行動範囲の情報を海図以上に熟知しているでしょうから、こうしたケースで苦労するのはプレジャーボートだけということになります。

海図を用いて出入港を行うためには、これまで学んできた地文航法、推測航法、水路図誌に関する知識がどうしても必要になるのです。

チャートワーク？ 推測航法？ 地文航法？ GPS時代になんと原始的な話を……と思われた読者も多いかと思いますが、これまでさんざん遠回りして説明してきたのは、こういうことなのです。

ここでもう一度、本書を読み返してみてください。そして実際に海図を用意して、航海計画を立ててみてください。入港の段取りを自分自身で考えてみてください。

気象と航路

さてここで、気象と海象について簡単に説明しておきましょう。

風

航海にあたって気象に対する知識は欠くべからざるものですが、風が吹くシステムを含め、気象現象について詳しく説明していくと、それだけで1冊の本になってしまいます。

拙著『セーリングクルーザー虎の巻』でも簡単にまとめてみましたが、本書では、そうした気象に対する知識をいかにして航海計画に生かすか、ナビゲーションの際の参考にするかを記してみたいと思います。

卓越風

季節や場所によって顕著に見られる風を卓越風といいます。

貿易風という言葉を聞いたことがあると思います。赤道付近で熱せられた空気が上昇し、北半球では北緯30度付近に下降し、再び赤道に向けて吹く風で、この海域では年間を通じて北東から東北東の風が吹き続けます。

したがって、ハワイから日本までの航路なら、この貿易風に乗って西行していけばいいのですが、逆に日本からハワイに行く場合、貿易風に逆らって走るのは困難です。偏西風を求めて北上するコースをとることになります。

また、冬の日本近海では北西の季節風が吹きます。湿った冷たい風は日本海側に雪をもたらし、雪を降らせた後の乾いた北風は、太平洋岸に乾いた木枯らしとして吹きつけます。

このため、冬場に小笠原方面から北上し、風に逆らって本州南岸を目指す航海はたいへん厳しいものになります。

このように、卓越風を考慮して、それに逆らわないように季節や航路を考えていかなければなりません。

米国西海岸を出て、貿易風に乗ってハワイまで。ハワイから南下し、ポリネシアの島々を回って、南半球のハリケーンシーズンにはニュージーランドで休憩を——というような、モデル航路ができていくわけです。

卓越風を知るには、海上保安庁が発行する各海域のパイロットチャートを利用するのがいいでしょう。季節ごとの風速と風向の出現傾向が分かる海図です。

また、洋書も含めて、小型艇のためのクルージングルートが記された書物も多く出ています。

海風、陸風

昼間、海よりも先に陸地が熱せられ温まった空気が上昇、そこへ海から風が吹き込む……これが海風(シーブリーズ)です。

特に、日差しが強いわりには海水温が低い初夏から夏にかけて、シーブリーズは時に風速20ノット(約10m/s)を超え、小型艇にとって海は時化模様となることも少なくありません。

この強風は、夜になれば収まります。航程とシーブリーズの角度をよく検討し、航海計画を立てれば、航海はより楽しく安全なものとなるでしょう。

リーショアの危険

ヨットでもボートでも、何かトラブルになって航行不能になったらどうするか。

アンカーを打つなり助けを呼ぶなり、状況次第で対策はいろいろあると思いますが、なにより、対処を講じるための時間的余裕が必要です。

船はどんどん流されていきます。風下

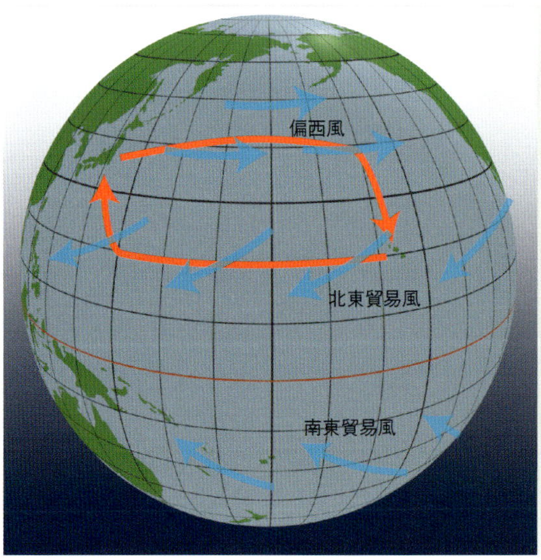

北半球の北東貿易風帯では、北東〜東の風が年間を通じて吹き続け、南半球では同様に南東貿易風が吹く。一方、北緯35度以北では西の風が吹く。長距離航海の航海計画を立てる場合は、こうした気象システムを考慮に入れて航程を考える必要がある

側に十分な海面が確保されていれば、あらゆる対策をうちやすくなるでしょう。

風下側の陸地をリーショアといいます。

リーショアが近いと、なんらかの対策をとる間もなく座礁ということになってしまいます。

波とうねり

小型船での航海では、風よりも波のほうが障害になるかもしれません。

では、波はどうして起きるのでしょうか。

波

波は、風の力で海水が乱されることによって発生します。

風が強いほど、あるいは長時間吹き続けるほど波は大きくなっていきます。また、海面を吹きわたる距離が長いほど、波も大きくなります。

波の大きさは、波高(波の谷から山までの高さ)で表現されます。同じ波高でも、波長(波の山から山までの距離)が短いほど波の斜面は険しくなり、船の航行にとっては障害となります。

特に、強い潮が流れる海域で強い風が吹くと、まるで洗濯機の中にいるような状態になってしまいます。

うねり

風によって引き起こされた波が、長い距離をわたってやって来るのがうねりです。したがって、風が吹いていなければ波は立ちませんが、無風状態でもうねりはやってきます。あるいは、風向とうねりが同じ方向になるとは限りません。

大きなうねりでも、波長も長いため波の斜面はなだらかになり、小型船の航海ではさほど障害にはなりません。

磯波

海を渡ってやってきたうねりが水深の浅い海域に到達すると、急激に波高が高くなり、やがて崩れて巻波となります。これを磯波といいます。

「波」と名付けられていますが、元はうねりです。つまり無風状態でも、はるか彼方にある台風や低気圧によって引き起こされた波がうねりとして伝わり、海岸付近で高い磯波となる場合があるわけです。

河口部にある港などでは、入り口付近でうねりが巻波となることがあります。沖合いから見ると波頭が砕けている様が見えにくく、いざ進入コースに入ると大きな波に乗ってしまい、非常に危険な状態になります。

荒天時の避航に適した港の条件を考えてみよう

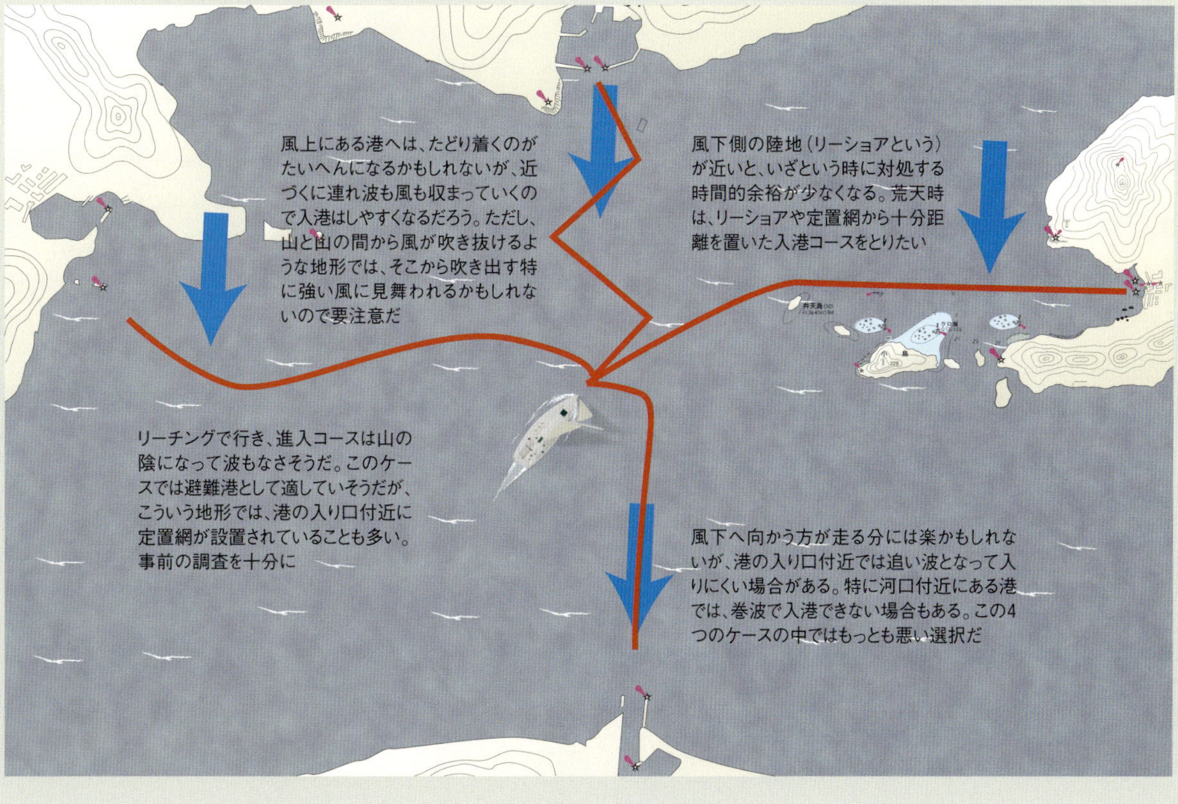
風上にある港へは、たどり着くのがたいへんになるかもしれないが、近づくに連れ波も風も収まっていくので入港はしやすくなるだろう。ただし、山と山の間から風が吹き抜けるような地形では、そこから吹き出す特に強い風に見舞われるかもしれないので要注意だ
風下側の陸地(リーショアという)が近いと、いざという時に対処する時間的余裕が少なくなる。荒天時は、リーショアや定置網から十分距離を置いた入港コースをとりたい
リーチングで行き、進入コースは山の陰になって波もなさそうだ。このケースでは避難港として適していそうだが、こういう地形では、港の入り口付近に定置網が設置されていることも多い。事前の調査を十分に
風下へ向かう方が走る分には楽かもしれないが、港の入り口付近では追い波となって入りにくい場合がある。特に河口付近にある港では、巻波で入港できない場合もある。この4つのケースの中ではもっとも悪い選択だ

海上交通ルール

ナビゲーションでは、地形や海象はもちろん、行き交う他船にも注意を払わなくてはなりません。
特に日本の沿岸は、船舶交通が輻輳《ふくそう》しているため、衝突の危険も高くなります。
一般的な交通ルールである「海上衝突予防法」、
あるいは、特定海域での交通ルールを定めた「海上交通安全法」などを遵守し、
安全なナビゲーションを行う必要があります。

海上衝突予防法

船舶同士の衝突を避けるための国際的な法規である「国際海上衝突予防規則（International Regulations for Preventing Collisions at Sea）」に基づいて定められた国内法が「海上衝突予防法」です。

海上衝突予防法については、これまでにも簡単に説明しましたが、ここではもう少し詳しく解説していきます。

行き合う船舶間の航法

2隻の船舶が海上で行き合った場合、どちらがどう避けるのでしょうか。海は広いので、出合い頭の衝突は起きそうもありませんが、道路がないだけに難しい面もあります。

海上衝突予防法には、衝突を避けるためにどのような回避動作を行うか、細かく定められています。

2隻が互いにほぼ真正面から出合うケース（右上図）を、海上衝突予防法では「行会い船」（第14条）といい、この場合は互いに右に転舵し、左舷と左舷ですれ違うように回避します。

2隻が互いに他船の進路を横切るケース（右下図）は「横切り船」（第15条）といい、互いに他船を避ける義務があることには変わりありませんが、2隻の船には別々の役割が生じます。

他船を右舷側に見る船が回避動作を行う側になり、「避航船」と呼ばれます。相対する船舶は、その間、針路と速力を維持しなければならず、「保持船」と呼ばれます。

保持船の役割は、針路と速力を保持して走ることによって避航船の回避動作を妨げないようにするということであり、「前を横切る権利がある」というわけではありません。両船とも衝突を回避する義務を負っていることには

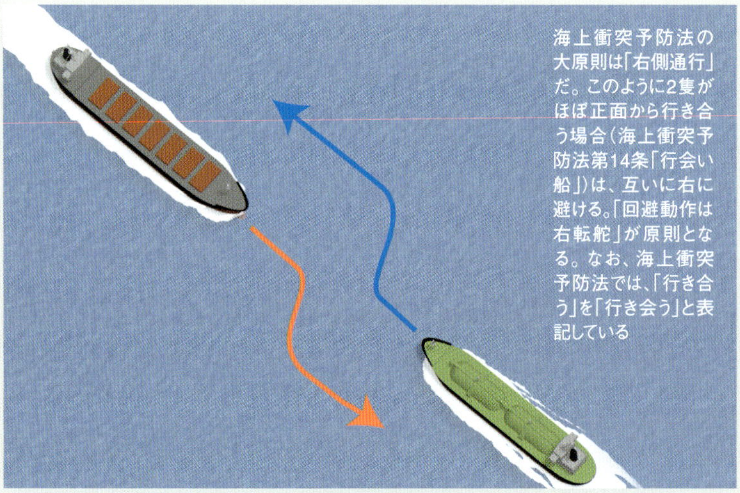

海上衝突予防法の大原則は「右側通行」だ。このように2隻がほぼ正面から行き合う場合（海上衝突予防法第14条「行会い船」）は、互いに右に避ける。「回避動作は右転舵」が原則となる。なお、海上衝突予防法では、「行き合う」を「行き会う」と表記している

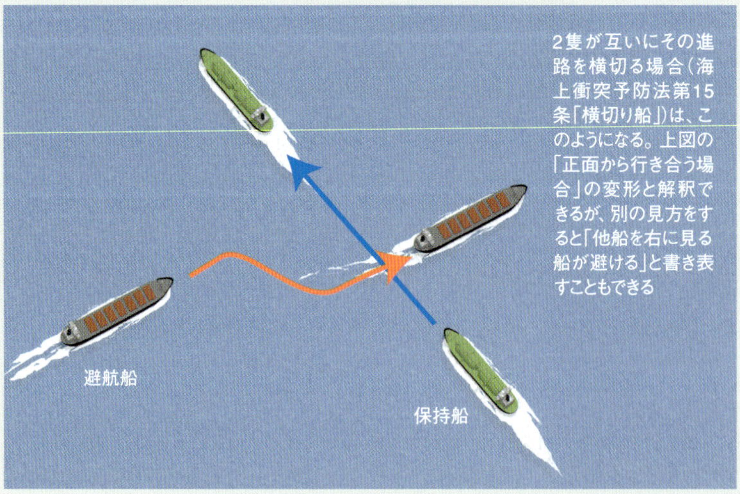

2隻が互いにその進路を横切る場合（海上衝突予防法第15条「横切り船」）は、このようになる。上図の「正面から行き合う場合」の変形と解釈できるが、別の見方をすると「他船を右に見る船が避ける」と書き表すこともできる

違いありませんが、海上衝突予防法では「避航船」と「保持船」という二つの異なる立場を明確に定めています。

この場合も、避航船は右転舵で保持船の後ろを通ることになり、左舷と左舷が通過するように行き合うのは、前述の「行会い船」と同じ原則（右側通行）にのっとっています。

後方から追いついてしまうケースは「追越し船」（第13条）と呼ばれ、追い越す側が避けることになります（右上図）。この場合、右舷を通っても左舷を通ってもかまいません。

後方から、と簡単に言いましたが、この場合の後方とは、正横より後方22度30分を超える位置から追いつく場合です。それより前方から横切るなら、「横切り船」になります（右中央図）。特に、右後方から追いつき追い越す場合、「追越し船」と「横切り船」とでは、避航船と保持船の立場が逆転することになるので注意が必要です。

以上、基本は「右側通行」です。

狭い通路では右側通行になり、防波堤を回り込むときは、右小回り（防波堤突端を右舷に見て通るときは小回りに）、左大回り（左舷に見て通るときは大回りに）で、互いの左舷を見るように通過します。

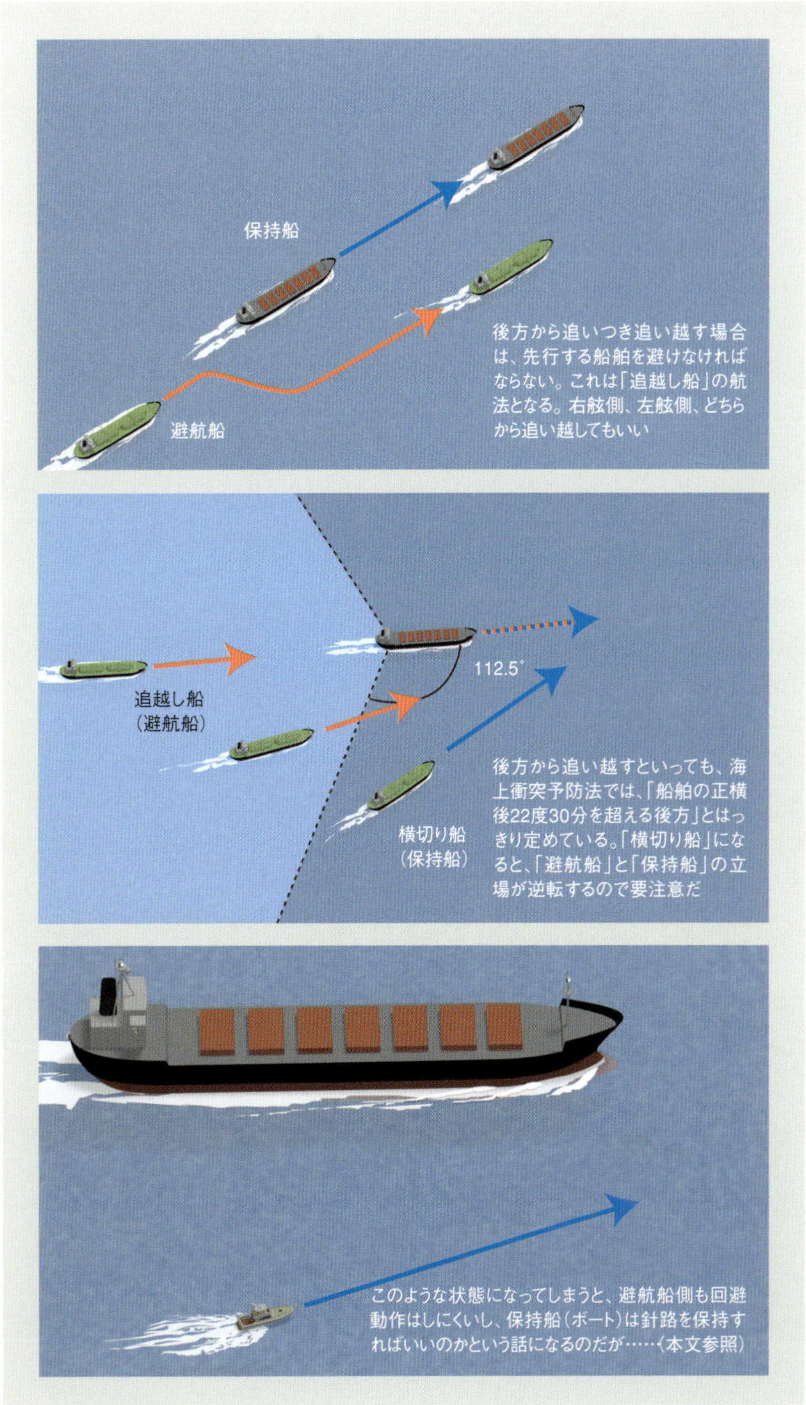
保持船
避航船
後方から追いつき追い越す場合は、先行する船舶を避けなければならない。これは「追越し船」の航法となる。右舷側、左舷側、どちらから追い越してもいい
112.5°
追越し船
（避航船）
横切り船
（保持船）
後方から追い越すといっても、海上衝突予防法では、「船舶の正横後22度30分を超える後方」とはっきり定めている。「横切り船」になると、「避航船」と「保持船」の立場が逆転するので要注意だ
このような状態になってしまうと、避航船側も回避動作はしにくいし、保持船（ボート）は針路を保持すればいいのかという話になるのだが……（本文参照）

ヨット、ボートの場合（船の種類による航法）

先に挙げた「右側通行の原則」に優先して、海上衝突予防法第18条の「各種船舶間の航法」で、「動きやすい船が、動きにくい船を避ける」という原則があります。

たとえ自船が保持船の位置関係にいても、相手船舶が故障中で自由に動けないとか、浚渫《しゅんせつ》作業などで他船を避ける動作ができない場合、または漁労中の漁船であったりする場合は、これを避けなければなりません。

ヨットも帆船の仲間に入るので、一般の動力船はこれを避ける義務が生じます。つまり帆走中のヨットが通常の動力船と相対する場合、ヨットは保持船になるのですが、実際には、小型のヨットは一般商船からは見つけにくい上に、すべての船舶がしっかりした見張りを行っていると考えるわけにもいきません。

あるいは、上の例（下図）のように、足の速いモーターボートが、保持船だからといって大型商船の前をこのような角度で横切って行っていいというものでもありません。

衝突コース

さて、それでは我々プレジャーボートはどのようにして衝突を回避したらよいのでしょうか。

衝突を避けるためにはまず、「このまま走れば両船はぶつかってしまうのか否か」を、なるべく早い段階で判断することが重要です。

海の上は広く、道路はありません。それだけに行き合う角度もさまざまであり、なにより船は、その速力が大きく異なる場合も多く、衝突するかどうかを判断するのは難しい作業です。

そのまま走れば衝突に至る2船のコースを「衝突コース」といいます。衝突コースにあるか否かを判断するには、まず相手船の方位を測ります。時間が経過してもその角度が変わらなければ、衝突コースに乗っていると判断します。相手船が針路と速力を維持して走っていることが条件になりますが、速力が大きく異なる2船間でも判断が可能です。

この場合、いちいちベアリングコンパスで方位を測らなくても、自船のどこかの部分を目安に、たとえばヨットなら「同じ位置に座った自分の目線が相手船とウインチに重なる線上」とか、ボートなら「操縦席窓の右隅」といった目安をつければ、衝突コースか否かを判断することができます。

あるいは、衝突コースにいる相手船から見たこちらの方位も変わらないわけですから、こちらからは相手船が同じシルエットに見え続けるはずです。

相手船のシルエットは、前後のマストの間隔とその高さの割合から、わりと容易に把握できます。

時間が経過しても、相手船は同じシルエットのままで次第に大きくなるという状態なら、「相手船は衝突コースにいる」と判断できることになります。

ところが、同じ方位に同じシルエットで見えるということは、視界内で位置が動かないということでもあり、相手船が止まっているように見えるかもしれません。そこが危険な落とし穴です。接近しだすと、急激に近づいてくるように見えてきます。このようになったら手遅れです。前ページの最後のイラストのように、互いに回避動作が難しくなってしまいます。そうなる前に「相手船は衝突コースにいる」ということを知る必要があるのです。

注意したいのは、見えにくい位置に相手船がいる場合です。モーターボートなら、操縦席のピラーに隠れて見えない場合、あるいは太陽が海面に反射している部分などに相手船が入ってしまう場合などです。相手船が衝突コースにいるというのは、その角度が変わらないということですから、相手船はずっと自船から視認しにくい位置にいることになります。つまり、見逃したまま接近してしまうのです。

また、コンパス方位といっても、相手船が巨大な船舶であったり曳航作業中であったりする場合は、船首付近の方位と船尾の方位、あるいは引かれている船までの方位は異なります。特に両船が接近してくればその方位差は大きくなりますから、たとえコンパス方位が変化しても衝突のおそれがあるということも忘れてはいけません。

衝突の回避

早い段階で衝突コースに相手船がいることが分かれば、あとは躊躇なく回避動作に入ることになります。小型のプレジャーボートにとっての回避動作のポイントは三つ。

○早い段階で
○相手の船尾側を通るよう
○大きな針路変更、速力変更を行う

衝突の危険を知る方法

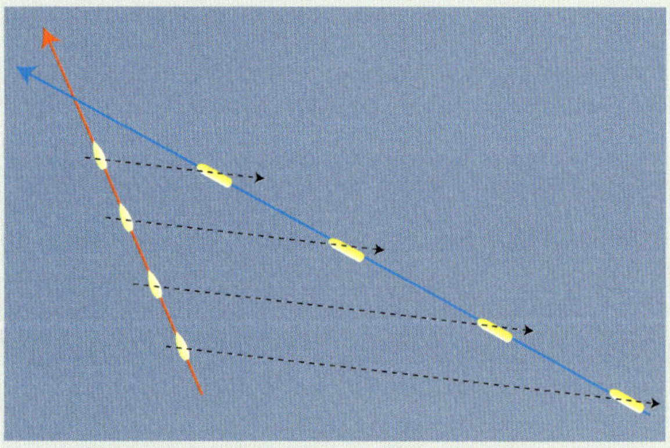

対象となる相手船の方位を測る。時間が経っても方位が変わらない場合は、そのままのペースで進めば衝突に至る「衝突コース」にいることが分かる

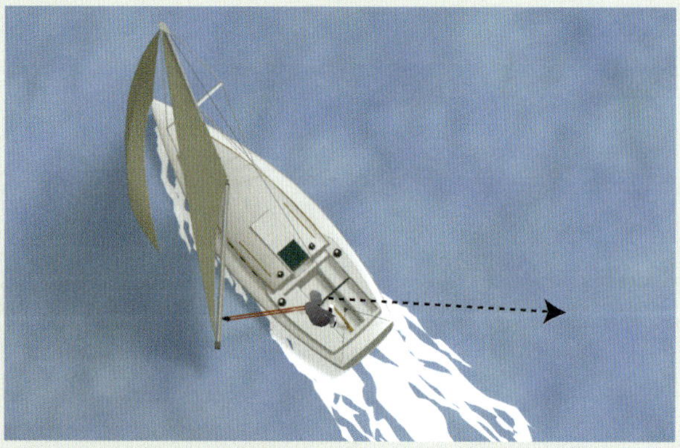

ベアリングコンパスで方位を測ってもいいが、自船が真っすぐ走っているなら、自船のどこか（イラストではコクピットの後ろ隅）と相手船が重なる場所を覚えておくという方法もある

ということです。

こちらが避航船なら話は簡単、さっさと避ければいいだけの話ですが、こちらが保持船の場合は話が少々ややこしくなります。

本来、保持船は針路と速力を保って走るのが決まりです。不用意に針路を変えると避航船側が混乱してしまいます。避航船側の衝突回避動作を妨げないために、針路を保持しなくてはならないわけですから。

かといって、大型商船と小型プレジャーボートが行き合う場合に、プレジャーボート側がかたくなに保持船の立場を守っていれば衝突を避けられるのかといえば、そうとも限りません。衝突を避けるためには、とにかく早い段階で衝突回避動作に入る必要があります。

十分な距離があれば、本来、保持船である自船（ヨット側）が回避動作に入ったとしても、相手船が混乱することはないでしょう。

ここでは、大きく舵を切って大幅にコースを変更することで、本来の避航船に対して「自船は保持船だが、貴船を避けることにする」という意思を伝えることができます。

このとき、本来の避航船以外の他の船にも注意してください。コース変更によって、別の船と衝突コースにならないようにしなければいけません。

また、足の速いモーターボートは相手船の前を横切ってしまおうとしがちですが、避けるなら無理せず船尾を通過しましょう。101ページ下段のイラスト例でも、モーターボート側が、早い段階でわずかに変針するか、減速するだけで、簡単に「横切り船」から「追越し船」に立場を変えることができるでしょう。

このように、早い段階で回避動作に入るためには、早い時期に相手船を見つけること、そして衝突コースにいるかそこから外れたかを判断することが重要になります。

危険な衝突回避動作

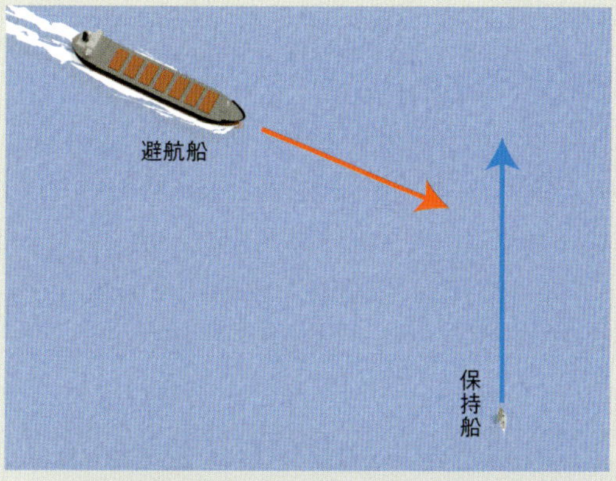

位置関係からしても「相手船を右舷に見る」貨物船側が避航船になる。船の種類（帆船）からして保持船となるヨットは、針路と速力を保持して進む

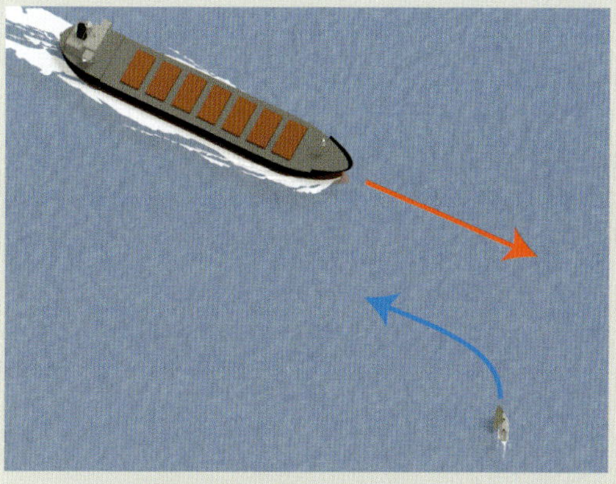

接近したところで、どうにも避けてもらえないと判断したヨット側が避けることにし、直前で左転舵し回避動作に入ると……

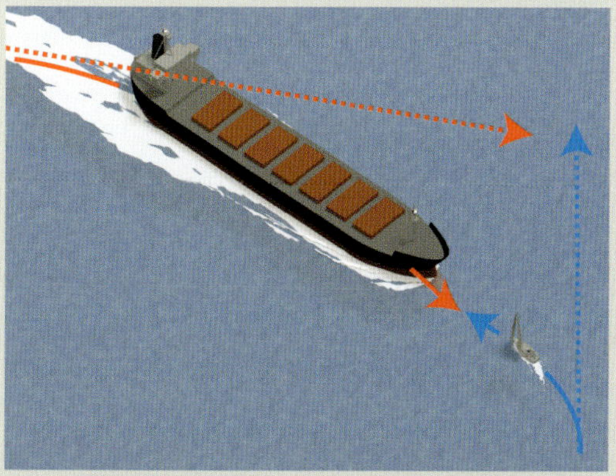

ここで貨物船側も同時に回避動作に入ってしまうと、非常に危険な状態となる。「回避動作は右転舵で行う」という原則は、こうしたケースを防ぐためにある

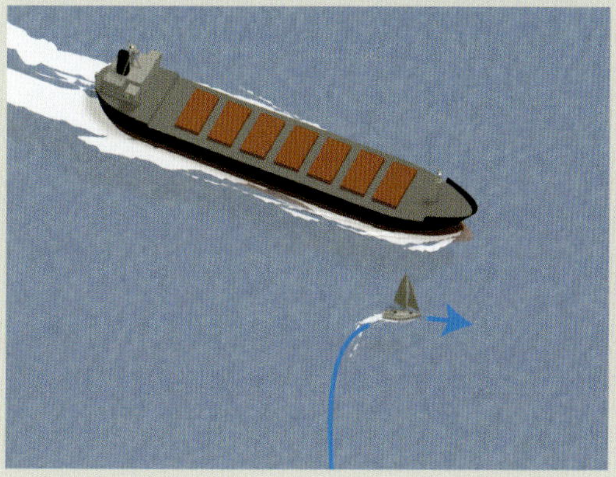

とはいえ、このような角度で行き合うケースでは、右転舵で避けるのもなかなか難しい。101ページの最後のケースにおける、避航船側でも同様だ

こうしたケースを防ぐためにも、なるべく早い段階（避航船側が混乱することのないくらいの距離がある時点）で、ヨット側が針路を変更し、衝突コースを断ち切ることが重要だ

灯火

他船を見つけること、あるいは他船に見つけてもらうことが、いかに重要かは理解できたと思います。

特に、視界の悪くなる夜間でも他船から視認されやすいように、海上衝突予防法で「灯火」が定められています。

小型のプレジャーボートでは、船の大きさによってさまざまな特例が設けられています。少々複雑になるので、ここでは大型の一般商船のものをイラストで確認してみましょう。

慣れてくれば、真っ暗な中に航海灯だけが見えているというような状況でも、船のシルエットが頭の中で思い描けるようになるでしょう。

小型船の場合は、後方のマスト灯がいらなかったり、左右の舷灯が一つになった両色灯でも可となったりします。また、船の大きさによって、それぞれの灯火ごとの視認距離も定められています。

先に挙げた運転の不自由な船舶や漁労中の漁船にもそれぞれ固有の灯火があり、避ける側が判断できるようになっています。昼間は、灯火に代わり「形象物」によってこれらを区別できるようになっています。

相手船の存在を知ると同時に、自船の存在を明らかにすることも、衝突を防ぐためには重要です。特に足の遅いヨットの場合、自船の灯火類の整備は当然のことながら、場合によってはセールを懐中電灯で照らすなどのアピールも有効になるでしょう。

マスト灯　白灯
舷灯よりも高い位置に付き、左右112.5度ずつ、合わせて225度にわたって前方を照らす。
後部のマスト灯は、前部のマスト灯よりも高い位置に付く

右舷灯　緑灯
右舷前方から112.5度の範囲

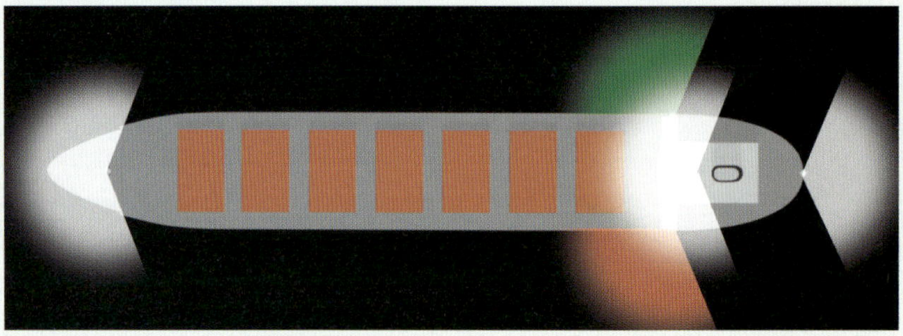

船尾灯　白灯
舷灯、マスト灯が照らさない後方135度を照らす

左舷灯　紅灯
左舷前方から112.5度の範囲

先に挙げた、「追越し船」の定義（船舶の正横後22.5度を超える後方）にあたる場合は、船尾灯のみが見えていることになる。「横切り船」にあたる場合は、左右どちらかの舷灯とマスト灯が見えていることになる

それでは実際に、海の上では航海灯（灯火）はどのように見えるのか。これは昼間、相手船の左舷が見えている状態

これが夜間になると、このように左舷灯である紅灯と、マスト灯（白灯）が見えることになる。船体のシルエットも分かるように、月明かりの状態を絵にしてみた

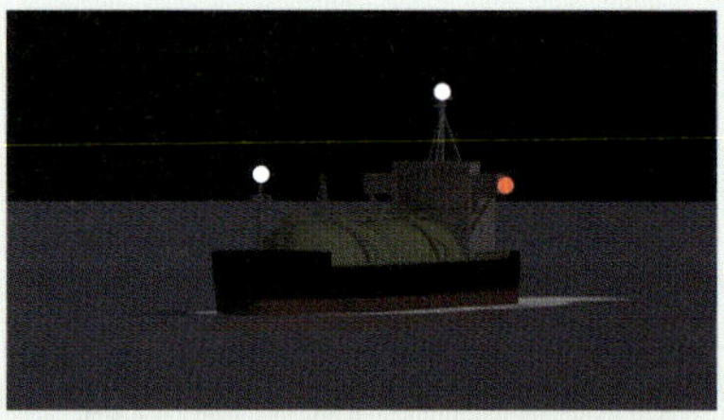

左よりもマスト灯の間隔が狭く見えるが、長さの短い寸詰まりの船ではない。左舷前方が見えているということ。これが自船の右舷前方に見えれば、こちらに向かってきている船ということになる

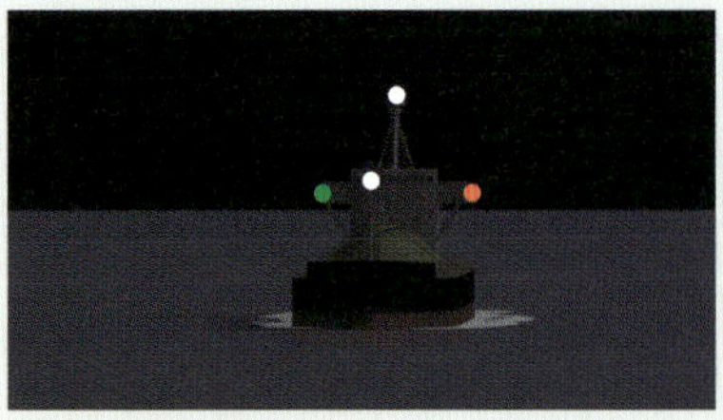

左右の舷灯が見えているようなら、相手船の正面が見えていることになる。これで、前後のマスト灯が重なって見えれば、真正面ということになる

緑灯が見えていれば、相手船の右舷が見えているということ。上図の例と違い、斜め後ろが見えているということが、マスト灯と舷灯との位置関係から分かる

船尾灯（白灯）だけが見えている状態。他の状態に比べて見えにくいと思うが、自船の後ろから追いついてくる船舶からは、自船はこのように見えている（見えにくい）ということを理解しておこう

覚えておきたい灯火と形象物

全長20m以上、50m未満の動力船

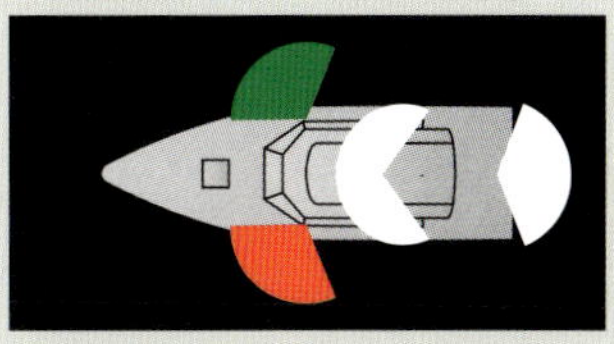

全長50m以上は、マスト灯1個追加

全長20m未満の動力船（モーターボート）

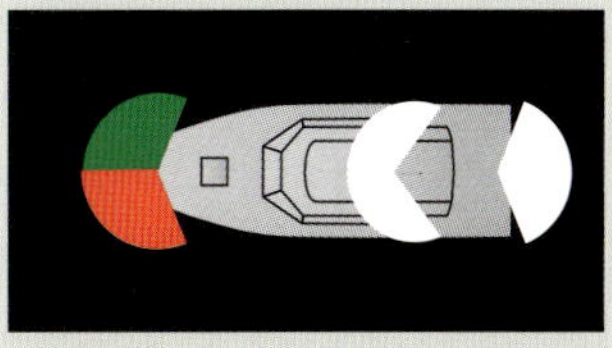

舷灯1対の代わりに両色灯1個で可

全長12m未満の動力船

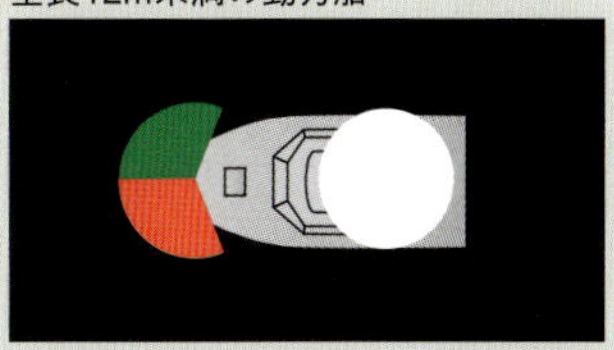

両色灯1個、白色全周灯1個で可

全長7m未満で速力7ノット未満の動力船

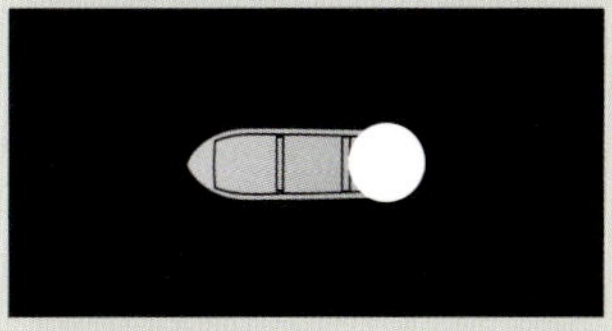

白色全周灯1個で可

帆船（ヨット）の場合

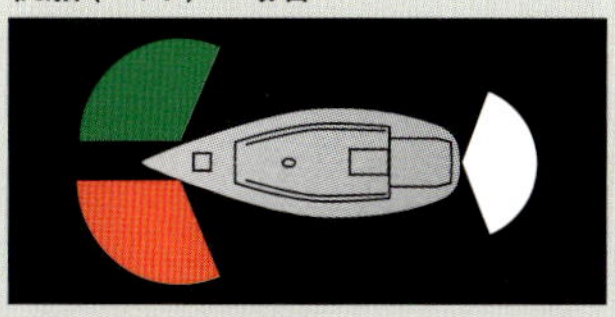

舷灯および船尾灯

長さ20m未満の場合

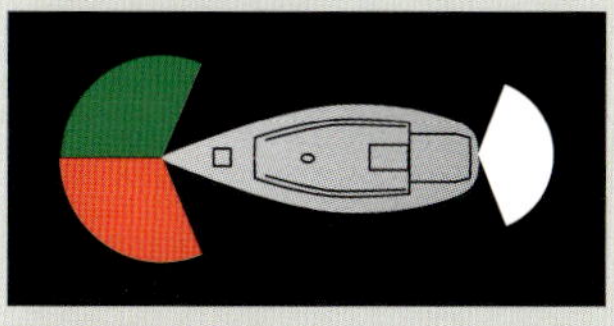

舷灯を両色灯1個でも可

あるいは、マスト最上部に3色灯でも可

錨泊中（全長50m未満）

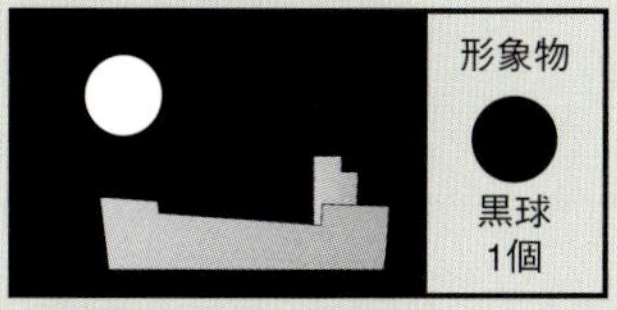
形象物
黒球
1個

白色全周灯1個（全長50m以上は、後部に白色全周灯を1個追加）

漁労中

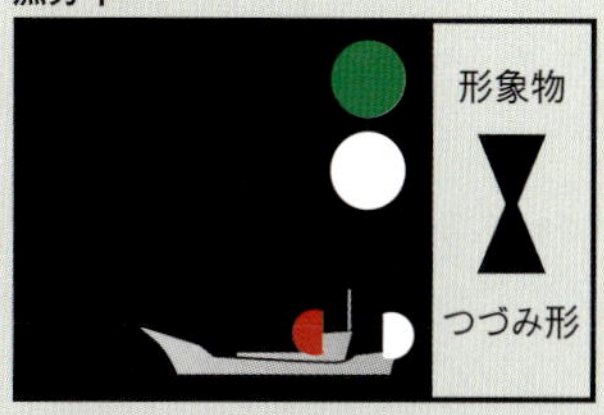
形象物
つづみ形

トロール　緑色全周灯+白色全周灯
（対水速力がない場合、舷灯と船尾灯を消す）

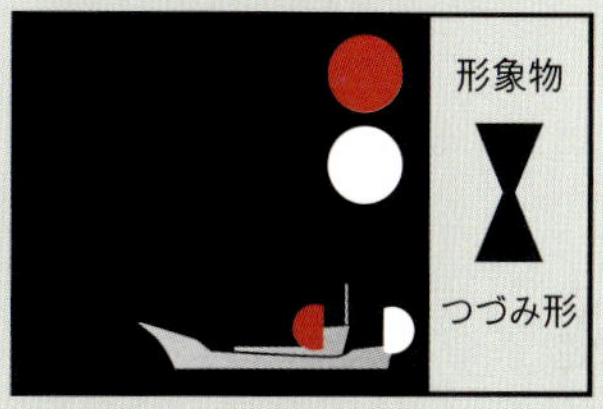
形象物
つづみ形

トロール以外　紅色全周灯+白色全周灯
（対水速力がない場合、舷灯と船尾灯を消す）

運転不自由船

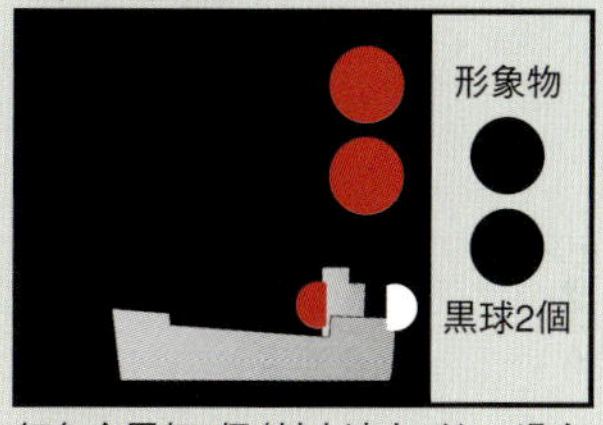
形象物
黒球2個

紅色全周灯2個（対水速力がない場合、舷灯と船尾灯を消す）

操縦性能制限船（全長50m未満）

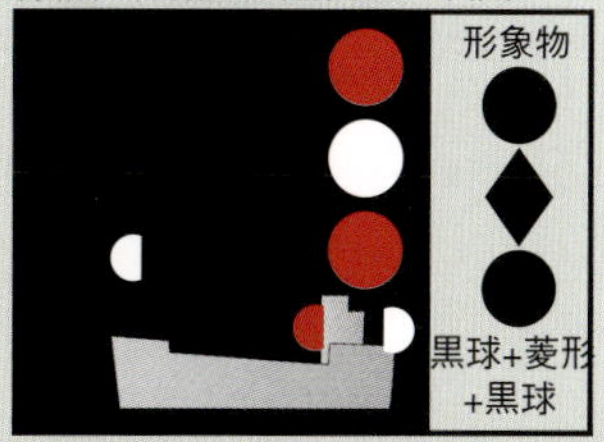
形象物
黒球+菱形
+黒球

紅+白+紅（対水速力がない場合、マスト灯、舷灯、船尾灯を消す）

引き船、引かれ船

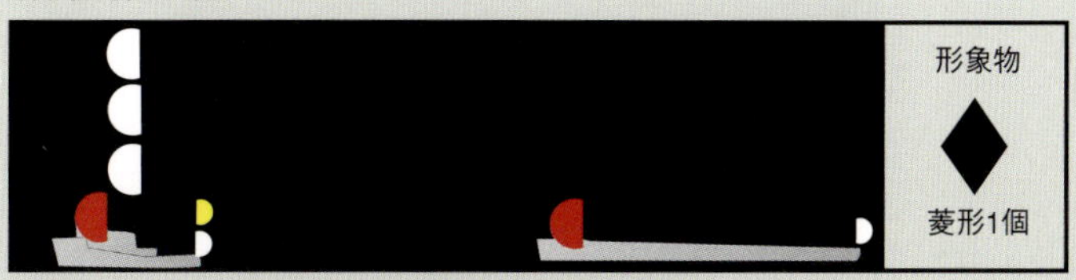
形象物
菱形1個

航海灯に加えて、マスト灯2個（全部で3個）+引き船灯1個

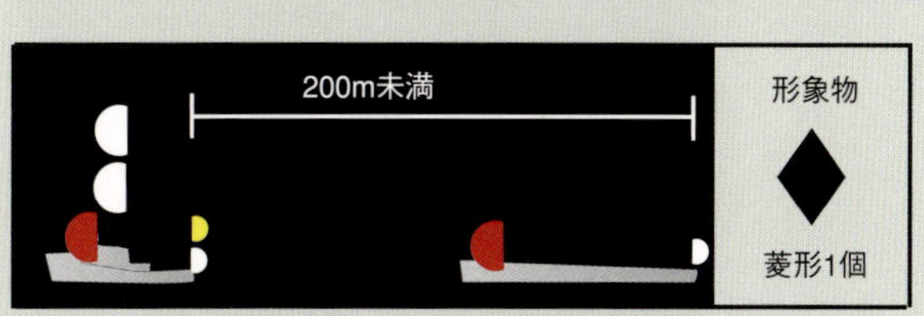
200m未満
形象物
菱形1個

曳航が200mを超えない場合、マスト灯1個（全部で2個）+引き船灯1個

乗り揚げ（全長50m未満）

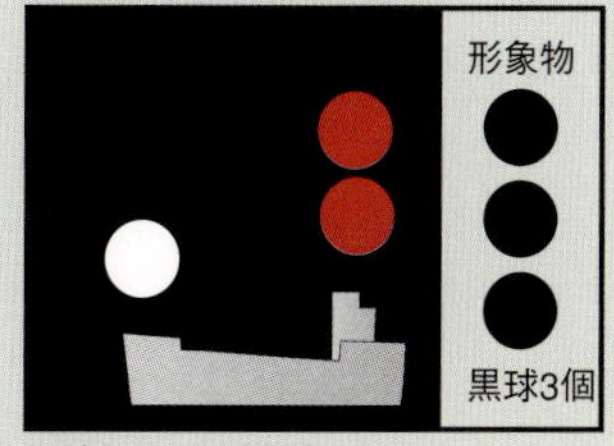
形象物
黒球3個

錨泊灯+紅色全周灯2個

マスト灯
左舷灯
船尾灯
全周灯（白色）

注：実際の船尾灯は、真横からは視認できません。

海上交通安全法

「海上交通安全法」は東京湾、伊勢湾、瀬戸内海といった船舶交通量が特に多い特定の海域で、その通行方法を細かく定めた日本独自の法律です。先に挙げた「海上衝突予防法」に優先して適用されます。

やはり第4章で触れましたが、ここではもう少し具体的にプレジャーボートでの運用方法を考えてみましょう。

海上衝突予防法との違い

プレジャーボートにとって、海上交通安全法で定められた航路は「そこを通らなければならない」とも「そこを通ってはならない」とも定められたものではありません。

また、横断禁止区域を除き、「その航路を横断してはならない」とするものでもありません。たとえば東京湾では浦賀水道航路、中ノ瀬航路と続いており、どこかで航路を横断しないことには、横浜側から千葉方面へ行くのに大変な遠回りをしなくてはならないことになってしまいます。

プレジャーボートに関係する、ここでの大きな決まりは、「航路を横断する場合は、航路に沿って航行している船舶が優先する」ということです。海上衝突予防法との違いをイラストで見てみましょう。

東京湾を行く

大型船（海上交通安全法では全長50m以上の船舶）には航路に沿って航行する義務がありますが、それより小型のプレジャーボートはその限りではありません。

航路内を走ることも可能ではありますが、浦賀水道航路は右側通行、中ノ瀬航路は北行のみとなり、速力も12ノット以下と制限があります。

いずれも航路内を航行している場合の話で、航路外はその限りではありません。よって、プレジャーボートにとって航路内を走るメリットはあまりなく、目的地が航路に沿っている場合でも航路の外を通るのが一般的です。

もちろん、航路はなるべくなら横切らないようにしたいのですが、やむを得ず航路を横断する場合は、法律によって「航路を横断する船舶は、当該航路に対しできる限り直角に近い角度で、すみやかに横断しなければならない」とされています。

64ページで東京湾奥部へ向かうプレジャーボート向け航路の例を示しま

航路航行船が優先

海上衝突予防法では、その位置関係からイラストのモーターボート側が保持船。貨物船側が避航船となるが、特定航路では立場が変わり、航路に沿って航行している貨物船側が保持船となる。当然ながら、実際にはイラストのように航路に色が付いているわけではない。航路標識によって見分けることになる

海上交通安全法が適用される各航路

海上交通安全法
http://law.e-gov.go.jp/htmldata/S47/S47HO115.html

浦賀水道航路　中ノ瀬航路
http://www.kaiho.mlit.go.jp/03kanku/12keikyubu/kouan/toukyouwann/toukyouwanniokerukouhou/tokyonavi.htm

明石海峡航路
http://www6.kaiho.mlit.go.jp/osakawan/others/akashi/index.htm

備讃瀬戸各航路
http://www6.kaiho.mlit.go.jp/bisan/succor/tokuchou/index.htm

伊良湖水道航路
http://www.kaiho.mlit.go.jp/04kanku/anzen/step_isewan/index.html

したが、ここで、浦賀水道航路を西から東側へ横切る際に、航路の入り口付近を直角に横断しているのも、このためです。

浦賀水道航路から出てきた船は、南行する船、西行きの船と、その後はさまざまな航路を取るため広い範囲に散らばっていきます。そこへ浦賀水道へ向かう船舶が、西から南からやってきてはすれ違っていきます。

航路の入り口から少し離れた海域では、さまざまなコースで走る船が入り乱れていることになります。

ヨットやボートでここを横切り、航路の東側に出るとなると、さまざまな角度での見合い関係が生じることになります。

これまで見てきたように「斜め後ろから追いこされる」というようなケースは、保持船側でも避航船側でも対処が難しくなります。

航路の出入り口から離れた海域では、そんな難しい見合い関係になることが多くなり、また航路を横切るまでに長時間かかることになります。

そこで、航路の入り口付近を、できる限り直角に近い角度ですみやかに横断するのが、本書でのお勧めコースになります。

直角に近い角度なら、衝突コースか否かも分かりやすく、またわずかの転舵で避けることができるでしょう。

もちろん、これまで書いてきたようにナビゲーションの答えは一つではありませんから、その時の状況に合わせて判断してください。

なお、浦賀水道北部には横断禁止の水域がありましたが、平成20年1月1日で廃止されました。このように、法規は変更されることがあります。また、ここでは東京湾を例に挙げて説明しましたが、海上交通安全法に定められた航路ごとに海上保安庁提供のインターネットサイトなどで正確な情報が出ていますので、これらを参考にして慎重な航海を行ってください。

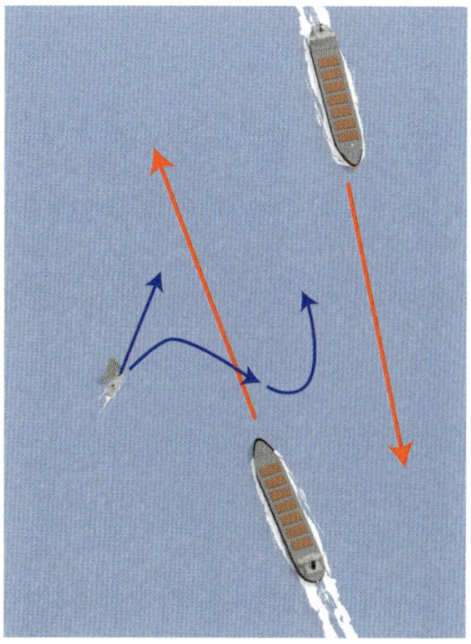

斜め後ろから追いつかれ、追い越されるような見合い関係は判断が難しい。やっと避けたと想ったらまたまた次の船が……

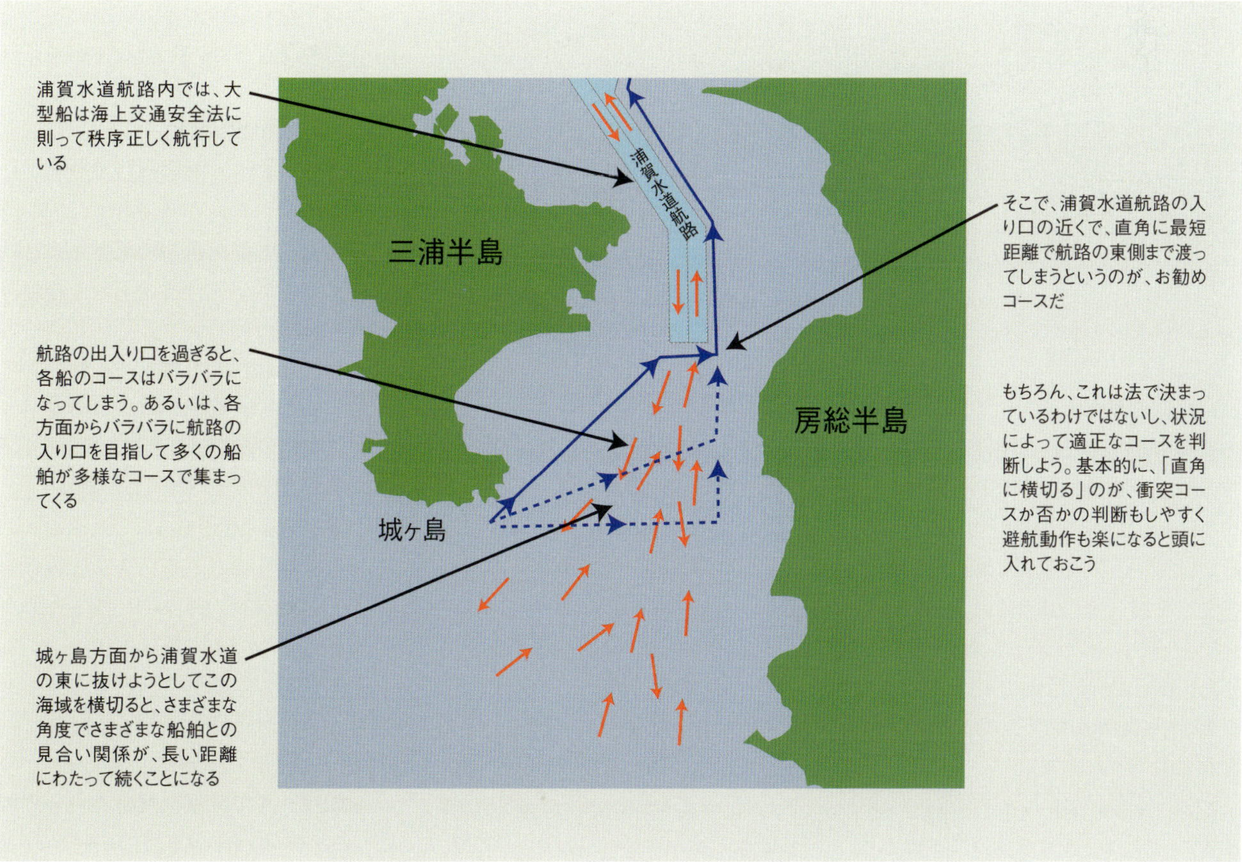
浦賀水道航路内では、大型船は海上交通安全法に則って秩序正しく航行している
浦賀水道航路
三浦半島
房総半島
城ヶ島
そこで、浦賀水道航路の入り口の近くで、直角に最短距離で航路の東側まで渡ってしまうというのが、お勧めコースだ
航路の出入り口を過ぎると、各船のコースはバラバラになってしまう。あるいは、各方面からバラバラに航路の入り口を目指して多くの船舶が多様なコースで集まってくる
もちろん、これは法で決まっているわけではないし、状況によって適正なコースを判断しよう。基本的に、「直角に横切る」のが、衝突コースか否かの判断もしやすく避航動作も楽になると頭に入れておこう
城ヶ島方面から浦賀水道の東に抜けようとしてこの海域を横切ると、さまざまな角度でさまざまな船舶との見合い関係が、長い距離にわたって続くことになる

第 6 章
GPS

GPSの測位原理と誤差

現在のプレジャーボートにとって、GPSはなくてはならない装備になっています。
本書では、ここまでちょっと遠回りして「GPSなしで行うナビゲーション」について書いてきましたが、
ここからいよいよGPSの登場です。

プレジャーボートとGPS

「GPSは万能なのか？」これが、本書の書き出しで提起した問題です。

GPSさえあれば、プレジャーボートのナビゲーションが完璧にできるというわけではありません。やはり紙の海図が必要になるし、その海図を読む知識や使い方（チャートワーク）も会得する必要があります。ここまでは、こうした基本的なナビゲーション技法について解説してきました。

とはいえ、GPSがプレジャーボートのナビゲーションにおいて大変有効であることも確かです。今ではGPSなしのナビゲーションは考えられないといってもいいかもしれません。

さて、そのGPSとはどんなものなのか、改めて詳しく解説しましょう。

GPSの測位原理

GPSとは、人工衛星を使って現在位置（受信機の位置）を知るシステムです。

専用の人工衛星が、高度約2万km、赤道面に対して55度傾いた六つの軌道上に、それぞれ4基ずつ、合計24基が周回しています。

高度2万kmといってもピンと来ないかもしれませんが、お馴染みの気象衛星ひまわりや、通信衛星のインマルサットなどの静止衛星は高度約3万5千km上空にあり、それに比べると低いといえますが、衛星携帯電話のイリジウム用衛星のように高度が780km程度とかなりの低空を回るものもあるので、GPS衛星はその中間ということになります。

この高度では、衛星は11時間58分02秒で地球を一周します。1日に2周するということになります。

さて、24基のGPS衛星にはきわめて正確な原子時計が搭載されており、24時間連続して正確な時刻を送信し続けています。上空から送られる時報のようなものです。

地上のGPS受信機でその時報を受信し、衛星から送信されてから受信されるまでの時間差を求めれば、衛星と受信機がどれだけ離れているか、その距離が分かります。

とはいえ、電波の進む速度は秒速30万kmと極めて速いので、2万km上空の衛星からでも0.07秒ほどで届いてしまう計算になり、時間差といってもごくわずかなものです。そのわずかな時間差を測定するわけですから、GPS衛星に搭載された原子時計の精度がいかに高いか、お分かりいただけると思います。

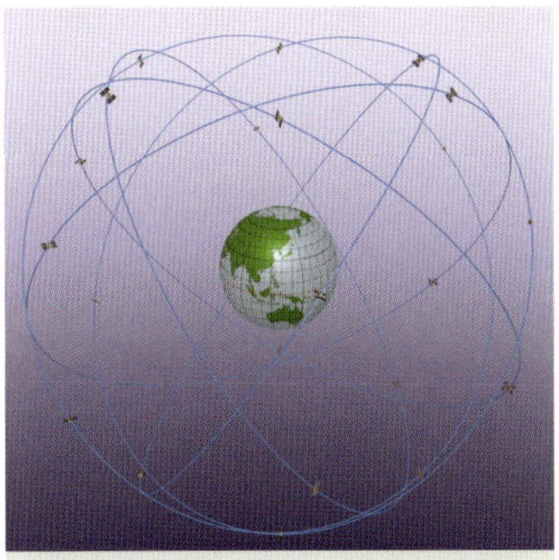

地球の直径は約1万2,700kmだから、高度2万kmというとこんな感じ。六つの軌道に24基、予備基も入れると約30基の人工衛星によって、地球上のどこでも、上空が開けているかぎり同時に約6基の衛星からの電波を受信できる。受信した電波の遅延時間から、衛星までの距離を計算し、測位地点を割り出すのがGPSだ。仕組みは大がかりだが、地文航法で用いたクロスベアリングとちょっと似ている

同時に、GPS衛星からは、その軌道情報も電波に乗せて発信されています。そこから、各衛星の位置(時報を発信した場所)が正確に分かります。

時報を発信した場所と、そこからの距離が分かるということは、GPS受信機はその衛星から、その距離だけ離れた球面のどこかにある、ということが分かります。

三つの衛星から受信機までの距離が分かれば、それらが交わる地点は1カ所、つまり高度も含めた三次元的な位置が確定します。

地文航法で説明したクロスベアリングに似ていますが、GPSでは方位ではなく、距離を元に位置の線(というか面)を三つ求め、それが重なる1地点が測位地点ということになるのです。

……と、極めて単純なようですが、受信機側にはGPSに搭載されている原子時計ほど正確な時計は装備されていません。一般的なクオーツ時計では、月差±20秒などといわれますから、話になりません。

そこで、もう一つの衛星を使うことになります。四つの衛星すべての原子時計が正確にシンクロされているというのがポイントです。

すなわち、(1)緯度、(2)経度、(3)高度、(4)時間という四つの変数があるわけですから、それらの解を求めるためには4本の方程式、つまり四つの衛星からの距離を知れば、答え(緯度、経度、高度)は出るということになります。

我々は海の上にいますから、高度はゼロ。つまり平面的な(二次元：2Dの)解を求めるためには変数は三つになりますから、三つの衛星で「緯度」と「経度」は得られます。

先に挙げた軌道上を回る24基の衛星(実際には予備基を含めて約30基)によって、地球上のどこにいても、常に頭上には5～6基のGPS衛星が見えている状態にあります。特にビルの谷間やトンネルを走る自動車と違い、海上では上空を遮るものはなく、このため1日24時間、天候にも関わりなく、位置を知ることができるようになったというわけです。

GPSの誤差

波長の短い(周波数の高い)電波は直進性が良い、という特性があります。

海上の近距離通信に用いられるVHF(超短波)無線機は、150MHz近辺の周波数を使うので、わりと直進性が高く、見通し範囲の通話に適しています。対して、長距離の通信に用いるSSB無線機は中～短波帯(HF：2MHz～30MHzくらい)を用いており、これは直進性が悪く、地球を取り巻く電離層に反射してしまうという特性があります。逆にこの性質によって、電離層と地表の反射を繰り返しながら、地球の裏まで電波が届くのです。

GPS測位は衛星からの距離を測るわけですから、なるべく真っ直ぐ、寄り道せずに受信機まで届いてもらわないと困ります。そこで、極超短波帯(UHF)の1.5GHzが用いられています。

極超短波は電離層を突き抜けて直進しますが、直進するといっても電離層通過時に多少の変化はあり、それは測位結果に誤差として反映されてしまいます。

また、その下の空気の濃い層(対流圏)を通過する際にも遅延が生じます。電離層による誤差の10分の1程度ではありますが、これも測位誤差として現れます。

受信機が受ける雑音によっても誤差は出ます。これはアンテナや周囲の状況にもよります。カーナビ(自動車用GPS)など、街中で測位する場合には、ビルの壁面に反射して到達する電波も拾ってしまい、これは当然ながらより長い距離を通って来るので遅延時間も長くなり、測位誤差につながります。空が開けた海上でも、海面から反射した電波を受けてしまうことがあるようです。

また、システム上、捉えた衛星の配置によっても誤差が変わります。クロスベアリングでの誤差と同じような原理で、衛星間の距離が近い組み合わせでは、それだけ誤差が大きくなります。

以上のような誤差を合わせると、今の民生用GPSにおける単独測位での精度は約10mといわれています。

初期のGPS受信機では、シングルチャンネルといって、一つのチャンネルで一つの衛星からの電波を受信して計算、続けて二つ目の衛星からの電波を受信し……といった処理をしていたようですが、しだいに受信から計算に至るチャンネル数を増やし、今では12チャンネル、つまり頭上に位置するすべての衛星からの電波を常に補足しつつ順次切り替えて測位するという構成になっています。

電波はそもそもアナログなものですから、それを受信してからのアナログ→デジタル化の処理(搬送周波数変換、逆拡散、位相検波)もIC化され、位置の検出も、各衛星を中心とした球面を描き交点を求めるという一般的な方法の

みならず、より多くの衛星を用い、それぞれの距離差が最小となる点を求めるといった方法など、メーカーごとに工夫が凝らされてきました。

その結果、現在のGPS受信機では、測位誤差に関して、メーカーごとの性能差はほとんどないといわれています。

ディファレンシャルGPS

GPSの根幹システムは、アメリカ合衆国の国防総省が運営しています。30基もの人工衛星を打ち上げること自体大変なことですが、それぞれの寿命は7年ほどといわれていますから、それらの保守、管理も並大抵のことではないはずです。

そもそもは軍事用のシステムで、米国は自国の国防のためにシステムを維持、管理しているのであり、その一部が民生用に開放されているにすぎません。いってみれば、我々は米軍の軍事システムを使わせてもらっているということになります。

衛星からは、L1(1.575GHz)、L2(1.227GHz)という2種類の電波が発信されています。

民生用に開放されているものは、C/Aコード(Clear and Acquisitionあるいは Coarse and Accessの略。Sコード:Standard codeとも呼ばれる)と呼ばれ、L1電波が使われます。

一方、軍事用のPコード(PrecisionまたはProtectの略)ではL1、L2の電波が使われています。

C/Aコードは民間に解放しているとはいえ、これを敵国に軍事利用されてしまっては多くの予算を使って維持している意味がなくなってしまいます。そのため、民生用のC/Aコードには、意図的に原子時計の精度を落とし、測位誤差を大きくするSA(Selective Availability)という処理が行われていました。

このため、C/Aコードの測位誤差は時には100m以上にも広がります。意図的に行うものですから、米国がその気になれば、さらに大きな誤差を作ることも可能です。

ところがその後、地上波を使って補正情報を流すDGPS(Differential GPS)というシステムが開発されました。

DGPSでは、地上の決まった場所(多くは灯台内)にディファレンシャル局を設け、ここでGPSからの電波を受けて測位します。

ディファレンシャル局は地上に固定されていますから、正確な位置はあらかじめ分かっていて、それが変わることはありません。ここでGPS測位されて求められた位置と実際の位置の差が、すなわちその時点でのGPSの誤差ということになります。

そこで知り得た誤差情報を電波で流し、それをDGPS対応のGPS受信機で受けて測位値を補正すれば、GPS受信機の測位精度がぐっと上がるというわけです。

これによって、本来あった原子時計のわずかな狂いは完全に補正されます。となると、ここで意図的な誤差(SA)を作っても無駄になってしまいます。

GPSは、すでに民間でもなくてはならない存在になっています。そこで、2000年にはSAをかけない旨、米国政府から正式発表されています。

受信機側がディファレンシャル局に近ければ、電離層や対流圏での誤差もほぼ同じようなものになるでしょうから、これらも同様に補正されるため、DGPSでの測位精度は約1mといわれています。

電波航法の今昔

GPS以前にも、電波を使った航法システムは存在しました。

ロラン(LORAN:Long Range Navigation)は、地上に設置されたロラン局(主局、従局)から発射されたパルスを受信し、その時間差から位置の線を求めるシステムです。この場合の位置の線は双曲線となるため、双曲線航法とも呼ばれます。

第二次世界大戦中の1940年、米国によって実用化されたといわれていますが、日本では1950年代中頃から船舶や航空機に受信機が装備されるようになりました。

その後、旧型のロランAから、ロランCへと進化しました。ロランCでは、1つの主局(日本近海では新島にある)と、複数の従局からなるチェーンを構成し

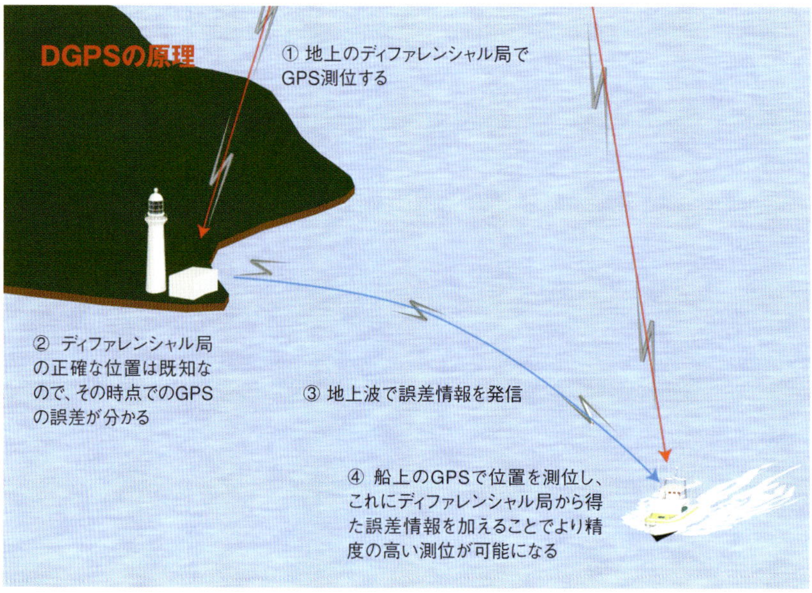
DGPSの原理
① 地上のディファレンシャル局で
GPS測位する
② ディファレンシャル局
の正確な位置は既知な
ので、その時点でのGPS
の誤差が分かる
③ 地上波で誤差情報を発信
④ 船上のGPSで位置を測位し、
これにディファレンシャル局から得
た誤差情報を加えることでより精
度の高い測位が可能になる

ています。周波数は100kHzの長波帯(LF)なので、地上局から船舶間への伝搬距離は長くなり、1,400〜2,300マイルの有効範囲がありますが、地上局は世界中に配置されているわけではないため、カバーされるエリアは限られています。日本の沿岸部こそ、ほぼすべてカバーされていますが、南太平洋の真ん中などではまったく受信できません。

ロランCの測位精度は30〜500m。特に夜間や雨などの荒天時にはさらに精度が悪くなるなど、その精度もGPSに比べるまでもありません。

日本のロラン局は、米国によって軍事用に運用されていたものです。GPSができた現在では、米国以外で運用しているロラン局は廃止されることになりましたが、日本においてはGPSのバックアップとして海上保安庁が引き継ぎ、現在でも運用されています。

ロランと似たようなシステムに、デッカ(Decca Navigator System)があります。こちらは英国のデッカ社が開発したシステムで、1946年に英国で運用が開始されました。日本にもデッカ局がありましたが、2001年3月にはすべて廃止されています。

ロランもデッカも、その運用海域は限られています。対して、全地球規模で運用されていたのがオメガシステム(Omega Navigation System)です。

米国海軍の電子研究所によって開発され、1983年から完全運用が始まったオメガシステムは、10kHzから13kHzの超長波(VLF)を用いているので、ロランよりもさらに伝搬距離が長く、わずか8局の地上局で全世界をカバーしていました。電波航法としては、初の世界全体をカバーするシステムだったのですが、測位精度も数kmになり、誤差は大きいものでした。

また、米国海軍はGPS以前にも人工衛星を用いた航法システムを開発しており、7基の衛星によって全世界をカバーするNNSS(Navy Navigation Satellite System)が1964年に運用開始されています。

NNSSでは、高度約900kmの軌道上を回る人工衛星から、400MHz、150MHzの二つの電波を発射します。地球1周、約100分というスピードで移動する人工衛星から送られてくる電波は、衛星の移動にともなって受信側では周波数が変化します。近づき、遠ざかっていく救急車のサイレン音が変化して聞こえるのも周波数が変化していることによる現象で、それと同じことが起こるわけです。このドップラーシフトと呼ばれる現象を受信機で観測することによって、自艇位置を割り出そうというものです。

測位精度約200mと、それまでの他の航法システムに比べても優秀で、カバーエリアも全地球上におよびましたが、なにぶん頭上に衛星がいる時でないと測位できません。

精度は悪いが24時間測位可能なオメガと、精度は良いが測位可能時間が限られるNNSS。二つのシステムで補完しあって全地球規模で用いることができたわけですが、すべての面で上回るGPSの登場によって、1996年末にはNNSSが、1997年9月末にはオメガが、運用を停止しました。

かくして、現在では、

○地球上どこででも
○24時間いつでも
○高い測位精度

と、3拍子そろったGPSが全盛となり、電波航法、衛星航法といえばGPSのことになったわけです。

GPSの未来

GPSは、1970年代に米国国防総省によって開発がすすめられ、1994年に完全運用が開始されました。

正確な原子時計の管理はもちろんですが、複数の衛星から同じ周波数で送られてくる信号をいかにして混信することなく受信し復調するのか、衛星寿命を延ばすために、いかにして効率よく電波を発射させるのかなど、先進技術の粋を集めたシステムなのです。

先に挙げたディファレンシャルGPSの修正データを静止衛星から流すWAAS(ワース)など、さらなる改良、進化も進んでいます。

精度のみならず、受信機の小型化、省電力化、低価格化といった要素も見逃せません。今では携帯電話の中にも収まるほど小さくなったわけですから。

しかし、なんといってもGPSは米国国防総省が運営管理しているシステムで、我々はそれを使わせてもらっているにすぎません。

米国の都合で運用が終了してしまったり、運用に制限が設けられたりすることがないとも限りません。そのため、他の国々でも同様の人工衛星を使った測位システムの整備が進められています。

ロシアではGLONASSが、また、欧州連合が主体となり、中国、インド、サウジアラビアなどが参加した商用システムとなるガリレオ(Galileo)などのシステムの運用開始も目前に迫っており、これら第2、第3の衛星航法システムを含めて、GNSS(Global Navigation Satellite System)と呼ばれはじめているようです。

GNSSは、さらなる進化を続けていくのでしょう。

GPSの精度はすでに申し分ない。表示方法や操作性の進化が進んでいる

GPSの種類

GPS受信機といっても、用途によってさまざまなタイプがある。まず、その違いを見ていこう。

GPSの種類

GPSとは地球の周りを回る人工衛星などを含めた大きなシステム全体のことですが、一般的にGPS受信機のことをGPSと呼ぶことも多くなっています。

一言でGPS受信機といっても、さまざまな機種が発売されており、船舶用はもちろん、現在ではカーナビに代表されるような自動車用、あるいは登山などでも使われています。

となると、用途によって求められる機能も違ってきます。我々プレジャーボートでは、どういった機種を選べばいいのでしょうか。

プレジャーボート用のGPSを大きく分けると、持ち運び可能なハンディータイプと据え置きタイプに分かれます。据え置きタイプには、海岸線や航跡を表示するプロッターが付いたものと付かない機種がありますが、プロッターのない据え置きタイプの意味はあまりないので、据え置きタイプ＝プロッター付きと考えて良いかもしれません。

古い機種だが、ハンディータイプのGPSをデッキに持ち出した例。ブラケットでドジャーの内側に固定し、電源はヨットのバッテリーから取っている。奥に魚探も見える。これでコクピットで繰船しながら、ナビゲーション可能だ

ハンディータイプ

乾電池で駆動し、手に持って移動できるのがハンディータイプのGPSです。

GPSの優位性は測位精度だけではなく、小型化が達成されたことも大きい要素です。

あるメーカーでは、1982年に製造された第一世代のGPSは容積が7,200cc、その後の研究開発によって、それが6000分の1程度の容積にまで小型化されたといいます。今では携帯電話の中に収まるほどですから、かつての衛星航法(NNSS)を使っていた人には信じられない進化といえるかもしれません。

その小型化の恩恵にもっとも浴しているのが、ハンディータイプのGPSです。

電源、アンテナ、操作部、表示部、すべてが一つの小さな筐体《きょうたい》に収まっています。

登山などで使うなら小さければ小さいほどいいのでしょうが、プレジャーボートで使う場合はそれほど小さい必要はありません。筐体が小さければそれだけ表示部も小さくなってしまって見にくくなりますし、操作用のボタンも小さく、数も少なくして合理化されているでしょうから操作性も悪くなる場合があります。

中にはプロッター機能がついているハンディー機も出てはいますが、これはオマケと考えましょう。本書では紙海図とGPSの融合がテーマなので、プロッターはどうしても必要というわけではありません。対して紙海図は、なければならないものです。

逆に、ハンディータイプなら家に持ち帰ることができるので、自宅でゆっくり海図を見ながらGPSを手元に置いて航海計画を練ることができます。その際にGPSの操作に関しても習熟できるでしょう。

ハンディーですから、普段はポケットに入れておいて必要な時に取り出して電源を入れる、という使い方もアリですが、専用のブラケットがあれば船に取り付けることもできます。防水性の高い機種を選び、コンパニオンウェイ部分に設けたドジャーなどの波よけの内側に設置すれば、よほどの大時化でもないかぎり大丈夫。コクピットでGPSと紙海図を見ながらナビゲーションすることが可能です。

船のバッテリーから電源を取れるようにしておけば、長時間にわたる航海でも電源は入れっぱなしで使用することができますし、船の電源が故障しても、

GPS側の乾電池で動作しますから、船のバッテリーオンリーの据え置き型よりも安心といえます。

布やFRP製のドジャーやキャノピー内に設置しても、本体内蔵のアンテナで十分に測位可能ですが、不安なら外部アンテナを接続できる機種もあります。また、コンピューターやその他の航海計器とデータ接続可能な機種もあり、機能的には据え置き型とさほど違いはないと思っていいでしょう。

以上のことから、本書では、比較的大型で操作性が良く拡張性の高いハンディー機をお勧めします。

据え置きタイプ

船に完全に固定して使うのが、据え置きタイプのGPSです。電源、アンテナは、外部接続になります。

これまでにも何度か説明しましたが、GPS受信機の機能は、「測位」、「航法支援」の二つに大別できます。

GPS本来の機能である測位を分担する部分は小型化され、機種によってはアンテナに見える部分にGPSが収まってしまっていて、アンテナケーブルのように見えるのが実はデータケーブルであったりします。

いってみれば、据え置きタイプの大きな筐体の中身は、GPSに接続して使う航法支援コンピューターであるといってもいいかもしれません。したがって、ハンディー機も据え置きタイプも、測位精度に変わりはない、と思っていいでしょう。

ただし、しっかりと設置されたアンテナの方が安定した受信が可能であるといえるでしょうし、操作に関してもテンキー（数字キー）があれば緯度、経度の入力などに大変便利です。

据え置きタイプのメリットは、なんといっても航法支援機能の使い勝手であり、それを表示するプロッター画面です。この機能については次項でもう少し詳しく紹介しますが、これまで何度も説明しているように、多くの機種のプロッター画面に表示される海岸線情報は、紙の海図に比べるとどうしても情報量が足りません。紙海図と同等の情報量を持つ電子海図（ENC）が表示可能なGPSは、非常に高価になります。

また、ヨットの場合、据え置き型のGPSはキャビン内のチャートテーブル付近に設置することになると思いますが、これだとコクピットで操船している際に見えません。防水性の高い機種も出ているので、コクピットに設置することも可能ですが、これだとチャートテーブルで見られません。

チャートテーブルとコクピット両方に設置する、あるいはモニターだけを追加してコクピットに設置するという手もありますが、予算がかさみます。

据え置きタイプの一番の難点は、自宅に持ち帰れないということかもしれません。マリーナに来て、船の上で準備をしたり操作に習熟したりする必要があります。

ハンディー機をお勧めするのは、以上の理由によります。既に据え置き型のGPSをお持ちの方も、もう1台、スペア機のつもりでハンディー機を購入されてはいかがでしょうか。そして、デッキに持ち出して紙海図とともに使ってみてください。ずっと便利に確実にナビゲーションができて、しかも紙海図を自由自在に操る楽しさを味わって頂けると思います。

多機能機種

プロッター機能とは、GPSの画面上に海岸線データを表示させ、そこに自艇の航跡を重ねることができる機能です。かつての高級な機種ではブラウン管を使った大型のプロッターもありましたが、プレジャーボートで用いられる機種の多くは液晶のパネルを装備しています。もちろん大きさもさまざま。どの程度、プロッターに頼るかによって画面の大小は決まってくるでしょう。

大きなプロッター画面が付いた据え置き型GPS。この機種では、魚探、レーダーの画像を切り替えて表示、あるいは同時に小画面で表示可能だ

移動速度が速く、小人数で運行するようなパワーボートでは、ヨットよりもプロッターの有効性は高いかもしれません。

また、このプロッター画面を利用して、GPSと魚探を融合させ、一つの画面で両方、あるいは片方ずつ表示できるようにした機種もあります。中には、レーダー画像と合わせて三つの機能を一画面に納めた製品もあります。

設置場所がないような場合は便利でしょうが、ナビゲーション機能として水深を測るために魚探を装備しようとする場合、かえって操作が煩雑になり、使い勝手が悪いケースが多いかと思います。設置場所さえあれば、本来のGPSと魚探（モノクロの安価なものでいい）の二つは別々に装備したほうが、それぞれの操作がシンプルになって使いやすいと思います。

GPSや魚探といった航海計器は、プレジャーボート向けに限ってみてもさまざまな製品が出ています。個々の製品によって機能や操作方法が異なり、時にはそこで使われる用語も統一感のないものになっています。そのため、一般的な操作方法を説明するのが難しくなっています。

機能や操作方法は、さらに触れますが、個々の操作のために、操作方法やマニュアルのわかりやすさが、機種選びの大きなポイントになるでしょう。

GPSを使った実践ナビゲーション

GPSの測位原理や誤差などについて理解いただけたでしょうか?
ここでは、GPSの使い方について説明していきます。

GPSの基本機能

GPS受信機の基本的な機能は、現在位置を測位するということです。そのとき、移動速度と移動方向も計算します。

これらのデータを基に、さまざまな航法支援データを計算し、ディスプレーに見やすく表示するようになっています。

それらの機能はいくつかの画面(あるいはページ)に分かれて表示され、操作されます。

ここで用いられる用語が統一されておらず、また操作方法もまちまちなため、個々の機種について具体的な解説をするのが難しくなっています。しかし、各機能の役割を理解し、機種ごとに用いられる用語と結びつけるようにして覚えていけば、異なった機種を急に使うことになったときにも応用が利きます。

基本操作

操作体系(画面、ページ)は、以下のように大きく6系統ほどに分けられます。

●衛星受信画面、測位画面(GPS Information Page)
●ポジション画面(Position Data Page)
●ウェイポイント管理画面
●ナビゲーション画面
操船画面、ハイウエー画面(Highway Page)、Compass Pageなど
●マップ画面、プロッター画面
●初期設定画面

機種によって呼び方はさまざまですが、それぞれの役割を頭に入れて、画面間の切り替え操作を熟知することが、GPSを使いこなすコツです。

測位

GPS受信機の電源を入れると、自動的にGPS衛星からの電波を受信し始めます。

衛星受信画面には、頭上にあるGPS衛星が番号で分けられ、各々の位置や信号強度などが刻々と表示されるはずです。

まず、全衛星の軌道情報であるアルマナックデータ(Almanac Data)が受信されます。これは、受信すべき衛星の選択に使用されるラフな軌道データです。

位置計算のためには、さらに正確な軌道データであるエフェメリスデータ(Ephemeris Data)が必要になります。人工衛星の軌道は、さまざまな影響を受けてわずかながら変化が生じるため、エフェメリスデータは一定時間ごとに調整され、地上の監視局からの操作でアップデートされていきます。

これらの処理が終わり、複数の衛星からの信号を受信し終わると、いよいよ測位完了です。受信機には現在位置が、緯度と経度で表示されます。

衛星の軌道データは、電源を切った後も本体内のメモリーに記憶されますから、次回からは測位が完了するまでの時間は短くなります。しかし、GPSを長期間使用しなかったり、電源を切った状態で長距離の移動を行った後は、新たに軌道情報データを受信する必要があります。これをコールドスタートといい、測位完了までに数分かかる場合があります。

これらの作業は、GPSの電源を入れて放っておけば、すべて自動的に行われます。現在の多くのGPS受信機は多チャンネル化されており、測位完了までの時間は短縮されていますが、それでも多少のタイムラグはあるため、電源に余裕があるかぎり、GPSの電源は入れっぱなしで使いたいということになります。

初期設定

現在位置は、緯度と経度の座標で表されます。これを海図にプロットして現在位置を記録していくことになります。

これまで見てきたように、海図に記載された緯度尺、経度尺は「度、分」で表示されています。

ところが、GPSの機種によっては「度、分、秒」でも表示できるようになっているものもあります。0.5分は30秒ですから、秒表示では海図にプロットする際に混乱してしまいます。

特に、航海用以外のGPS受信機では、工場出荷時に「度、分、秒」に設定されているものが多いようで、注意が必要です。

この設定を確認、あるいは変更するために、初期設定の画面が用意されているはずです。GPSを使い始め

るときには、初期設定を必ず確認しておきましょう。

初期設定画面では、その他にも、距離はノーティカルマイル（海里）、方位は磁針方位に、高度はメートルに設定しておきましょう。

特に方位は要注意です。今表示されている数字は磁針方位か真方位か、いちいち初期設定画面に戻らなくても確認できるように、どの画面でも方位の数字にならべて「M（磁針方位）」、「T（真方位）」などと分かるように表示される機種が親切ですね。

また、高度を表示する場合の基準となるアンテナの高さも、ここで入力します。アンテナの位置が測位位置になりますから、ハンディー機ならそれが置いてある場所の高さを入力します。

測地系についても注意が必要です。

世界の地図にはさまざまな測地系が用いられてきたため、GPS側で測地系を選択できるようになっています。

本来、GPSは世界測地系（WGS84）が用いられていますが、平成14年以前の日本の海図は日本測地系（Tokyo Datum）が用いられており、それに合わせて日本国内で販売されたGPS受信機は工場出荷時に日本測地系にセットされた機種がほとんどでした。

今では日本の海図もすべて世界測地系で描かれており、GPS受信機も現在販売されている機種は世界測地系に初期設定されているものがほとんどです。しかし、古い機種を使い続けている場合、日本測地系になったままということもあるかと思います。あるいは、プレジャーボートの場合、そうそう海図を買い替えるわけでもなく、新たに買い足した世界測地系の海図と古い日本測地系の海図が混在している場合も少なくないと思います。

GPS受信機側で測地系の設定を変えるのは簡単なので、必ず手持ちの海図とGPSの測地系を合わせるようにしましょう。

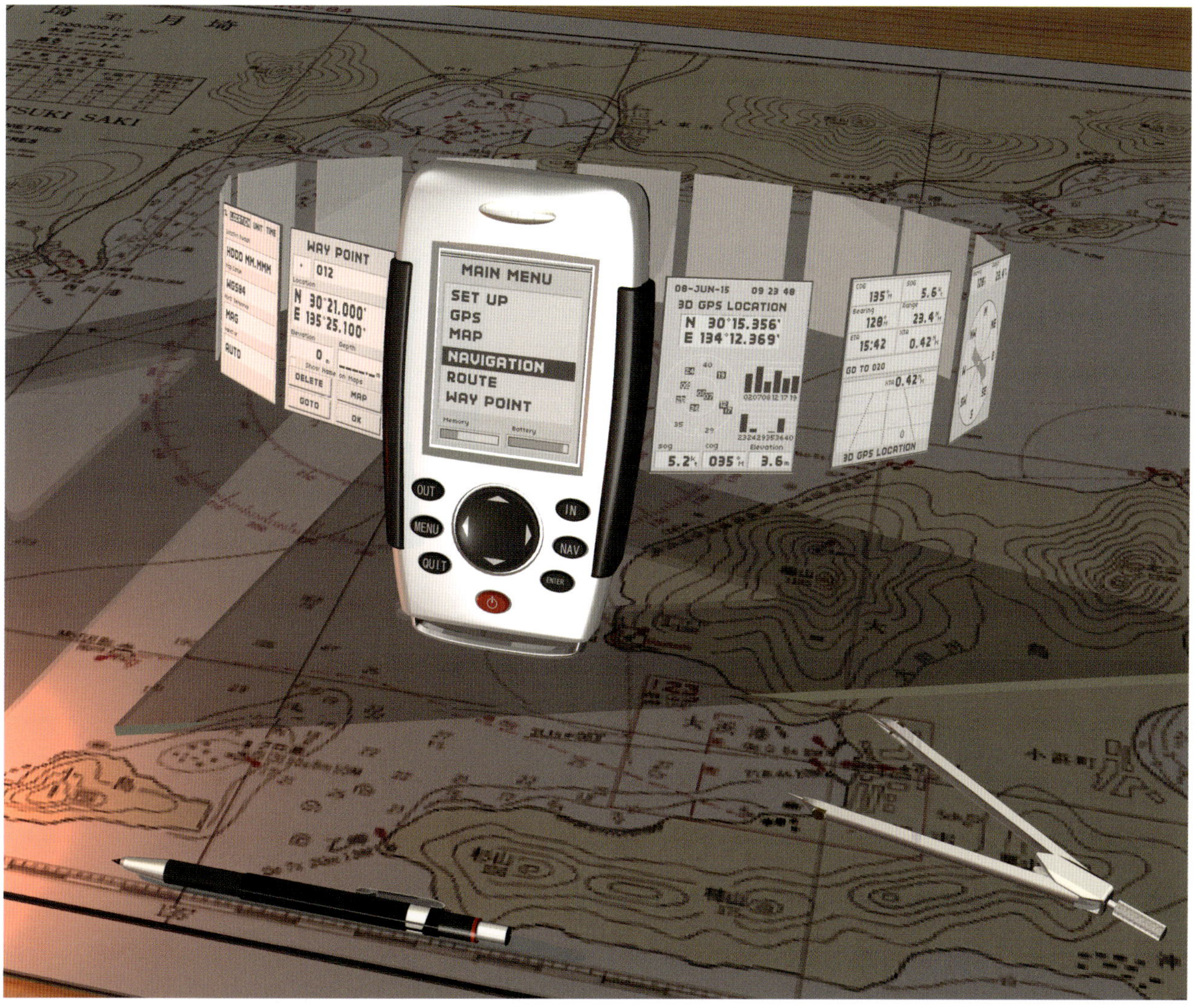

GPS受信機の操作は、機能ごとに分かれた画面(ページ)で行う。各画面の名称は機種によって異なるため、ここでは架空の機種をイラスト化してみた。シンプルだが、紙海図と併用するナビゲーションには十分な機能をもたせてある。各機能のおおよその役割を頭にいれておけば、異なる機種でも短時間で使いこなせるようになるだろう

海図へのプロット

こうしてGPSで得られた測位ポジションは、緯度と経度で示されていますから、海図にプロットしないと意味を持ちません。まず、GPS使用の基本の基本、「測位ポジションを海図にプロットする」という作業をしてみましょう。

GPSには次の現在位置が表示されました。

北緯　30度14.812分
東経 135度12.368分

この地点を海図上に写します。

三角定規をきちんと使って正確に作図する方法もありますが、ここでは手さばき良く作業することを目的とした方法を以下のイラストで紹介します。実際に行うと、2アクションでポジションをプロットできると思います。

精密さを求めるよりも、こまめに海図上にプロットする気がおきるよう、「素早く手軽に、しかし大きな間違いがないように」ということを目的に作業手順を絞ってありますので、一度この手順通りに試してみてください。

前に紹介した分度器付き定規の直角部分を使っても作業は可能です。他にも、もっと素早く行う方法があるかもしれません。いろいろ工夫してみてください。

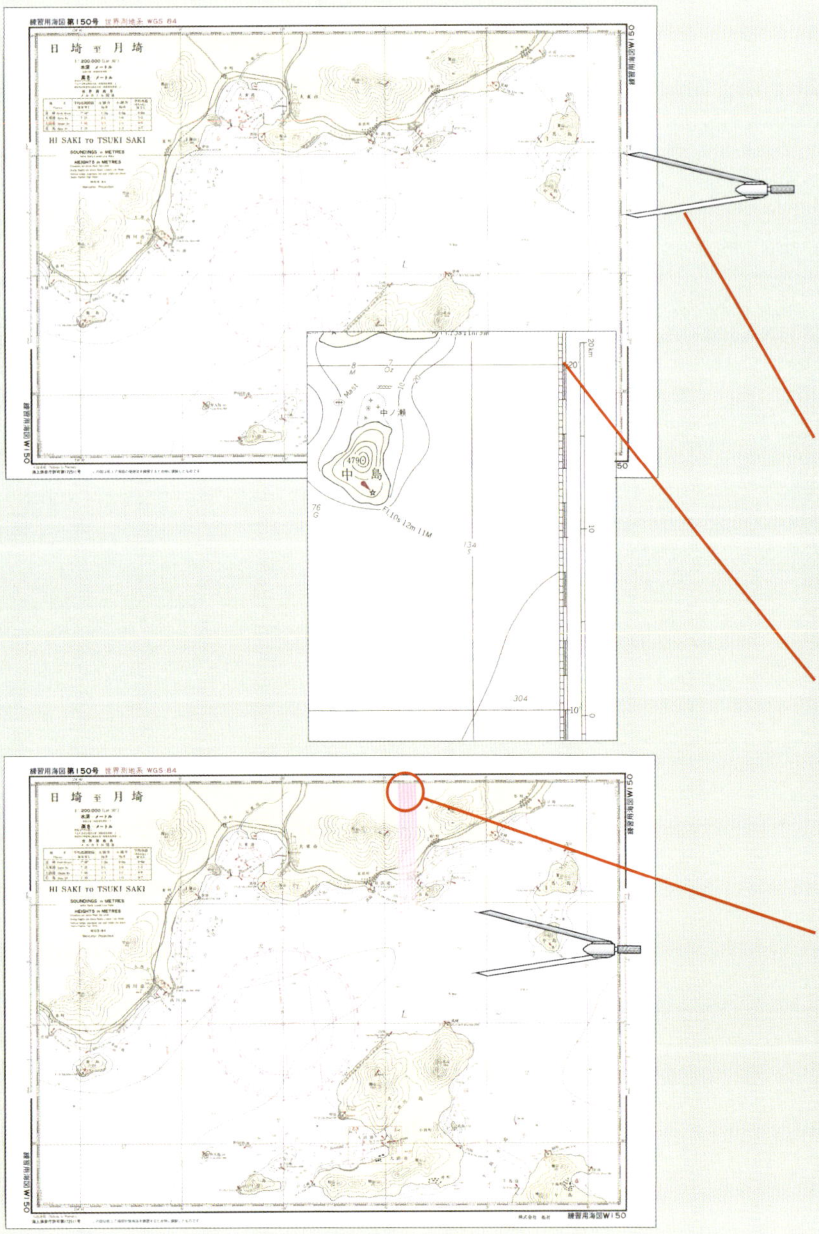

GPS測定位置を海図にプロット

GPSには、
北緯　30度14.812分
東経 135度12.368分
　と出ました。

このポジションが海図の上でだいたいどのあたりなのか。通常、航海は連続していますから、おおよその位置は頭の中にあるはずです。

まず、ディバイダーで緯度を測ります。

30度20分の地点を起点として、下に14.812分の目盛りまでディバイダーを広げます。
もちろん30度10分の目盛りから上に測ってもかまいませんが、後で三角定規を使うことを考えるとこちらの方が手さばきが良くなるのです。

この海図では、ここが北緯30度20分。一番小さな目盛りが0.2分となっています。
GPSは小数点以下3桁（距離にすると約1.8m）まで表示されますが、そこまで正確にプロットはできません。この縮尺の海図なら、小数点1桁の14.8分まででいいでしょう。

ディバイダーの開きを固定したまま、今度は東経135度12.3分付近に目線を移し、そこから指で追って、だいたいの目安をつけます。
ここがポイントです。
緯度はディバイダーに記憶させたわけですから、頭の中では経度に注目です。ここでの経度は、大まかな数値でかまいません。ポジションの目安をつけます。

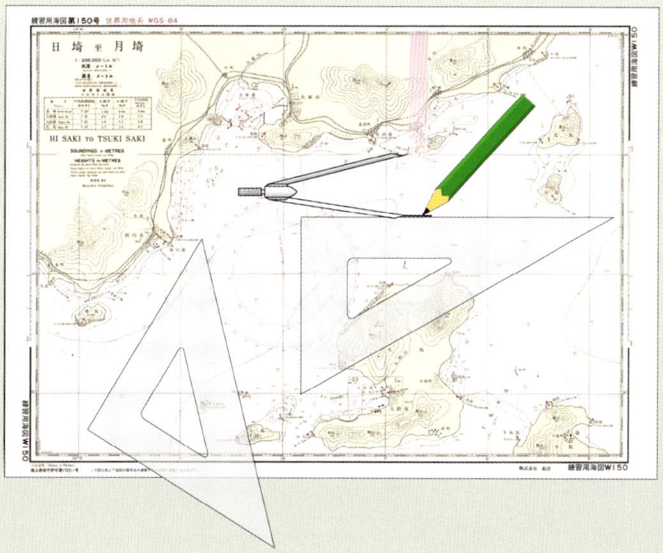

目安をつけたあたりにディバイダーを移動し、三角定規をあてがい、鉛筆で線を入れます。

ディバイダーをあてがって三角定規を置き、三角定規の位置が決まったらディバイダーと鉛筆を持ち替えて線を引く、という流れで行えば、左ページからここまでワンアクションで終了します。

また、ディバイダーは経線に平行（緯線と直角）に当てますが、たいした誤差ではないので角度は目分量でかまいません。

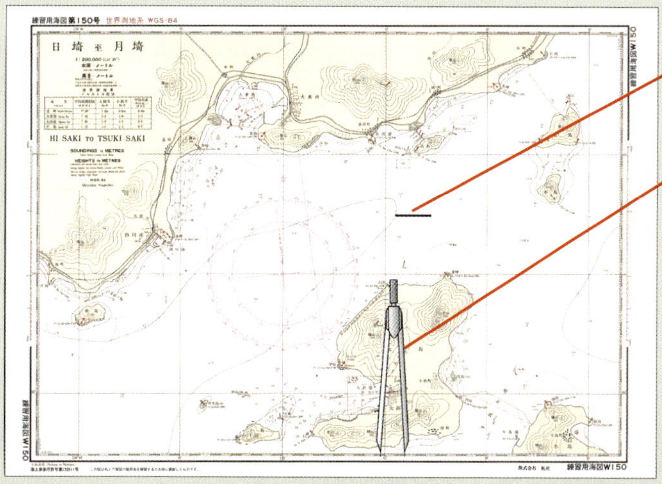

いま引いた線（緯度の線）がこれ。

次に、ディバイダーを経度尺に当て、135度10分の目盛りから12.36分の目盛りまで開きます。ここではイラストの都合上、下隅の尺を使っていますが、先ほど目を移した海図の上隅にある尺を使ったほうが流れはスムースです。

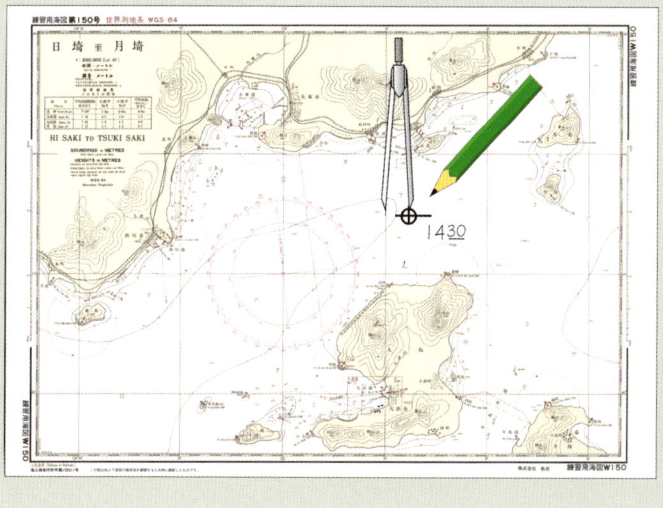

先ほど鉛筆で引いた線に合わせて位置を記入します。ディバイダーを左手に持ち替え、右手で鉛筆を使います。

GPSによって得られた確実なポジションですから、FIXポジションの印である○で記入します。時間も記入しておきましょう。

さあこれで、二つのアクションでポジションのプロットが完了しました。最初は揺れないところで練習しておきましょう。また、道具（鉛筆、ディバイダー、定規）は取りやすく転がり落ちない定位置に収納するようにします。

進路(COG)

針路と進路の違いは、74ページで説明しました。両方とも読みが「しんろ」になってしまうので、本書では針路はヘディングと書き表しています。

もう一度、復習してみましょう。

ステアリングコンパスに現れる数字、すなわち船首の向いている方位がヘディングです。コンパスの針が指す方向ですから針路です。

一方、潮の影響などをうけて船は横流れしながら進むことも多く、船首方位の方向に船が進んでいるとは限りません。その場合の実際に船が進んでいる方向が進路です。

進路を知るために地文航法で苦労してきたわけですが、GPSでは常に進路を計算し、表示してくれています。

機種によっては、画面に羅針盤のようなイラストが表示されるものもあります。確かにコンパスの役を果たしてくれるわけですが、これは船が動く方向ですから、止まった状態では表示されません。山歩き用のGPSでは、立ち止まっていても方位が分かるように電子コンパスが内蔵されている機種もあるようです。ここで表示される方位と進路は別のものであることを理解しておく必要があります。

それでは、GPSがあればコンパスはいらないのか？ と考える方がいらっしゃるかもしれませんが、ここで、ヘディングと進路を比べることによって潮の状況が分かり、またGPSの表示は多少遅れることもあるので、舵を取る目安には、やはりコンパスは必要です。

対地速力(SOG)

地文航法の項目でも説明したように、船のスピードメーター(ログ)に示される数値は対水速力です。進路同様、こちらも潮の影響を受けるため、実際に進んでいる速度は異なり、これを対地速力(SOG：Speed Over Ground)といいます。これもGPS受信機が計算して表示してくれます。

逆に、GPSでは対水速力は分からないので、単に「船速」、「速力」と表示される機種もありますが、やはりここは対水速力とはっきり区別できるように、「対地速力」とか「SOG」などと表示される機種が親切ですね。

船が大きく揺れると、アンテナも急激に移動します。そうした実際の船の移動速度とは異なる動きを平均化するため、進路と対水速力はある程度の時間の平均値が表示されています。初期設定の項目で平均化(アベレージング)する時間を設定できるようになっているはずです。

アベレージングの値を長くとれば、数字にふらつきが少なくなりますが、タッキングの後など、しばらくしないと正しい数字が出なくなります。

対地進路と対地速力の値は、初期のGPSではあまり精度がいいとは言えませんでしたが、現在の機種はかなり正確に対地速度を示してくれています

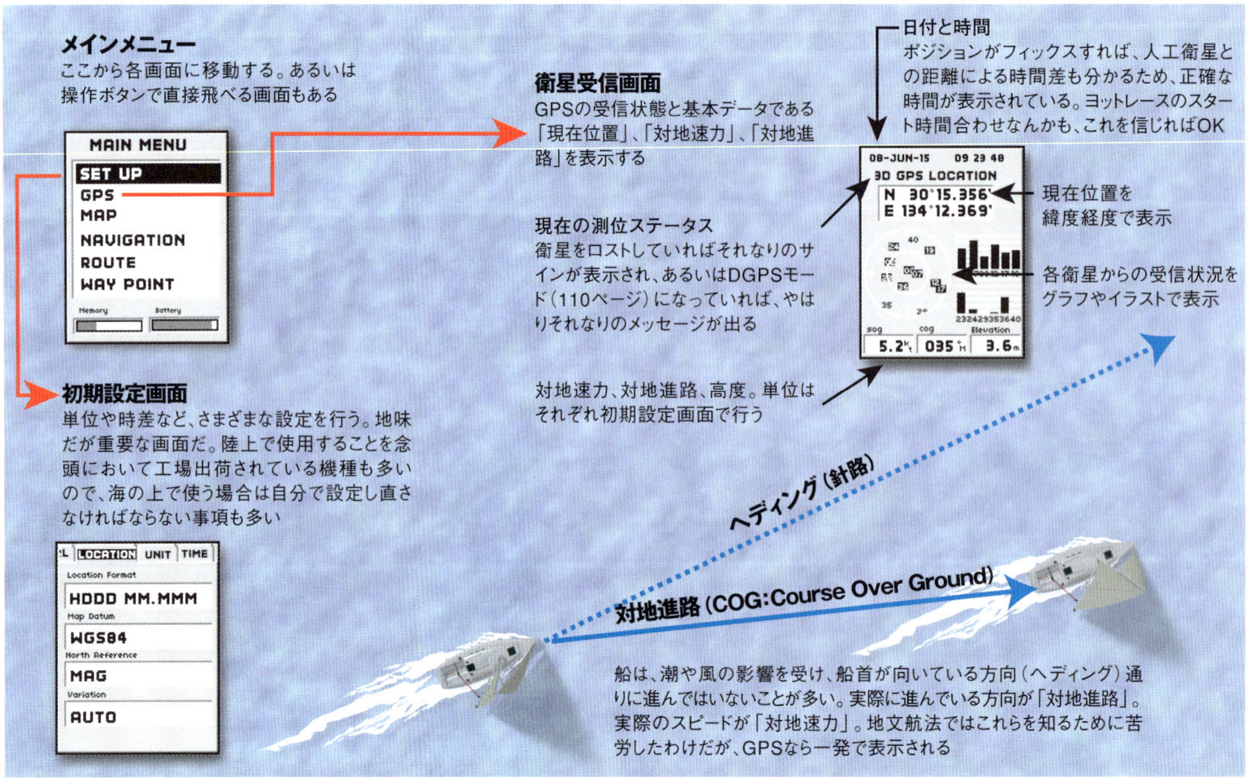

メインメニュー
ここから各画面に移動する。あるいは操作ボタンで直接飛べる画面もある
MAIN MENU
SET UP
GPS
MAP
NAVIGATION
ROUTE
WAY POINT
Memory
Battery
衛星受信画面
GPSの受信状態と基本データである「現在位置」、「対地速力」、「対地進路」を表示する
日付と時間
ポジションがフィックスすれば、人工衛星との距離による時間差も分かるため、正確な時間が表示されている。ヨットレースのスタート時間合わせなんかも、これを信じればOK
08-JUN-15 09 23 48
3D GPS LOCATION
N 30°15.356'
E 134°12.369'
sog
cog
Elevation
5.2Kt
035°M
3.6m
現在位置を緯度経度で表示
現在の測位ステータス
衛星をロストしていればそれなりのサインが表示され、あるいはDGPSモード(110ページ)になっていれば、やはりそれなりのメッセージが出る
各衛星からの受信状況をグラフやイラストで表示
対地速力、対地進路、高度。単位はそれぞれ初期設定画面で行う
初期設定画面
単位や時差など、さまざまな設定を行う。地味だが重要な画面だ。陸上で使用することを念頭において工場出荷されている機種も多いので、海の上で使う場合は自分で設定し直さなければならない事項も多い
LOCATION
UNIT
TIME
Location Format
HDDD MM.MMM
Map Datum
WGS84
North Reference
MAG
Variation
AUTO
ヘディング(針路)
対地進路(COG:Course Over Ground)
船は、潮や風の影響を受け、船首が向いている方向(ヘディング)通りに進んではいないことが多い。実際に進んでいる方向が「対地進路」。実際のスピードが「対地速力」。地文航法ではこれらを知るために苦労したわけだが、GPSなら一発で表示される

から、到着予定時間や潮の有無を知るのに大変有用です。

ナビゲーション機能

以上、GPSの基本機能は、現在位置(緯度・経度と高度)、対地速力、対地進路の三つのデータを算出することです。これらの基本データは、ポジション画面や衛星受信画面に刻々と表示されます。

画面に表示された緯度・経度を海図にプロットし、目的地までの方位や残航を作図で求め、同時に表示される対地速力から到着予定時間を求めるという作業は、地文航法で行ってきたチャートワークを応用すれば難なく行うことができるでしょう。

ここまでがGPSの基本の使い方ですが、本書冒頭(5ページ)で紹介したように、GPSには航法計算機としての機能もそなえられています。これがナビゲーション機能です。

自分で設定した目的地をGPSに入力しておけば、上記三つの基本データを基に、目的地までの方位や距離、コースラインに沿って走れているか否かといったさまざまな計算をして画面に表示してくれます。

ナビゲーション機能は、大きく分けると、目的地航法、ルート航法、プロッター機能に分かれます。

目的地航法

GPSの目的地航法とは、設定した目的地までの距離、方位、予想到着時間などを計算する機能です。

目的地を設定するために、まずはその候補であるWPT(ウェイポイント)を登録します。

WPTの登録方法は、航海計画の項(72ページ)で解説しました。海図から、その地点の緯度、経度を調べ、GPSに入力していきます。あるいは、現在位置をWPTとすることもできます。余裕のあるときに、ホームポート周辺の定置網や養殖筏に近寄り、その地点をWPTとして登録しておけば、夜間など視界不良時にもそれら障害物の位置を把握しやすくなります。

こうして登録した複数のWPTのなかから次の目的地を選び、設定していくことになります。WPTの数が増えていくと、その管理方法が、操作性を左右する重要なポイントになります。

管理の方法はさまざまですが、本書

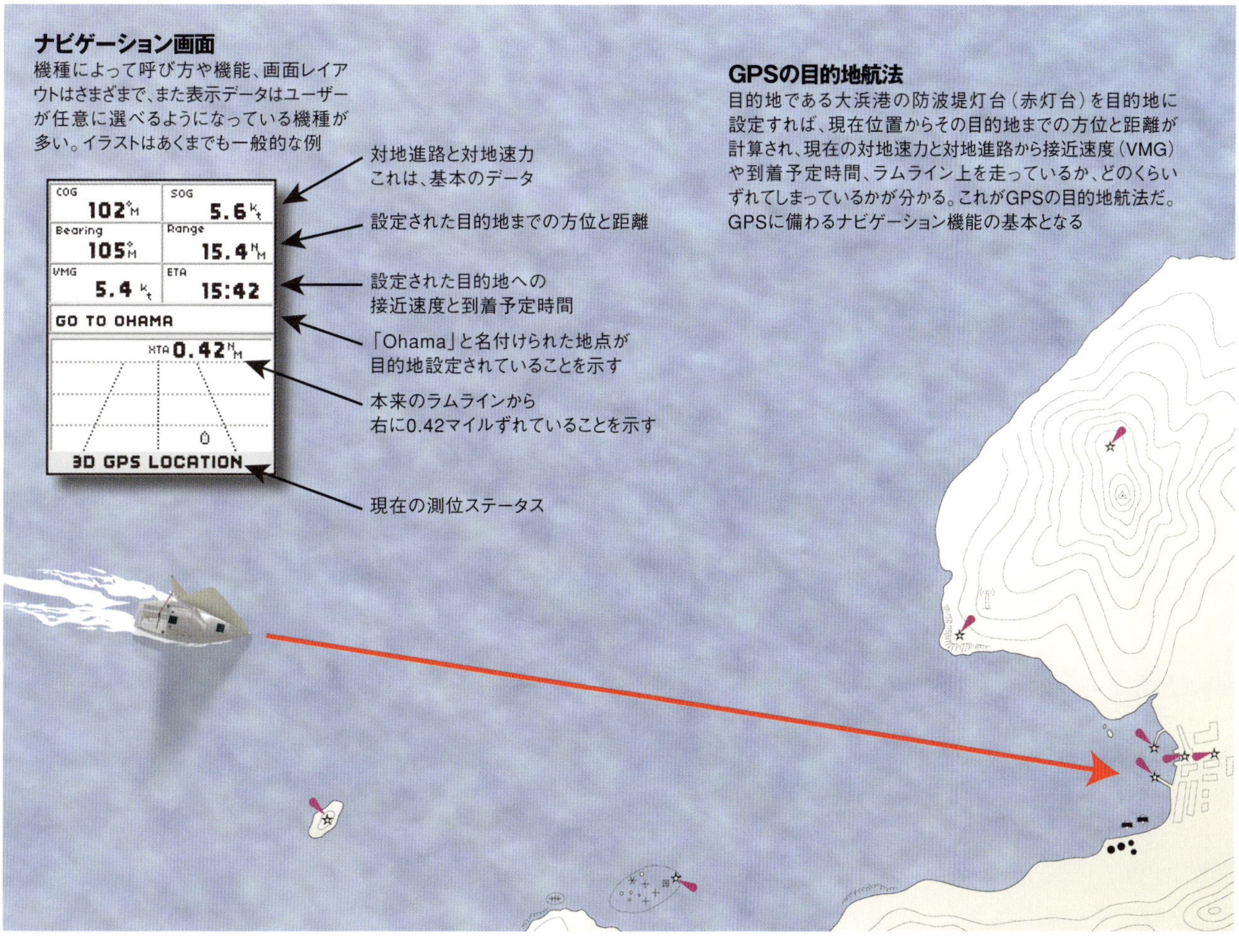
ナビゲーション画面
機種によって呼び方や機能、画面レイアウトはさまざまで、また表示データはユーザーが任意に選べるようになっている機種が多い。イラストはあくまでも一般的な例
COG 102°M
SOG 5.6 Kt
Bearing 105°M
Range 15.4 NM
VMG 5.4 Kt
ETA 15:42
GO TO OHAMA
XTA 0.42 NM
0
3D GPS LOCATION
対地進路と対地速力
これは、基本のデータ
設定された目的地までの方位と距離
設定された目的地への
接近速度と到着予定時間
「Ohama」と名付けられた地点が
目的地設定されていることを示す
本来のラムラインから
右に0.42マイルずれていることを示す
現在の測位ステータス
GPSの目的地航法
目的地である大浜港の防波堤灯台(赤灯台)を目的地に設定すれば、現在位置からその目的地までの方位と距離が計算され、現在の対地速力と対地進路から接近速度(VMG)や到着予定時間、ラムライン上を走っているか、どのくらいずれてしまっているかが分かる。これがGPSの目的地航法だ。GPSに備わるナビゲーション機能の基本となる

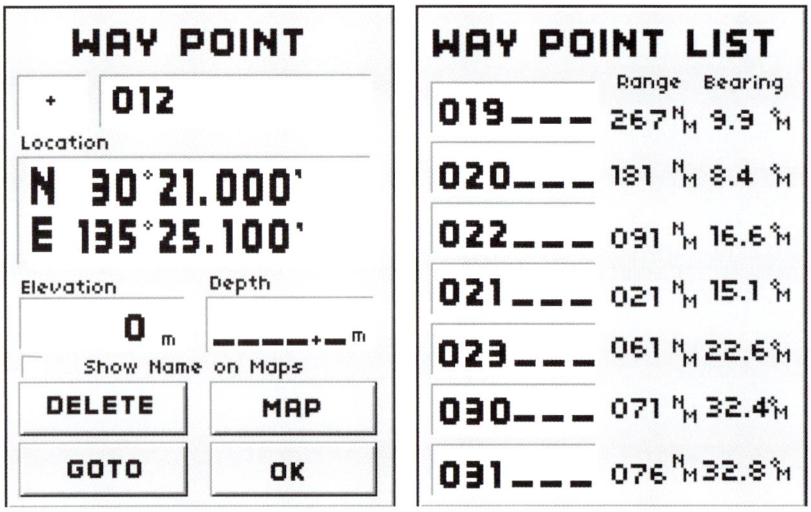

WPT管理画面の例

機種によって多少の違いはあるが、WPTの一覧が表示され、そこから目的地を選ぶ画面や、個々のWPTのデータを編集する画面などから成る。右図のように、WPT一覧画面では、現在地から近い順にWPTが並び、それぞれへの距離、方位が同時に示される機能があるものが、使い勝手がいい。

では、名称ではなく番号を付ける方法を紹介しています。

変針点のような大きな目標地点に、「010」、「020」、「030」と番号を割り振っていき、変針点以外の場所、つまり危険な暗礁だとか既知の定置網などは、「011」、「024」などと途中に割り込ませていきます。これなら、後からWPTを追加しても、ほぼ場所順に並びます。

これだけでは、どの番号がどこだか分からなくなってしまいますから、その番号を紙海図に直接書き込んでしまいます。これで、誰が見ても、「WPT050はA灯台なのか、A灯台の近くの変針点なのか」がすぐに分かります。

こうして、WPTリストを見やすく、また次の航海でも同じWPTを使い回すことができるように管理するのが、GPSの目的地航法機能を使いこなすコツだといえます。

ここでのGPSの操作方法は、メーカーや機種によってさまざまです。数字キーがあればより入力しやすくなるし、逆に、機種によっては煩雑で使いにくいものもあるでしょう。あるいは、PCと接続して、PC上でWPTを編集することができる機種もあります。

また、登録したWPTリストから目的地を設定する手順も、GPSによってさまざまです。機種によっては、WPTリストの表示画面で、現在地点の直近のWPTからずらっと並び、それぞれの距離と方位が同時に表示される機種もあります。これなら次の変針点までの距離と方位のみならず、「危険な暗礁がXX度方向、XXマイルにあるな」ということが一画面で分かり、たいへん便利です。

機種ごとの測位精度は、さほど差はなくなっているので、こうした使い勝手が、GPS購入の際の大きなポイントになります。ただ、プレジャーボート関連雑誌にも、使い勝手のレビューはあまり掲載されていませんので、ボートショーなどで触ってみたり、知人の持っているGPSに触らせてもらうのがいいでしょう。

Range & Bearing(距離と方位)

目的地航法機能を使えば、目的地までの方位が簡単に分かります。後は船のコンパスを見ながら、その方位に合わせて走ることになります。

コンパス通りに走っているのに、時間が経つに連れて目的地までの方位が変化していくとすれば、それは船が本来のコースから外れて走っていることを意味します。ヘディング(針路)と、対地進路が違っているということです。

今、GPS画面に目的地方位が「073度」と表示されたとします。ステアリングコンパスで、ヘディングが73度になるように舵を取ります。

30分走ると、目的地方位が「072度」に変化したとします。走りだした当初から比べると、1度左に目的地が見えるようになったということですから、船は当初のコースより右にそれていることが分かります。

逆に、目的地方位が「074度」になったら、船は本来のコースより左にそれていることが分かります。

このように、GPSの目的地航法機能を使えば、元のコースからどちらに流されているかが、数字で判断できます。

XTE(コースずれ)

目的地方位の変化で、コース上にいるか否かを判断できるわけですが、目的地までの距離が短ければ、わずかに流されただけでも方位は大きく変化します。逆に、目的地がまだまだ先なら、多少のずれでも方位はほとんど変化しません。

コースから何マイル外れたのか、角度ではなく距離で表した数字がXTE(クロストラックエラー：Cross Track Error)です。

目的地からの距離に関係なく、本来設定したコースからどれだけ外れているかが、より分かりやすい数字で表示されます。

ルート航法

目的地航法で表示されるXTE(ク

ロストラックエラー)の値には、ちょっとした注意が必要です。

XTEは、起点と目的地とをつないだコースを基に、そこからどれだけずれているかを表すものですが、ほとんどの機種が目的地を設定する時点での位置を起点にするため、そのレグ(航程)の途中で目的地設定を変え、また元に戻すという操作を行うと、レグの起点が変わってしまいます。そうなると、当初のコースからずれていたとしても、XTEの値は0に戻ってしまうので注意が必要です(下図)。

この場合、ルート航法機能を使えば、あらかじめ設定した起点と終点の2地点間を結ぶコースから、どれだけずれているかを表すことができます。

ルート航法では、起点→変針点1→変針点2→変針点3→終点という具合に、各レグごとにWPTを登録しておけば、後は変針点通過ごとに、自動

ウェイポイントの管理とクロストラックエラー

GPSには馬島灯台をWPTとして登録してある。WPT名は「030」とした。
WPT名を海図に直接書き込んでしまえば、誰が見ても分かりやすい。そこに緯度、経度を並べて書き込むことで、GPSの操作を誤ってWPTを消してしまっても、すぐにWPTリストに再登録できる。また、ここで数字を書き込むことによってミスを防ぐ効果もある。
このイラストで見るとゴチャゴチャしてしまうが、実際の海図はもっと大きいので、小さな文字で邪魔にならないように書くことができるはずだ。

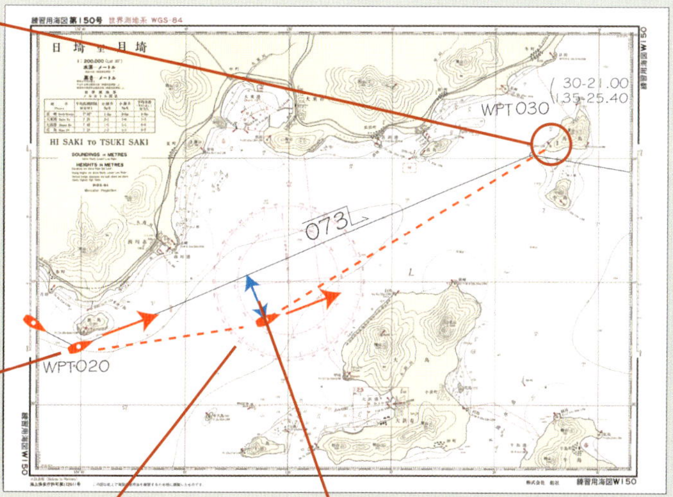

鹿島沖の変針点を過ぎたところで、WPT「030」を目的地として設定する。GPSには「030」までの方位(073度)と距離が表示される。

ヘディング073度で走っていたが、目的地方位は少しずつ変化し、3時間後には065度になってしまった。これは方位にして8度、南に流されていることを意味している。

8度流されたといっても、分かりにくいかもしれない。このずれを距離にした値(青矢印の距離。ここでは4.0マイル)がXTE(クロストラックエラー)だ。
目的地までの距離が遠ければ遠いほど、方位の変化は少なくなるので、XTEの値のほうが、ずれ具合が分かりやすい。

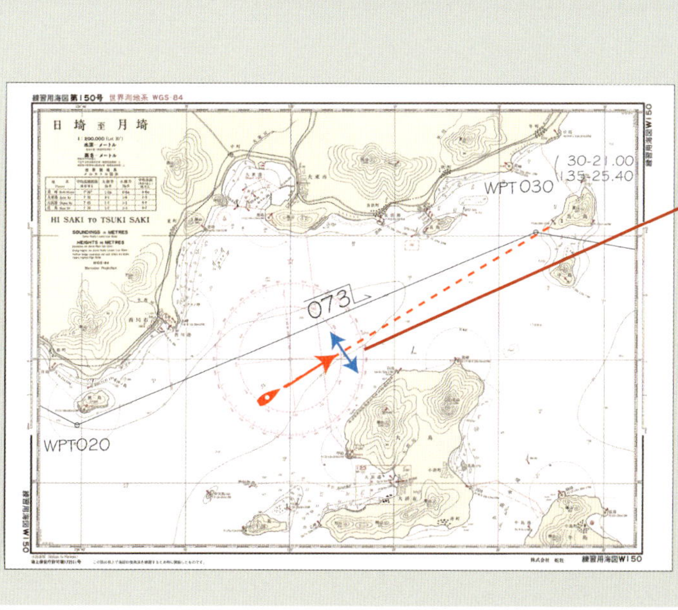

ところが、ここでいったん目的地設定をリセットし、再び「030」を目的地にすると……。
XTEは目的地を設定したときの位置から目的地までのコースラインを基準としたずれの距離なので、XTEの数字は0に戻ってしまう。これでは、本来設定したコースラインからどのくらい流されたのか、あるいは本来のコースラインに戻ることができたのかどうかは分からなくなってしまう。
一方、目的地方位の値は基準が同じなので、初期の目的地方位(ここでは73度)を頭に入れておけば、変化を把握しやすい。

的に次の変針点を目的地に変えてくれます。

ルート航法は便利な機能なのですが、筆者はヨットの航海ではほとんど使っていません。なぜならば、ヨットの場合、風向によっては必ずしも最初に決めた変針点を通過するとは限らないからです。

目的地に到達する前に、次の目的地への方位を知りたくなることもあるでしょう。目的地を過ぎても、風向によってはまだ次の目的地に針路を向けることができない場合もあるでしょう。GPSが自動的に目的地を変更してくれるルート航法では、こういう場合の自由度が低いのです。

そこで、ルート航法ではなく目的地航法機能を使い、必要な時に手動で目的地を切り替えています。

下のイラストをごらんください。GPSに設定する目的地は、必ずしも変針点である必要はありません。逆に、ヘルムスマンは灯台のような目印を基準に走るわけですから、GPSに設定する目的地もそうした目に見える場所にしておいたほうが走りやすくなります。また、風向しだいで変針点を変更しなければならない場合も多いわけですから、なおさら変針点にこだわる必要もありません。

GPSの目的地航法機能を用いて、紙海図上に自艇の航跡をプロットしながら走る方法を図（右ページ）にして

ルート航法

ルート航法では、起点と終点を設定して、そのルート上を走ることになる。
コースを、変針点ごとに分かれたレグ（航程）と考え、いくつかのレグが連続したルートを設定する。

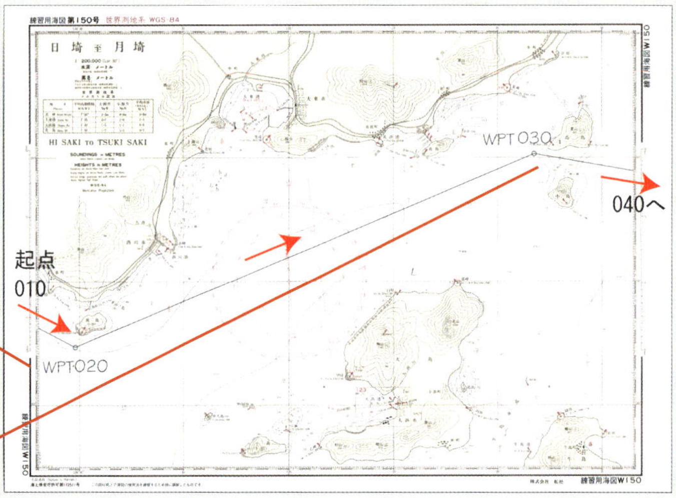

ここでは、起点「010」（この海図外）から鹿島を回り込む部分までが最初のレグ。変針点をWPT「020」とした。

中島を回り込む次の変針点をWPT「030」とした。次の変針点（この海図外）をWPT「040」としてGPSにルート登録した。

これで、自艇が「020」を通過すると、自動的に目的地は「030」に切り替わる。「030」を通過すれば目的地は「040」に切り替わる。
これがルート航法だ。XTEの値とともに使えば、便利にナビゲーションができる。

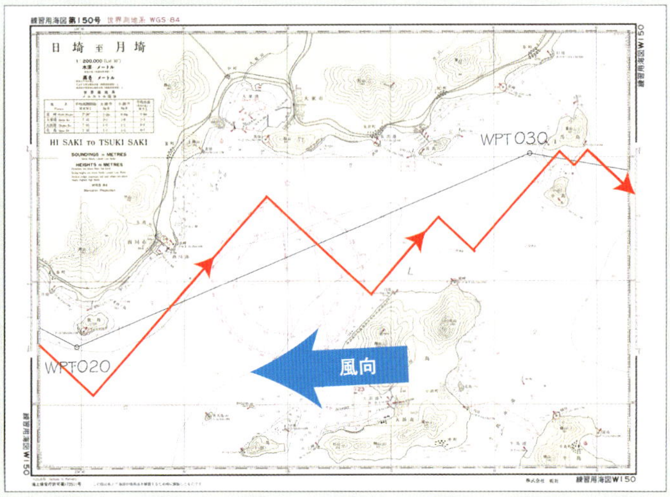

モーターボートの場合は、上の図のルート航法でもいいのだが、ヨットは必ずしも予定コースライン上を通るとは限らない。風向によっては上りきれない場合もあるだろうし、クローズホールドになったら、それこそジグザグ走りになる。そうなると、当初決めたコースラインも変針点も、たいした意味を持たなくなってしまう。

左図の風向になると、ヨットの航跡は図中の赤線のようになるかもしれない。前もって設定した変針点を通るとは限らないし、通る必要もない。

そこで、ヨットの場合は、ルート航法よりも目的地航法を使って手動で目的地を切り替えた方が、使いやすくなる。

GPSを使った実践ナビゲーション

目的地航法の応用

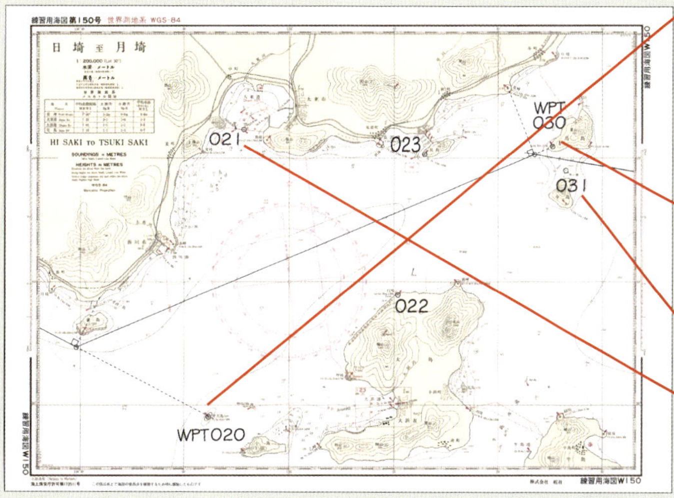

WPTは、変針点ではなく、灯台などの、舵を取るときの目安になる目標物に設定したほうが応用が利く。
ここでは、最初のレグ（海図の外から鹿島沖まで）のGPS上の目的地を、弁天島の灯台に設定した。ここがWPT「020」だ。変針点は、この目的地が122度、12.4マイルになった地点。弁天島灯台の光達距離は18Mとあるから、変針点に差し掛かる前に見えてくるはずだ。

同様に、次のWPT「030」は馬島灯台に設定。変針点は、この目的地まで、あと1.8マイルになった地点だ。

変針点以外にも、ポイントとなる地点をWPTとして登録する。中島、馬島間の水道を通過する際の障害となる沖の瀬を「031」に、途中避航するかもしれない大東港の入港灯台を「021」に。その他、既知の定置網や養殖筏の位置など、どんどん入力しておく。

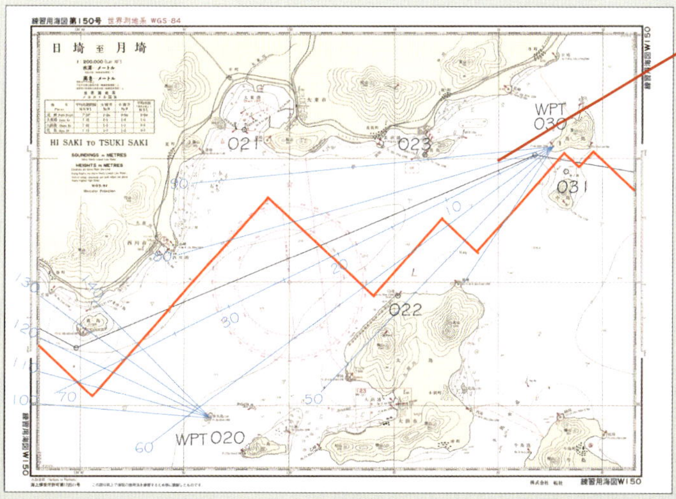

WPT「020」、「030」からは、10度ごとに放射状に方位線を引く（見やすいように図では青色で記したが、実際は普通の鉛筆を使う）。
同時に、距離の目盛りも振る。

これで、目的地の方位と距離から自艇位置が海図上で簡単に把握できる。
たとえば図中、WPT「030」までの方位が85度、距離25マイルの地点はどこか。10度ごとの方位線でも、84度と86度の違いくらいは目分量で把握できるはずだ。

あらかじめ設定した変針点を通れない場合でも、自艇の位置が簡単に海図上にプロットできるので、変針のポイントを把握しやすくなる。

また海峡通過の際には、WPT「031」の沖の瀬までの距離と方位を常に監視していれば、恐れることはない。

こうして、プロッター機能なしでも簡単に海図上の自艇の位置を連続的に把握することが可能になる。

みました。実際に走っているところを想定してごらんください。

ポイントは、あらかじめ目的地から10度刻みで方位線を引いておくこと。これは、73ページでも紹介した方法です。緯度・経度から海図上に船位をプロットする（116ページ）より、目的地の方位・距離からプロットする方が簡単です。目で追うだけで、海図上で自艇の位置が分かります。あらかじめ設定したコースラインに乗っているかどうかもすぐに分かります。

各変針点は、地文航法でも分かりやすいように「A灯台を正横に見る地点」などとするなり、設定した目的地（灯台）までXX度、YYマイルの地点として把握しておいてもいいでしょう。状況が変化して変針点を変更する必要が生じても、自由自在です。

もちろん、変針点そのものもWPT登録しておけば、随時そこまでの距離と方位を知ることができます。

120ページで、WPTまでの方位と距離が複数同時に表示される機種が便利であると書いたのは、こうした使い方をするためです。いちいち目的地設定を切り替えなくても、すべてのWPTまでの方位と距離が表示されるので大変重宝します。

VMG(目的地への接近速度)

ヨットでは、風上(あるいは風下)への達成速度をVMG(Velocity Made Good)といいますが、GPSでは目的地への接近速度がVMGになります。機種によってはこれをVMC(Velocity Made Good on Course)と呼ぶこともあります。

たとえば、目的地が風上にあったとします。クローズホールドで走っているヨットでは、目的地に直接ヘディングを向けることができないため、ここでは対地速力から目的地への到着時間を計算することはできません。そのまま真っすぐ走っても、目的地へはたどり着けないわけですから。

VMGは目的地への接近速度ですから、GPSはここから目的地への到着時間を計算することになります。

これは、リーチングのコースになったときにも応用できます。リーチングで目的地にヘディングが向いていたとしても、もし数度風下に落として走ったほうが目的地への接近速度(VMG)が大きくなるならば、そのほうがより早く目的地に到達することができる可能性が高くなります(下図)。

このように、ヨットの場合、最初に決めたコースライン通りに走らない、あるいは走れない場合も珍しくありません。

となると、後はどのタイミングでタッキングやジャイビングをすればいいのか。特にヨットレースにおけるナビゲーションでは、もっとも早く目的地であるフィニッシュ地点に到達するために、風や潮の状況を熟慮してタッキング、ジャイビングのポイントを判断することになります。

そこで、前ページのようにGPSの目的地航法を応用し、海図に描いた放射状の方位線やWPTを駆使して海図上のどこに自艇が位置するのかを把握することで、方位がXX度になるまで走ってタッキングしよう……などといった判断ができます。レースで、暗礁になるべく限り近づきたいというときにも、高い精度で船を目的地まで持っていくことができるでしょう。

VMG(目的地への接近速度)

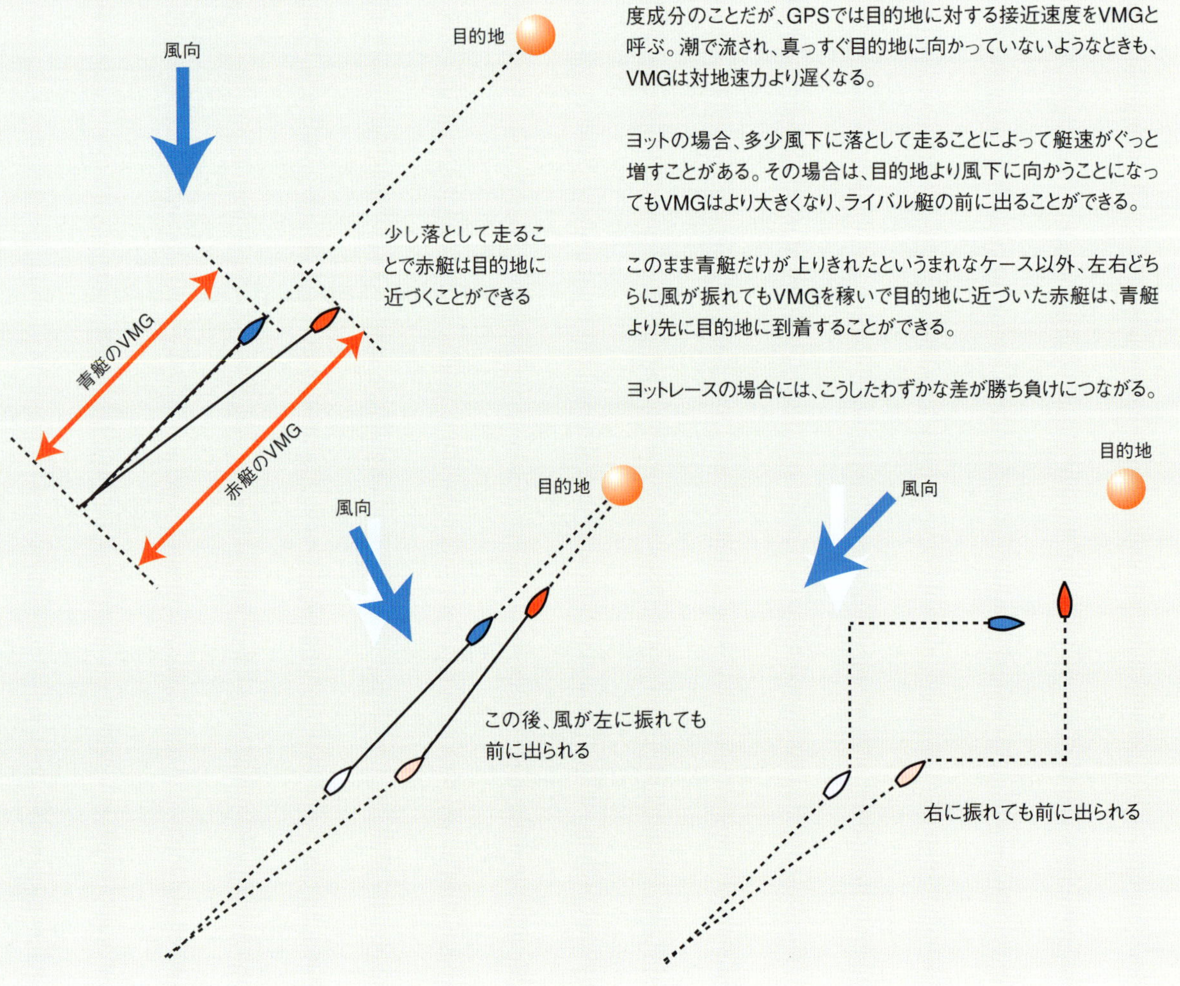

一般的にヨットでVMGというと、風上(あるいは風下)に向かう速度成分のことだが、GPSでは目的地に対する接近速度をVMGと呼ぶ。潮で流され、真っすぐ目的地に向かっていないようなときも、VMGは対地速力より遅くなる。

ヨットの場合、多少風下に落として走ることによって艇速がぐっと増すことがある。その場合は、目的地より風下に向かうことになってもVMGはより大きくなり、ライバル艇の前に出ることができる。

このまま青艇だけが上りきれたというまれなケース以外、左右どちらに風が振れてもVMGを稼いで目的地に近づいた赤艇は、青艇より先に目的地に到着することができる。

ヨットレースの場合には、こうしたわずかな差が勝ち負けにつながる。

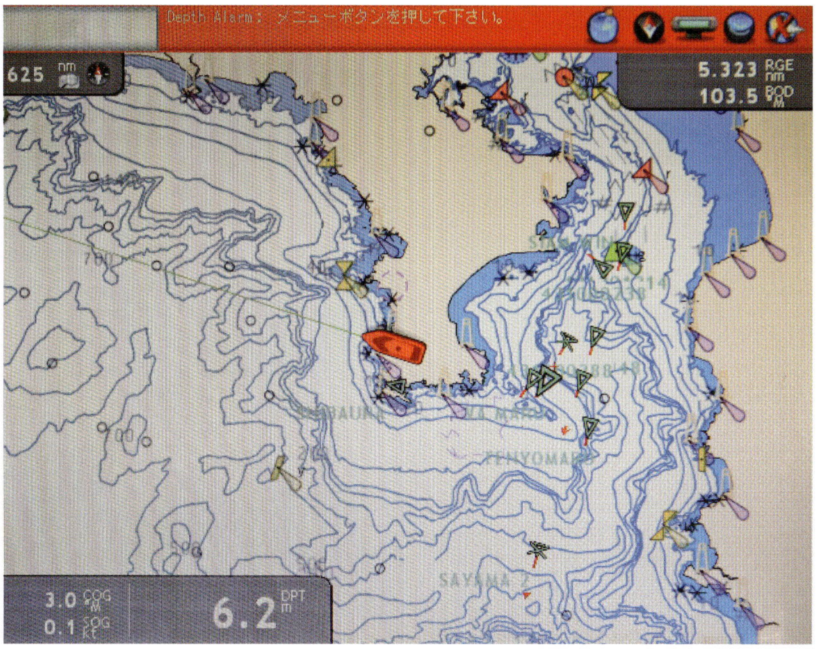

GPS受信機の航跡プロット画面。海岸線情報も表示され、これだけでも航海できてしまう……ように思えるが、やはり紙海図を併用する必要がある

ETA(到着予定時間)

GPSは、VMGと残航距離から目的地への到着予定時間、すなわちETA(Estimate Time of Arrival)を計算し、表示することができます。

これは、現在時刻から計算されますが、GPSはあくまで協定世界時(UTC)を基準にしているので、初期設定で時差を入力しなくてはなりません。経度が分かれば天文学的な時差(というか正中時間)は計算できるのですが、実際に使われている時差は、各国が制度的に決めているものです。よって、手動で入力する必要があります。

日本の標準時は、UTC+9時間です。

プロッター機能

GPSのプロッター機能は、GPSの画面上に海岸線情報を表示させ、そこに航跡をプロットさせるものです。

航跡のみならず、自艇の現在位置から対地進路が線で表示されるので、このまま走ればどこへ到達するのかも一目で分かります。

目的地航法やルート航法で目的地を設定すれば、コースラインも表示され、自艇の航跡がどの程度ずれているかも視覚的に分かります。

大変便利な機能なので、据え置き型のGPSを使っているユーザーは、このプロッター機能を多用していると思います。

ところが、プロッター画面に表示される海岸線情報には限りがあります。何度も指摘したように、紙海図の情報には到底及ばないものがほとんどです。

特に、最近では陸上での使用を目的として道路地図が表示されるGPSも多く、もちろん海岸付近では海岸線も表示されるわけですから、これを基に船のナビゲーションを行っている人もいるかもしれません。

重ねて言いますが、海の上を走るためには、航路の有無も知らなければなりません。灯台などの航路標識の記載が必要ですし、何より、沿岸部を走ることが多いプレジャーボートは、細かな暗礁など、あらゆる情報を知っておく必要があります。

となると、どうしても紙の海図が必要になります。

これまで書いてきたように、GPSと紙海図を併用して走れば、GPSプロッターがなくても問題ありません。より正確でデータ量の多い紙海図の上に、GPSから得られた正確なポジションをプロットしていけばいいのです。

拡張性

今一度確認しておくと、GPSはあくまでも「現在位置」、「対地速力」、「対地進路」の三つの数値を計測しています。ナビゲーション機能で計算される「目的地までの距離と方位」は、GPSが計算するというよりも、GPSに付随したナビゲーションコンピューターが計算していることになります。

もちろん、ハンディータイプのGPSにもナビゲーション機能は備わっていますが、規格にあったデータのアウトプットができる機種なら、ノートパソコンと接続してノートパソコン側でより高度なナビゲーションソフトを動かすことができます。ソフトウエアしだいでは、紙海図に代わるデータ量を持つ電子海図(ENC)の使用も可能になり、据え置き型のGPS以上のナビゲーション環境を実現することも可能です。

こうした接続にはNMEA0183という国際規格があるので、比較的容易に機器間のデータをやりとりすることができます。

レース用のヨットでは、船のスピードメーター(ログ)から得られる対水速力と、コンパスから得られるヘディングを、このネットワークにつなぎ、コンピューターに計算させることで、潮の流向(set)/流速(drift)を表示させることも可能です。より早く目的地へ着くための綿密なナビゲーションに役立ちます。

(おわり)

GPSを使った実践ナビゲーション

セーリングインスツルメント

広義に計器類のことをインスツメント（instrument）と呼ぶ。ヨット上では、風向・風速計とログ（スピードメーター）などを接続し、それぞれのデーターを統合した計器類をセーリング・インスツルメントと呼んでいる。

以下に組み合わせと得られるデータを見ておこう。

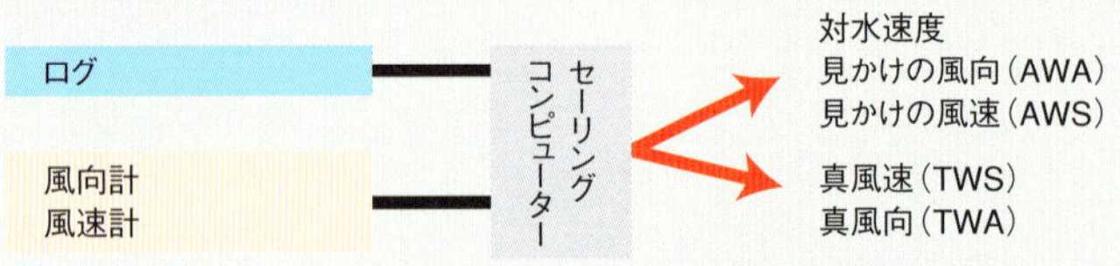

ログ
風向計
風速計
セーリングコンピューター
対水速度
見かけの風向（AWA）
見かけの風速（AWS）
真風速（TWS）
真風向（TWA）

ベーシックなシステム。ログと風向・風速計を接続すると真風向、真風速を計算してくれる

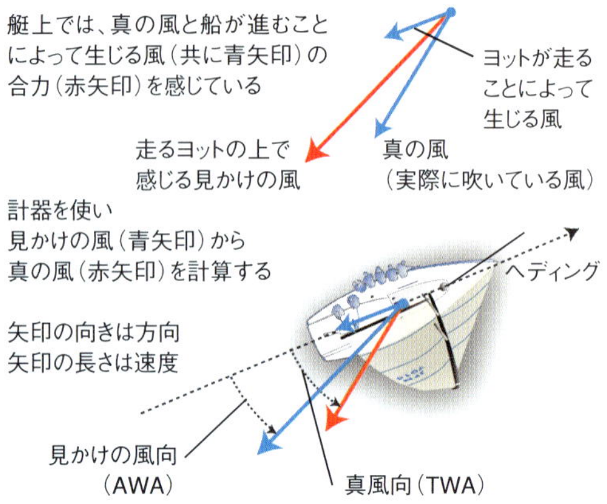

艇上では、真の風と船が進むことによって生じる風（共に青矢印）の合力（赤矢印）を感じている
ヨットが走ることによって生じる風
走るヨットの上で感じる見かけの風
真の風（実際に吹いている風）
計器を使い見かけの風（青矢印）から真の風（赤矢印）を計算する
ヘディング
矢印の向きは方向
矢印の長さは速度
見かけの風向（AWA）
真風向（TWA）

右上図での真風向（TWA：True Wind Angle)とは、船首尾線に対する角度のこと。風向に変化がなくても、ヘディングが変化すれば真風向も変化する。セールトリムは主に見かけの風向を目安に行うので、真風向というのは、意外に利用価値が狭い。

セーリング、とりわけヨットレースではTWD（True Wind Direction）のほうが重要なデータとなる。

TWDに対応する適当な日本語がないので、ここでは真風位と呼ぶことにする。方位に基づく真風向のことだ。東風なら90度。南風は180度と表示される。

これは、ヘディングが変化しても、実際の風向が変化しないかぎり同じ数字となる。

逆にいえば、ヘディングがどうあれ、真の風が変化すれば真風位の数値も変化する。

そのため真風位は、風の振れを適格につかむのに重宝するデータとなる。

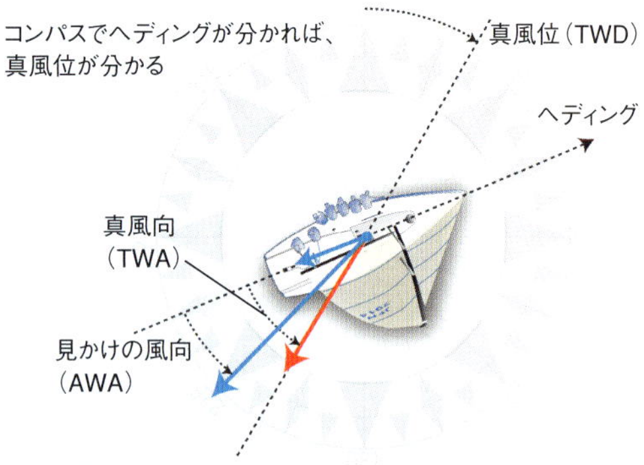

コンパスでヘディングが分かれば、真風位が分かる
真風位（TWD）
ヘディング
真風向（TWA）
見かけの風向（AWA）

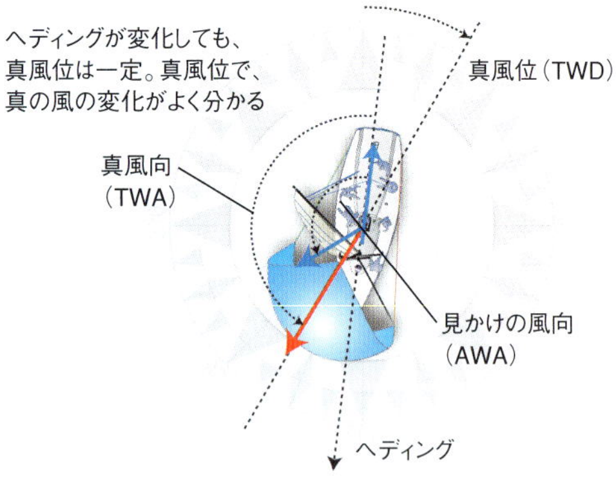

ヘディングが変化しても、真風位は一定。真風位で、真の風の変化がよく分かる
真風位（TWD）
真風向（TWA）
見かけの風向（AWA）
ヘディング

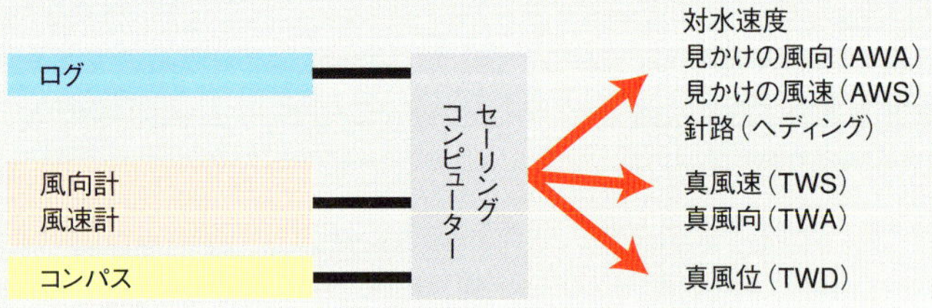

ログ
風向計
風速計
コンパス
セーリングコンピューター
対水速度
見かけの風向（AWA）
見かけの風速（AWS）
針路（ヘディング）
真風速（TWS）
真風向（TWA）
真風位（TWD）

ログ、風向・風速計に、さらにコンパスを接続することで真風位が表示されるようになる

潮流情報も、ヘディングで得られる針路とGPSで得られる対地進路、ログで得られる対水速力とGPSで得られる対地速力とのベクトル計算で得ることができる。

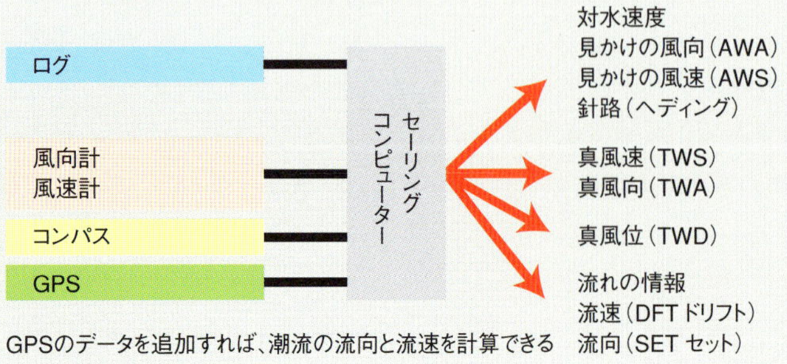

ログ
風向計
風速計
コンパス
GPS
セーリングコンピューター
対水速度
見かけの風向（AWA）
見かけの風速（AWS）
針路（ヘディング）
真風速（TWS）
真風向（TWA）
真風位（TWD）
流れの情報
流速（DFT ドリフト）
流向（SET セット）

GPSのデータを追加すれば、潮流の流向と流速を計算できる

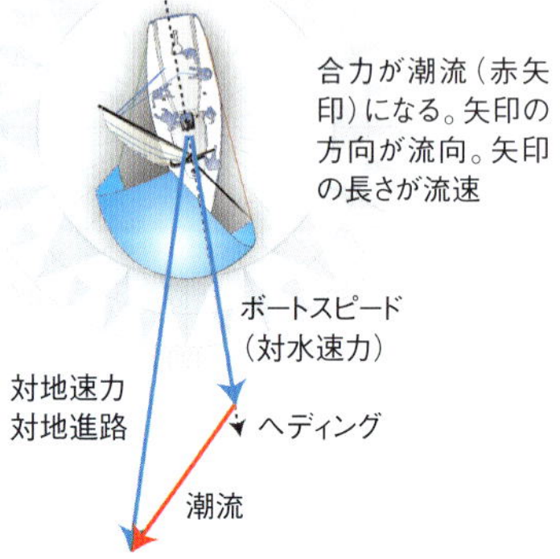

合力が潮流（赤矢印）になる。矢印の方向が流向。矢印の長さが流速
ボートスピード（対水速力）
対地速力
対地進路
ヘディング
潮流

CHAPTER 6

GPSと紙海図とを用いたプレジャーボートのためのナビゲーションについて、ポイントをまとめてみましょう。

○GPSの航跡プロッター機能は参考程度に。妄信するべからず。
○GPSのナビゲーション機能を使うなら、目的地航法機能を使い、紙海図を併用すべし。
○そのためには、しっかりした航海計画を練ることが重要。
○航海計画を練るためには、従来からあるナビゲーション技術（推測航法、地文航法）の知識が必要になる。

GPS全盛時代に、推測航法だ、地文航法だと、ずいぶんと遠回りしてきたと思われるかもしれませんが、ここまで読み進んでいただければ「なるほど、このためにその知識が必要なのか」ということを理解していただけると思います。

ナビゲーションは、慣れないうちは非常にややこしい作業かもしれません。しかし、趣味でヨットやボートに乗っている我々が、こうした作業を楽しまない手はありません。

前方に灯台の光《こう》芒《ぼう》が見えてきた。さて、目指す灯台に間違いないだろうか？　ワクワクする瞬間です。これこそ、航海の楽しみといってもいいのです。

基本さえ理解していれば、後はそれぞれ工夫していただくのもいいと思います。いや、あれこれ工夫することが、楽しみであるともいえます。

本書が、安全に航海を楽しんでいただく一助になれば幸いです。

2009年2月10日高槻和宏

ヨットマン、ボートマンのための

ナビゲーション虎の巻

解説　高槻和宏
写真　KAZI編集部
イラスト　高槻和宏
協力　〈フルードリス〉(明治学院大学ヨット部)
発行者　大田川茂樹
発行所　株式会社 舵社
〒105-0013　東京都港区浜松町1-2-17
ストークベル浜松町3F
TEL: 03-3434-5181
FAX: 03-3434-5184
編集　森下嘉樹
装丁　鈴木洋亮
印刷　株式会社 博文社
2009年3月20日　第1版第1刷発行

定価はカバーに表示してあります。

ISBN978-4-8072-1043-5